"十三五"应用型人才培养规划教材

计算机网络基础项目教程

◎ 王永红 王诗瑶 编著

清华大学出版社
北京

内 容 简 介

本书内容以项目为载体，通过网络认识、网络应用、服务器架构、企业网组建、局域网组建、无线局域网组建、Internet 的接入、网络管理与安全、网络新技术、综合实训等项目，突出能力培养，引导学生学习计算机网络基础知识和基本技能。项目后配有"职业资格度量"，用于评价真实能力，以检验所掌握理论和技能是否可以满足行业企业的需求。

本书内容取舍得当，图文并茂，易于理解；文字条理分明，简洁流畅，易于学习；操作有计划、有步骤，易于提高能力。

本书适合作为高职高专院校计算机类、电子信息类、通信类及相关专业的教材，也可作为职业培训的教材或自学者的参考用书。

为便于教学，本书免费提供教学课件、教案、样卷和"职业资格度量"参考答案等教学资源。

本书封面贴有清华大学出版社防伪标签，无标签者不得销售。
版权所有，侵权必究。举报：010-62782989，beiqinquan@tup.tsinghua.edu.cn。

图书在版编目(CIP)数据

计算机网络基础项目教程/王永红，王诗瑶编著. —北京：清华大学出版社，2019（2022.8 重印）
("十三五"应用型人才培养规划教材)
ISBN 978-7-302-52866-1

Ⅰ.①计… Ⅱ.①王…②王… Ⅲ.①计算机网络—高等学校—教材 Ⅳ.①TP393

中国版本图书馆 CIP 数据核字(2019)第 083018 号

责任编辑：王剑乔
封面设计：刘　键
责任校对：李　梅
责任印制：丛怀宇

出版发行：清华大学出版社
　　　　网　　址：http://www.tup.com.cn，http://www.wqbook.com
　　　　地　　址：北京清华大学学研大厦 A 座　　邮　编：100084
　　　　社 总 机：010-83470000　　　　　　　　邮　购：010-62786544
　　　　投稿与读者服务：010-62776969，c-service@tup.tsinghua.edu.cn
　　　　质量反馈：010-62772015，zhiliang@tup.tsinghua.edu.cn
　　　　课件下载：http://www.tup.com.cn，010-62770175-4278
印 装 者：三河市龙大印装有限公司
经　　销：全国新华书店
开　　本：185mm×260mm　　印　张：22　　字　数：531 千字
版　　次：2019 年 8 月第 1 版　　　　　　　印　次：2022 年 8 月第 4 次印刷
定　　价：56.00 元

产品编号：082236-01

前言
FOREWORD

随着社会的发展,计算机网络技术已经渗透到各行各业,因此对建网、管网、用网的专业人才的需求愈加迫切。本教材正是为培养计算机网络技术方面的人才而编写的。

本教材是国家示范性骨干院校建设的重点教材,是全国农业职业教育"十三五"一般研究课题基于理论实践一体化的网络专业特色教材建设研究成果、江苏省高等教育教改研究立项课题"一聚一散两保障"专业课程体系优化与教学内容改革及探索的研究成果,也是一线教师长期教学的经验积累。

1. 编写思路

计算机网络基础是一门专业核心基础课程(职业技术课程),在理论和实践上为专业核心课程提供支撑和服务。考虑学生的特性和成长规律,照顾学生的认知水平,专业基础课的理论不宜偏深、偏难,因此,本教材不再运用以"课程理论准备说"为基础的专业课程体系,而是采取"专业能力聚合前移,专业理论分散后撤"的新模式,前移"组网技术""网络互联技术"等专业核心课程的部分基本技能,后撤部分较深的理论知识,搭建以企业项目引导的纵制式的"理实一体化"专业课程体系,将专业理论糅合到企业项目中,实现理论为能力服务,从而达到提高学生能力的目的。

2. 主要特色

(1) 理论编排自顶向下。自底向上的传统逐层讲解教学方法对高职学生并非是最佳方法。本教材以网络为主要学习对象,借鉴国外流行的自顶向下的教学方法,总体安排上,从应用层沿协议栈向下(应用层→传输层→网络层→数据链路层→物理层)展开网络原理的学习,符合学生认知规律,利于尽早调动学生的学习积极性,同时,便于学生尽快接触网络应用,产生应用创新。

(2) 内容组织以项目为载体。总体架构上,打破理论和实践的界限,采用企业岗位(群)项目组织全书,以项目承载理论;理论按项目逻辑重组,力求实现均衡覆盖。本教材重构出十大项目,将专业理论与实践融为一体,既考虑了一定深度,又考虑了新的内容,能提高学生专业能力,为后续课程打下良好的理论基础和实践基础。

(3) "职业资格度量"评价真实能力。摒弃每章习题主要以"巩固本章知识和技能"为目的的传统做法,以"职业资格度量"取而代之。"职业资格度量"以行业企业要求和职业资格标准为依据,对国内外知名企业面试真题、行业竞赛真题以及职业资格考试真题等进行分析、筛选、整理,并按内在逻辑分配到相关项目中,检验学生所掌握理论和技能是否达到行业企业需求,竭力为学生获取多证书开出通路,做到学以致用。

3. 主要内容分布

项目1　网络认识。主要知识:计算机网络概念、功能、组成与分类;网络体系结构,OSI/RM参考模型,TCP/IP参考模型,协议,Windows中TCP/IP参考模型对应关系;网络拓扑结构;网络运行;网络常用设备等。

项目2　网络应用。主要知识:网络计算模式概念,因特网基本知识,如搜索引擎、万维网WWW、HTML等,以及应用层常用的HTTP、FTP、POP3、SMTP等协议、即时通信、Socket、网络操作系统基本知识。

项目3　服务器架构。主要知识:Web服务、FTP服务、DNS服务、DHCP服务,以及应用层相关协议;支撑应用层的传输层TCP、UDP协议。

项目4　企业网组建。主要知识:网络层IP地址理论、子网划分与超网、网络互联基本知识;ARP、RARP、ICMP、IP、路由选择等协议。

项目5　局域网组建。主要知识:局域网参考模型;数据链路层标准、设备;物理层标准、设备;以太网以及交换机基础知识;VLAN基础知识。

项目6　无线局域网组建。主要知识:无线局域网标准、组网模式,以及胖AP与瘦AP、AC知识。

项目7　Internet的接入。主要知识:广域网、接入Internet相关知识。

项目8　网络管理与安全。主要知识:网络管理概念、SNMP;网络安全、端口、防火墙,以及计算机病毒等知识。

项目9　网络新技术。主要知识:IPv6、SDN基础知识。

项目10　综合实训项目。主要知识:全书的主要知识综合运用。

4. 教学建议

本教材以学生为中心,学生以企业网络工程师(岗位)等角色完成相应项目。每一项目由知识目标、技能目标、项目导入、任务、项目回顾、职业资格度量六部分组成,每一任务由任务描述、任务分析、知识准备、工具材料、任务实施、检查评议、拓展提高七部分组成。本教材希望学生学完本课程后,不但掌握必需的基本理论和基本技能,而且能够运用它们解决实际中的一般问题。为了实现这一目标,建议在理实一体化教室进行教学,于做中学、学中做。同时,建议聘请企业工程师与校内教师共同承担课程,为学生零距离就业做好准备。

本教材由王永红教授负责制订编写大纲及统稿工作。王永红编写项目1、项目4、项目5、项目7、项目9、项目10和附录;王诗瑶编写项目2、项目3、项目6、项目8及全部图像处理和PPT制作等。

本教材的编写得到了相关领导、教师的关心,在此表示衷心的感谢!

本教材在编写过程中,参考了大量的相关资料,汲取了许多同仁的宝贵经验,在此深表谢意。

由于编者水平所限,恳请读者批评指正。

本书课件及职业资格
度量参考答案

编　者
2019年5月

目录 CONTENTS

项目1 网络认识 ·· 1

  任务1.1 参观网络 ·· 1
    任务1.1.1 体验网络 ·· 1
    任务1.1.2 了解网络的组成 ·· 7
  任务1.2 观察网络运行 ·· 13
    任务1.2.1 观察PT中网络的运行 ·· 13
    任务1.2.2 了解网络体系结构 ·· 19
  任务1.3 识别和绘制网络拓扑结构图 ·· 26
    任务1.3.1 识别网络拓扑结构图 ··· 26
    任务1.3.2 绘制网络拓扑结构图 ··· 31
  项目回顾 ·· 37
  职业资格度量 ·· 37

项目2 网络应用 ·· 39

  任务2.1 使用互联网 ·· 39
    任务2.1.1 使用和配置浏览器 ·· 39
    任务2.1.2 FTP文件传输 ·· 46
    任务2.1.3 收发电子邮件 ··· 52
  任务2.2 接触网络操作系统 ·· 58
    任务2.2.1 观察虚拟机中网络的运行 ······································· 58
    任务2.2.2 安装网络操作系统 ··· 62
    任务2.2.3 管理网络操作系统 ··· 68
  项目回顾 ·· 73
  职业资格度量 ·· 73

项目3 服务器架构 ·· 76

  任务3.1 构建Intranet服务 ·· 76
    任务3.1.1 架设和管理Web服务器 ··· 76
    任务3.1.2 架设和管理FTP服务器 ··· 86

任务 3.2　构建与应用 DNS、DHCP 服务 …………………………………………… 96
　　任务 3.2.1　架设和配置 DNS 服务器 ………………………………………… 96
　　任务 3.2.2　架设和配置 DHCP 服务器 ……………………………………… 109
项目回顾 ………………………………………………………………………………… 120
职业资格度量 …………………………………………………………………………… 120

项目 4　企业网组建 …………………………………………………………………… 128

任务 4.1　规划 IP 地址 ………………………………………………………………… 129
　　任务 4.1.1　配置 IP 地址 ……………………………………………………… 129
　　任务 4.1.2　划分子网 …………………………………………………………… 135
任务 4.2　配置路由 ……………………………………………………………………… 139
　　任务 4.2.1　路由器的基本配置 ………………………………………………… 139
　　任务 4.2.2　配置静态路由 ……………………………………………………… 143
　　任务 4.2.3　配置动态路由 ……………………………………………………… 148
任务 4.3　测试网络连通性 ……………………………………………………………… 154
　　任务 4.3.1　捕获 ICMP 报文 …………………………………………………… 154
　　任务 4.3.2　分析 IP 数据报 …………………………………………………… 165
项目回顾 ………………………………………………………………………………… 171
职业资格度量 …………………………………………………………………………… 171

项目 5　局域网组建 …………………………………………………………………… 180

任务 5.1　组建最小网 …………………………………………………………………… 181
　　任务 5.1.1　制作双绞线 ………………………………………………………… 181
　　任务 5.1.2　连通两台计算机 …………………………………………………… 189
任务 5.2　组建对等网 …………………………………………………………………… 192
　　任务 5.2.1　简单配置交换机 …………………………………………………… 192
　　任务 5.2.2　共享资源 …………………………………………………………… 200
任务 5.3　组建办公室网 ………………………………………………………………… 207
　　任务 5.3.1　VLAN 基本配置 …………………………………………………… 207
　　任务 5.3.2　跨交换机实现 VLAN ……………………………………………… 212
　　任务 5.3.3　配置 VLAN 间通信 ………………………………………………… 216
项目回顾 ………………………………………………………………………………… 222
职业资格度量 …………………………………………………………………………… 222

项目 6　无线局域网组建 ……………………………………………………………… 226

任务 6.1　组建无线对等网 ……………………………………………………………… 226
任务 6.2　组建无线办公室网 …………………………………………………………… 235
项目回顾 ………………………………………………………………………………… 247
职业资格度量 …………………………………………………………………………… 247

项目 7　Internet 的接入　249

    任务 7.1　ADSL 接入　249

    任务 7.2　FTTx+LAN 接入　259

    项目回顾　262

    职业资格度量　262

项目 8　网络管理与安全　264

    任务 8.1　安装与使用 SNMP 服务　264

        任务 8.1.1　安装 SNMP　264

        任务 8.1.2　管理网络　274

    任务 8.2　使用网络扫描工具　280

    任务 8.3　安装和配置防火墙、防病毒软件　287

        任务 8.3.1　安装和配置个人防火墙　287

        任务 8.3.2　安装和配置杀毒软件　293

    项目回顾　298

    职业资格度量　298

项目 9　网络新技术　302

    任务 9.1　体验 IPv6 网　302

        任务 9.1.1　安装 IPv6 协议　302

        任务 9.1.2　配置和测试连通性　307

    任务 9.2　尝试 SDN 软件定义网络　312

        任务 9.2.1　准备 SDN 软硬件　312

        任务 9.2.2　构建 SDN 网络　318

    项目回顾　326

    职业资格度量　326

项目 10　综合实训项目　329

    任务 10.1　项目概述　329

    任务 10.2　任务实施　331

        任务 10.2.1　双绞线的制作与网络连接　331

        任务 10.2.2　IP 地址规划　332

        任务 10.2.3　IP 地址配置（PC 和服务器）　333

        任务 10.2.4　同网段主机资源共享　333

        任务 10.2.5　VLAN 规划　334

        任务 10.2.6　VLAN 配置　334

任务 10.2.7　VLAN 间通信 ………………………………………………… 335
任务 10.2.8　路由配置 …………………………………………………… 336
任务 10.2.9　配置 WLAN ………………………………………………… 337
任务 10.2.10　配置服务器 ………………………………………………… 339
*任务 10.2.11　配置 SNMP 网络管理 …………………………………… 339
*任务 10.2.12　配置 NAT ………………………………………………… 339

附录　过程考核标准 …………………………………………………… **340**

参考文献 ………………………………………………………………… **342**

项目 1

网络认识

掌握计算机网络概念;了解计算机网络分类、组成和功能;理解OSI七层参考模型、TCP/IP参考模型、计算机网络的运行;熟悉计算机网络的常用设备等。

会使用Cisco Packet Tracer软件模拟网络运行;初步理解网络拓扑结构图,并使用Microsoft Visio软件绘制。

通过参观实体网络和观察虚拟网络的运行,直观地了解网络拓扑结构、网络组成、网络层次、网络设备、传输介质等基本内容。本项目有三个任务需要完成:①参观网络;②观察网络运行;③识别和绘制网络拓扑结构图。

任务1.1 参观网络

任务1.1.1 体验网络

一、任务描述

参观网络(如果有条件,可以参观典型的企业网、校园网;如果没有条件,可以参观网络实验室),了解网络功能,体验网络运行;初步理解网络拓扑结构,了解计算机网络基本组成,熟悉网络设备、传输介质在网络中的作用。通过参观,收集信息,撰写一篇报告。

二、任务分析

参观网络能够直观看到的是网络设备、传输介质以及网络运行情况。听取网络管理人员的讲解,认真记录,了解网络的功能、网络的物理拓扑结构和逻辑拓扑结构;了解网络中主要网络设备和传输介质等。

本任务中,参观网络的重点在于看、听、写、拍照片,体验网络的实际场景。

本任务计划如下。

(1) 参观校园网(典型的企业网,或校园网,或网络实验室)。

(2) 记录网络拓扑结构。

(3) 记录网络 IP 地址规划。

(4) 记录网络设备、网络介质。

(5) 记录网络操作系统、网络管理软件等。

三、知识准备

(一) 计算机网络与 Internet 发展历史

1. 计算机网络发展历史

计算机网络技术是计算机技术与通信技术相结合的产物,它的发展与事物的发展规律相吻合,经历了从简单到复杂、从单个到集合的过程。计算机网络发展历史分为以下四个阶段。

第一阶段,20 世纪 50 年代中后期至 60 年代后期,以面向终端的计算机网络为标志。由于该阶段网络系统除了一台中央计算机外,其余的终端设备都没有独立处理数据的功能,因此,不能算是真正意义上的计算机网络。

第二阶段,20 世纪 60 年代后期至 70 年代,以 ARPANET(Advanced Research Projects Agency Network,美国国防部高级研究规划署网)为标志的计算机网络。该阶段网络追求的主要目标是借助通信系统,使网内各计算机系统间能够相互共享资源。

第三阶段,20 世纪 70 年代至 80 年代中期,以 OSI(Open System Interconnection Reference Model,开放系统互联参考模型)为标志的网络。OSI 是 ISO(International Organization for Standardization,国际标准化组织)于 1978 年制定的标准框架。该阶段是计算机网络发展最快的阶段。

第四阶段,20 世纪 90 年代后期至今,以 Internet 商用为标志。Internet 从一个小型的、实验型的研究项目,发展成为世界上最大的计算机网络,真正实现了数据通信、资源共享和分布处理的目标。目前处于第四阶段。

2. Internet 发展三个阶段

Internet 发展先后经历了三个阶段。

第一阶段从 1969 年 Internet 的前身——ARPANET 的诞生到 1983 年,是研究试验阶段,主要进行网络技术的研究和试验。

第二阶段是 1984—1993 年,为 Internet 的实用阶段,主要作为教学、科研和通信的学术网络。

第三阶段自 1994 年至今,Internet 开始进入商业化阶段。

(二) 计算机网络概念

计算机网络是指独立自治、相互连接的计算机集合,是利用通信设备和线路将地理位置不同的、功能独立的多个计算机系统互联起来,以功能完善的网络软件(即网络通信协议、网络操作系统等)实现网络中资源共享和信息传递的系统。

(三) 计算机网络功能

计算机网络使单一的、分散的主机有机地连成一个系统,主要功能如下。

1. 数据通信

数据通信是计算机网络最基本的功能。它用来传送计算机与终端、计算机与计算机之间的各种信息,包括文字、图片、音频、视频等,提供传真、电子邮件(E-mail)、电子数据交换(EDI)、电子公告牌(BBS)、远程登录(Telnet)和网页浏览等数据通信服务。该功能可将分散在各地的计算机网络联系起来,统一调配、控制和管理。

2. 资源共享

资源共享为网络最本质的功能。资源是指网络中硬件、软件和数据资源。共享是指网络中的用户都能够使用这些资源。例如,预订机票、客房等数据信息,可供网络查询;游戏、教育等软件,可供有偿或注册调用;打印机等硬件设备,可供网上用户使用。

3. 提高计算机的可靠性和可用性

网络中的计算机可相互成为后备机。一旦某台计算机出现故障,它的任务就可由其他的计算机代为完成,避免在单机情况下一台计算机发生故障引起整个系统瘫痪的现象,以提高系统的可靠性。当网络中的某台计算机负担过重时,网络又可以将新的任务交给较空闲的计算机完成,均衡负载,提高计算机的可用性。

(四) 计算机网络分类

由于网络应用的广泛性,出现了各种各样的网络。依据不同,网络分类也不同。

1. 按覆盖地理范围划分(这也是常用分类方法)

1) 局域网

局域网(Local Area Network,LAN)的分布范围一般在几米到几千米,它是在较小的地域范围内构成的计算机网络,供部门或单位使用。LAN 是把分散在一定范围内的计算机、终端、带大容量存储器的外围设备、控制器、显示器等连接起来,进行高速数据通信的一种网络。

由于 LAN 控制的地域范围小,一般不需要租用电话线路,而是直接建立专用通信线路。因此,数据传输速率高于广域网。LAN 组建方便、灵活、投资少,是计算机网络技术中发展最快、应用最广泛的一个分支。目前,LAN 在办公自动化、企业管理、工业自动化、辅助教学等方面得到广泛的使用。

2) 广域网

广域网(Wide Area Network,WAN)又称远程网,地域范围从几十千米到几千千米,往往跨越一个地区、一个国家或洲。WAN 一般利用通信部门提供的公用分组交换网、卫星通信信道和无线分组交换网,将分布在不同地域的网络连接起来,实现局域资源共享与广域资源共享相结合,形成局域处理和广域远程处理相结合的网际网系统。在 WAN 中,主要采用分组交换技术。

世界上第一个 WAN 是 ARPANET,它利用电话交换网互联分布在美国各地的计算机和网络。Internet 是最大的广域网。

3）城域网

城域网（Metropolitan Area Network，MAN）的地域范围介于 LAN 与 WAN 之间，运行方式与 LAN 相似。LAN 获得广泛使用后，其发展的方向之一就是扩大 LAN 的使用范围，将已经使用的 LAN 互相连接，使其成为一个规模较大的城市范围内的网络。MAN 能够满足几十千米范围内各个 LAN 联网需求，能实现大量用户、多种信息的高速传输。但是，MAN 的特有技术没有得到迅速推广。

2．按使用范围划分

1）公用网

公用网一般由电信部门组建，由政府指定机构管理和控制，为公众提供网络服务。

2）专用网

专用网一般由各企事业单位、个人等组建，只为拥有者提供服务，不对公众提供网络服务。

3．按通信介质划分

1）有线网

有线网是指采用同轴电缆、双绞线、光纤等物理介质来传输数据的网络。

2）无线网

无线网是指采用卫星、微波等无线介质来传输数据的网络。

4．按网络控制方式划分

1）集中式网络

网络中处理控制功能高度集中在中心节点上，网络上的信息流都经过中心节点。集中式网络主要优点是实现简单，网络操作系统很容易从传统的分时操作系统扩充和改造而来；缺点是实时性差、可靠性低，缺乏较好的可扩充性和灵活性。典型的集中式网络有星状网络和树状网络。

2）分布式网络

网络中不存在通信处理的控制中心，任一节点都可以和另外的节点建立自主连接，信息从一个节点到达另一个节点时可能有多条路径。同时，网络中的各个节点均以平等地位相互协调运行和交换信息，共同完成一个大型任务。分布式网络的主要优点是具有信息处理的分布性、高可靠性、可扩充性及灵活性等，因此，它是网络的发展方向。目前大多数 WAN 的主干网，采用分布式控制方式及较高的通信速率，网络性能高；大多数非主干网，为了降低建网成本，仍采用集中控制方式及较低的通信速率。典型的分布式网络有分组交换和网状型网络。

5．按网络拓扑结构划分

按网络拓扑结构划分，主要有总线网络、星状网络、环状网络等。

四、工具材料

- 在真实岗位中：网络参观。
- 在虚拟实验中：VMware、操作系统或 Cisco Packet Tracer 软件。

五、任务实施

参观校园网络。本任务以某高校的校园网为例，参观并作记录。

1. 网络的应用

校园网面向全校师生,可实现资源共享、信息交流、协同工作等基本功能,能满足在教学、科研、管理、交流、生活等方面的需求。其主要应用如下。

(1) 为学生学习、生活提供服务,如网上学习、网上作业、网上虚拟实验、查询成绩、签到考勤、教室门禁以及自助借还图书、消费一卡通等。

(2) 为教师教学提供网络平台,如网上备课、授课、辅导、考试和统计评价等。

(3) 为管理和决策提供基础数据、手段,如公文传递、公文管理等无纸办公自动化,实现行政、人事、财务、工资、资产、档案、宿舍等管理。

(4) 为师生科研提供网络服务,如科研资料检索、分析、模拟实验等。

此外,还有以网络为传输网的物联网应用,如实验室门禁、人脸识别签到,以及电子商务、云计算、大数据的应用,如淘宝购物支付宝付款、云盘存储、利用大数据的余额宝等。

2. 网络拓扑结构图

校园网拓扑结构如图 1-1 所示。

图 1-1　校园网拓扑结构

3. 网络接入

网络规划为核心层、汇聚层及接入层三个层次,千兆到大楼(或楼层),百兆(或千兆)到桌面。整个网络有两个出口,分别通过电信 300Mb/s 宽带出口及教育科研网 1000Mb/s 宽带出口接入 Internet。

4. 网络主要设备

网络主要设备包括防火墙采用北京天融信设备;认证接入服务采用城市热点设备;核心交换机采用 H3C75 系列核心交换机;汇聚层设备采用 H3C3100 系列交换机。

5．网络介质

主干网络采用光纤连接，接入层设备连接通过 6 类双绞线。

6．网络操作系统

服务器主要安装 Linux 和 Windows Server 操作系统。管理节点主要安装 Windows 7 操作系统。

7．网络基本服务

主要提供的基本服务有 Web 服务、FTP 服务、邮件服务、DNS 服务、DHCP 服务、代理服务、认证计费服务、数据安全传输服务、网络存储服务等。

（此处 IP 规划略）

六、检查评议

能够对网络有基本的认识，了解网络的基本组成。

具体评价方式、评价内容及评价标准见附录。

七、拓展提高

1．ARPANET 起源

美国国防部高级研究规划署（Advanced Research Projects Agency，ARPA）于 1958 年成立，是由国防部直接领导的研发组织，负责前瞻性的科研项目的开发。ARPANET（阿帕网）是 ARPA 支持的一个项目。

约瑟夫·立克里德是颇有建树的心理学教授，是麻省理工学院（Massachusetts Institute of Technology，MIT）林肯实验室（MIT Lincoln Lab）主任、创办人，被 ARPA 聘任为信息处理技术办公室主任，对 ARPANET 的产生有铺垫性贡献。他从心理学背景出发，认为计算机的发展方向是最大限度地对人类行为提供决策支持，计算机发展的最终目标是完全取代人在各个层面的重复性工作，彻底解放人类，人类仅仅作决策。他提出："让所有的或绝大部分计算机能够在一个集成网络里相互合作。"这就是 ARPANET 的产生以及后来的互联网雏形的最初设想。他的继任者罗伯特·泰勒同其他互联网的众多先驱一起具体实施了 ARPANET。

2．ARPANET 分组交换的思想

20 世纪 60 年代早期，三个分组交换研究组几乎同时、独自地提出了分组交换的概念，替代电路交换。首次公开发表的是 1961 年麻省理工学院的研究生 Leonard Kleinrock（后成为加州大学洛杉矶分校 UCLA 的计算机教授），1964 年兰德公司的 Paul Baran 在军用网络上研究分组交换的应用，同时英国国家物理实验室（NPL）的 Donald Davies 和 Roger Scantlebury 也在研发分组交换技术。1969 年，Leonard Kleinrock 在 UCLA 的计算机成为互联网的第一个节点。虽然英国人 Donald Davies 和 Paul Baran 都不是通信领域的专家，但"分组交换"的思想却对互联网的发展有重要的意义，并且成为互联网的支撑技术。

互联网上数据的基本传输方式是分组交换（Packet Switching）。分组交换就是计算机将要传输的数据分割成一个个标准大小的数据包，然后给每个数据包加上发送地址等传送信息。在传输过程中，数据包被装载到帧（Frame）上，然后从一台路由器传送到另一台路由器,直至到达目的地为止。

分组交换的思想提出时遭到通信领域很多权威专家的质疑,很多人认为这根本不可能实现。最初 ARPANET 吸引众多科学家和企业界重视,很重要的原因就是想看到实验结果。ARPANET 第一次使大规模的分组交换实验成为可能。后来的事实证明了分组交换分布式网络完全可以高效率地传输信息。

任务 1.1.2 了解网络的组成

一、任务描述

参观网络后,查找资料,进一步了解计算机网络的组成。

二、任务分析

网络由网络设备,如防火墙、路由器、交换机和服务器等,以及相应网络软件组成。本任务中,了解计算机网络组成以及计算机网络硬件系统、软件系统。

本任务计划如下。

(1) 了解计算机网络逻辑结构。

(2) 了解计算机网络组成。

三、知识准备

(一)计算机网络逻辑结构

计算机网络要完成数据处理与数据通信两大基本功能,在结构上相应地分为两层,一层为面向数据处理的计算机和终端,另一层为负责数据通信的通信控制处理机和通信线路。从逻辑上来看,计算机网络分为资源子网和通信子网两部分,如图1-2所示。

图1-2 计算机网络逻辑结构

1. 资源子网

资源子网由主机、终端、终端控制器、联网外设、各种软件资源与数据资源组成。资源子网负责全网的数据处理业务,向网络用户提供各种网络资源与网络服务。

1) 主机

在网络中,主机(Host)可以是大型机、中型机、小型机、工作站或微型机。主机是资源子网的主要组成单元,它通过高速通信线路与通信子网的通信控制处理机相连接。普通用户终端通过主机入网。主机要为本地用户访问网络其他主机设备以及共享资源提供服务,用于网络管理、运行应用程序、处理各网络工作站成员的信息请求,并连接一些外部设备,如打印机、CD-ROM、调制解调器等。

2) 终端

终端(Terminal)是用户访问网络的接口。终端可以是简单的输入/输出终端,也可以是带有微处理机的智能终端。智能终端除具有输入/输出信息功能外,其本身还具有存储与处理信息的能力。终端可以通过主机联入网内,也可以通过终端控制器、报文分组组装/拆卸装置或通信控制处理机联入网络。

3) 网络软件

网络中每个用户都可享用系统中的各种资源,所以需要对网络资源进行全面管理,合理地调度和分配,并防止网络资源丢失或被非法访问、破坏。网络软件是实现这些功能不可缺少的工具。网络软件主要包括网络协议软件、网络通信软件、网络操作系统、网络管理软件和网络应用软件等。其中,网络操作系统用以控制和协调网络资源分配、共享,提供网络服务,它是最主要的网络软件。

2. 通信子网

通信子网由通信控制处理机、通信线路和其他通信设备组成。

1) 通信控制处理机

通信控制处理机(Communication Control Processor,CCP)是一种在计算机网络或数据通信系统中专门负责网络中数据通信、传输和控制的专用计算机,一般由小型机、微型机或带有 CPU 的专门设备承担。

CCP 一方面作为资源子网的主机、终端的接口节点,将它们联入网络;另一方面又实现通信子网中报文分组的接收、校验、存储、转发等功能,并且起着将源主机报文准确地发送到目的主机的作用。

2) 通信线路和通信设备

通信线路即通信介质,它是 CCP 与 CCP、CCP 与主机之间提供数据通信的通道。通信线路和网络上的各种通信设备一起组成通信信道。

计算机网络采用的通信线路的种类很多。例如,可以使用双绞线、同轴电缆、光导纤维等有线通信线路组成通信信道;也可以使用非导向媒体,如微波通信和卫星通信等无线通信线路组成通信信道。

通信设备的选用和通信线路类型有关。如果使用模拟线路,在线路两端需配置调制解调设备;如果采用数字线路,在计算机和线路之间要有相应的连接部件,如脉冲编码调制设备。

(二) 计算机网络组成

在物理上,计算机网络由网络硬件和网络软件两部分组成。网络软件的功能必须依赖于网络硬件去完成,没有网络软件的网络硬件也无法实现真正端到端的数据通信。对于计算机网络系统而言,二者缺一不可。

1. 计算机网络硬件系统

计算机网络硬件系统负责数据处理和数据转发,它为数据传输提供一条可靠的传输通道。网络硬件包括计算机系统、传输介质和网络设备。

2. 计算机网络软件系统

计算机网络软件系统是真正控制数据通信和实现各种网络应用的部分。软件系统包括网络操作系统、网络协议及网络通信软件。

四、工具材料

- 在真实岗位中:计算机网络硬件系统。
- 在虚拟实验中:VMware、操作系统或 Cisco Packet Tracer 软件。

五、任务实施

(一)了解计算机网络硬件系统

1. 计算机硬件

计算机硬件主要包括网络终端与服务器。网络终端也称为网络工作站,是使用网络的计算机等设备。在客户/服务器网络中,客户指的是网络终端。

网络服务器(Server)是被网络终端访问的计算机系统,通常是一台高性能的计算机,如大型机、小型机、UNIX 工作站和服务器。PC 安装服务器软件后构成网络服务器,这些是计算机网络的核心设备。

网络中可共享的资源如数据库、大容量磁盘、外部设备和多媒体节目等都是通过服务器提供给网络终端(图 1-3)。服务器按照可提供的服务可分为文件服务器、数据库服务器、打印服务器、Web 服务器、电子邮件服务器、代理服务器等。

图 1-3 服务器

2. 网络传输介质

主要的网络传输介质有双绞线、光纤电缆、同轴电缆、微波(图 1-4)。在局域网中主要传输介质是双绞线,一种 8 芯电缆,具有传输 1000Mb/s 的能力。光纤在局域网中多承担干线部分的数据传输。使用微波的无线局域网由于其灵活性而逐渐普及。早期的局域网中使用网络同轴电缆,从 1995 年开始被逐渐淘汰,现在局域网中已很少使用。

双纹线　　　　　　　　光纤

图 1-4　网络传输介质

3. 网络硬件设备

1) 网络交换设备

网络交换设备是把计算机连接在一起的基本网络设备。计算机之间的数据报通过交换机转发。因此，计算机要连接到局域网中必须首先连接到交换机(Switch)上。不同种类的网络使用不同的交换机。常见的有以太网交换机、ATM交换机、帧中继网的帧中继交换机、令牌网交换机、FDDI交换机等，如图1-5所示。

图 1-5　交换机

2) 网络互联设备

网络互联设备主要是指路由器(Router)。路由器是连接网络的必需设备，在网络之间转发数据报(图1-6)。路由器不仅提供同类网络之间的互相连接，还提供不同网络之间的通信。比如，局域网与广域网的连接、以太网与帧中继网的连接等。

在广域网与局域网的连接中，调制解调器用于将数字信号调制成频率带宽更窄的信号，以便适合于广域网的频率带宽。最常见的是使用电话网络或有线电视网络接入互联网。

中继器是一个延长网络电缆和光缆的设备，可对衰减了的信号起再生作用。

网桥用来改善网络带宽拥挤。交换机设备可同时完成网桥需要完成的功能，所以交换机的普及使用终结了网桥的使命。

图 1-6　路由器

3) 网络安全设备

网络安全是指网络系统的硬件、软件及其系统中的数据受到保护，不因偶然的或者恶意的原因而遭到破坏、更改、泄露，系统连续、可靠、正常地运行，网络服务不中断。主要的网络安全设备包括防火墙、VPN设备和入侵检测设备等(图1-7)。

图1-7 网络安全设备

(1) 防火墙(Firewall)是网络安全最常见的设备。防火墙可以实现内部网、外部网或不同信任域网络之间的隔离,达到有效地控制对网络访问的作用。

(2) 虚拟专用网(Virtual Private Network,VPN)设备完成三种类型的业务,即拨号VPN业务(VPDN)、专线VPN业务、MPLS的VPN业务。

(3) 入侵检测设备(Intrude Detected Service,IDS)对透过防火墙的攻击进行检测,并做出相应反应(如记录、报警、阻断)。入侵检测系统和防火墙配合使用,可以实现多重防护,构成一个整体的、完善的网络安全保护系统。

(二) 了解计算机网络软件系统

1. 网络操作系统

网络操作系统主要有三大阵营,即UNIX、Novell NetWare和Microsoft Windows系列。

1) UNIX网络操作系统

UNIX网络操作系统是一种典型的多用户网络操作系统。它主要应用于超级小型机、大型机和RISC精简指令系统计算机。UNIX属于集中式处理的操作系统,也是一套在多任务操作环境下的局域网操作系统软件。Linux也可归到这一阵营,在服务器中用得较多。

2) Novell公司的NetWare网络操作系统

它具有先进的目录服务环境,集成、方便的管理手段,简单的安装过程。但是,由于Microsoft Windows的竞争,目前使用率降低。

3) Microsoft公司的Windows操作系统

Microsoft公司的Windows Server操作系统可用性好,市场占有率不断升高,中小型服务器用得较多。

2. 网络通信软件和网络协议

网络通信软件和网络协议用于管理各计算机之间的信息传输。分别由网络的三个著名标准化组织定义。

(1) ISO由美国国家标准协会及其他各国的国家标准化组织的代表组成。在网络中,主要贡献有OSI/RM开放系统互联参考模型,这是七层网络通信模型,也称为七层参考模型。

(2) IEEE(Institute of Electrical and Electronic Engineer,电气及电子工程师学会)是世界上最大的专业组织之一。在网络上,主要贡献是对IEEE 802协议进行了定义。

(3) ARPA主要贡献是TCP/IP通信模型;进行计算机网络定义与分类方法的研究;提出了资源子网、通信子网的网络结构概念;研究并实现了分组交换方法。

六、检查评议

能够认识计算机网络组成,以及硬件设备、软件系统。

具体评价方式、评价内容及评价标准见附录。

七、拓展提高

(一)通信系统模型

通信系统中,信息的传递是通过电信号来实现的。首先要把信息转换成电信号,经过发送设备,将信号送入信道。在接收端,接收设备对接收信号做相应的处理后,送给信宿再转换为原来的信息。通信系统一般模型见图1-8。

图 1-8 通信系统一般模型

通信系统分为模拟通信系统和数字通信系统。利用模拟信号来传送信息的通信方式称为模拟通信。利用数字信号传送信息的通信方式称为数字通信。

(二)数据通信的三种交换方式

1. 电路交换

电路交换是指两台计算机或终端在相互通信时,使用同一条实际的物理链路,通信中自始至终使用该链路进行信息传输,且不允许其他计算机或终端同时共享该电路。

典型的电话网中采用的是电路交换方式。第一步,先拨号,交换机为双方建立连接。第二步,双方通话。第三步,一方挂机后,交换机断开连接。因此,电路交换的动作,就是在通信时建立(即连接)电路,通信完毕时拆除(即断开)电路。在通信过程中双方传送信息的内容,与交换系统无关。

电路交换的特点有以下几个。

(1)独占性。建立电路之后、释放电路之前,即使站点之间无任何数据可以传输,整个电路仍不允许其他站点共享,因此电路的利用率较低,并且容易引起接续时拥塞。

(2)实时性好。一旦电路建立,通信双方的所有资源均用于本次通信,除了少量的传输延迟外,不再有其他延迟,具有较好的实时性。

(3)线路交换设备简单,不提供任何缓存装置。

(4)用户数据透明传输,要求收发双方自动进行速率匹配。

2. 报文交换

报文交换是将用户的报文(数据块)存储在交换机中,当输出电路空闲时,才将该报文发往接收方的交换机或终端。存储转发方式可以提高中继线和电路的利用率。

报文交换无须同时占用整个物理线路。站点发送一个报文时,将目的地址附加在报文上。中间节点暂存报文,根据目的地址确定输出端口和电路,排队等待。线路空闲时再转发给下一节点,直至目的站点。

报文交换的特点有以下几个。

(1) 先存储,再转发。中间节点可进行数据格式的转换。

(2) 不独占电路,多个用户的数据可以通过存储和排队共享一条电路,提高了电路的利用率。

(3) 支持多点传输。

(4) 增加了差错检测功能,避免出错数据的无谓传输等。

报文交换的不足:增加了数据传输的延迟,难以满足实时通信和交互式通信的要求。

3. 分组交换

分组交换兼有电路交换和报文交换的优点,将用户发来的整份报文分割成多个定长的数据块(称为分组或包),以存储-转发方式在网上传输。在分组交换网中,不同用户的分组数据均采用动态复用的技术传送,即网络具有路由选择,同一条路由可以有不同用户的分组在传送,所以分组交换比电路交换的电路利用率高,比报文交换的传输延时小,交互性好。

分组交换的主要特点有以下几个。

(1) 电路利用率高。分组交换以虚电路的形式进行信道的多路复用。

(2) 不同种类的终端可以相互通信。

(3) 信息传输可靠性高。节点交换机之间采用差错校验与重发的功能,网络传送的误码率大大降低。网络发生故障时,路由机制会选择一条新的路由避开故障点,不会造成通信中断。

(三) 三种交换方式适用范围

(1) 电路交换方式通常应用于公用电话网、公用电报网及电路交换的公用数据网等通信网络中。电路交换适用于一次接续后长报文的通信。

(2) 报文交换方式适用于实现不同速率、不同协议的终端间或点对多点进行存储转发的数据通信。不适用于要求系统安全性高、网络延时小的数据通信。

(3) 分组交换方式适用于对话式的计算机通信,如数据库检索等,传输质量高、成本较低,并可在不同速率终端间通信。

任务 1.2 观察网络运行

任务 1.2.1 观察 PT 中网络的运行

一、任务描述

使用 Cisco Packet Tracer 模拟软件观察网络运行,理解各个层次之间如何运行。

二、任务分析

网络运行是一个复杂的过程,涉及多个网络协议,完成一次数据包传输需要网络协议间协同工作。

本任务通过 Cisco Packet Tracer 模拟软件,观察网络的运行,初步接触网络协议。

本任务计划如下。

（1）熟悉 Cisco Packet Tracer 模拟软件的安装与使用。

（2）使用 Cisco Packet Tracer 模拟软件观察网络运行。

三、知识准备

（一）网络协议概念

计算机网络协议(Network Protocol)是指计算机网络通信的一整套规则，或者说是为完成计算机网络通信而制订的规则、约定和标准。网络协议由语法、语义和时序三大要素构成。

（1）语法(Syntax)：通信数据和控制信息的结构与格式。表示要怎么做。

（2）语义(Semantics)：对具体事件应发出何种控制信息、完成何种动作以及做出何种应答。表示要做什么。

（3）时序(Timing)：对事件实现顺序的详细说明。表示做的顺序。

协议以文字形式描述时，可方便人的阅读；而以程序代码形式存在时，是为了计算机能够理解。

（二）常用的网络协议

1. TCP/IP

TCP/IP(Transmission Control Protocol/Internet Protocol，传输控制协议/网际协议)是 Internet 的基础协议，是目前最常用的通信协议。在网络中，TCP/IP 最早出现在 UNIX 操作系统中，现在几乎所有的厂商和操作系统都支持它。TCP/IP 具有很高的灵活性，支持任意规模的网络，几乎可连接所有的服务器和工作站。TCP/IP 每个节点需要 IP 地址、子网掩码、默认网关和主机名。

每种网络协议都有自己的优点，但是只有 TCP/IP 与 Internet 可以完全连接。TCP/IP 是 20 世纪 60 年代麻省理工学院和一些商业组织为美国国防部开发的，即便遭到核攻击而破坏了大部分网络，TCP/IP 仍然能够维持有效的通信。TCP/IP 于 1982 年得到应用。

TCP/IP 具备可扩展性和可靠性的需求，但这是以牺牲速度和效率换来的。由于网络操作系统包含 TCP/IP 栈，从而使 TCP/IP 应用广泛。

2. IPX/SPX 协议

IPX/SPX(Internetwork Packet Exchange/Sequences Packet Exchange，Internet 分组交换/顺序分组交换)是 Novell 公司的通信协议集。IPX 是第三层协议，具有完全的路由能力。主要用来控制局域网内或局域网之间数据包的寻址和路由，负责数据包在局域网中的传送，但不保证消息的完整性，也不提供纠错服务。IPX 是无连接的协议，相当于 TCP/IP 协议簇中的 IP 协议。

SPX 协议是 IPX 的辅助协议，位于第四层。主要实现发出信息的分组、跟踪分组传输，保证信息无差错传输。SPX 是面向连接的协议，相当于 TCP/IP 协议簇中的 TCP 协议。

IPX/SPX 协议适合于大型网络和局域网游戏环境中，而在非 Novell 网络环境中一般不使用。

（三）TCP/IP 协议集

TCP/IP 协议集包含多种协议，根据不同的通信功能处于不同的层次。TCP/IP 常用协议按层分布如表 1-1 所示。

表 1-1　TCP/IP 常用协议按层分布

层　次		协　议
应用层		HTTP、DHCP、DNS、FTP、POP3、SMTP、SNMP、SSH、Telnet、IMAP4、RIP
传输层		TCP、UDP
网络层		IP、ICMP、ARP、RARP、IGMP、BGP、OSPF、IS-IS、IPSec
网络接口层	数据链路层	Ethernet、Token ring、FDDI、ATM、STP、帧中继、ISDN、HDLC、PPP、L2TP、PPTP、Wi-Fi(IEEE 802.11)、WiMAX(IEEE 802.16)、GPRS 等
	物理层	RS-232、EIA-422、RS-449、EIA-485、10Base-2、10Base-T 等

四、工具材料

- 在真实岗位中：校园网络或实验室网络。
- 在虚拟实验中：VMware、操作系统或 Cisco Packet Tracer 软件。

PT 使用介绍

五、任务实施

（一）Cisco Packet Tracer

Packet Tracer 官方模拟软件是由 Cisco 公司发布的一个辅助学习工具，为学习 Cisco CCNA 网络课程的初学者去设计、配置、排除网络故障而提供的网络模拟环境。用户可以在软件的图形用户界面上直接使用拖曳方法建立网络拓扑，并可提供数据包在网络中进行的详细处理过程，观察网络实时运行情况。

1. 观察界面

界面可分为九个组成部分，包括菜单栏、工具栏、公用工具栏、逻辑/物理区域导航栏、工作区、实时/模拟栏、设备类型选择栏、具体设备选择栏、用户创建包窗口，如图 1-9 所示。

"工作区"位于窗口中央，是创建拓扑图的区域。"设备类型选择栏"位于左下角，有多种硬件设备，从左至右，从上到下依次为路由器、交换机、集线器、无线设备、连线(Connections)、终端设备、仿真广域网、Custom Made Devices(自定义设备)等。在"设备类型选择栏"的右侧为"具体设备选择栏"，提供了设备的多种型号。

选择设备时，单击"设备类型选择栏"→"具体设备选择栏"，选取具体型号设备，然后拖曳到"工作区"。两台设备连线时，先在"具体设备选择栏"选中适合的连线，然后单击一台设备，选择连接的接口，再单击另一台设备，选择连接的接口。

"公用工具栏"位于窗口右侧，用它对设备进行编辑。从上到下依次为选定/取消、移动、标注、删除、观察、简单 PDU、复杂 PDU。

"实时/模拟栏"位于右下角，可切换为 Realtime mode(实时模式)和 Simulation mode(模拟模式)。实时模式是真实模式，一旦执行命令可立即完成。模拟模式是模拟执行过程，以能够理解的方式展示，可以观察网络内部运行状况，便于学习研究。

图 1-9 Packet Tracer 界面

2. 设备管理

Packet Tracer 提供了很多典型的网络设备,其功能、管理界面和使用方式不尽相同。

1) PC

一般情况下,PC 在图形界面下配置。切换到 Desktop 选项卡选择 IP Configuration 选项,可实现 IP 地址、子网掩码、网关和 DNS 等配置,如图 1-10 所示。如果设置自动获取 IP

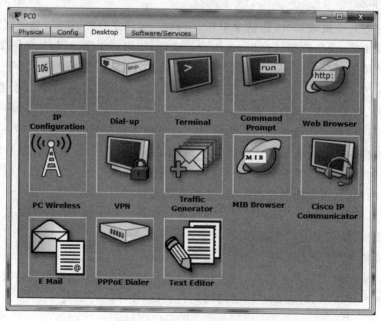

图 1-10 PC 的 Desktop 界面

地址,可以切换到 Config 选项卡,选择 Global Settings 进行设置。

此外,还提供了拨号、终端、命令行(只能执行一般的网络命令)、Web 浏览器、无线网络、VPN、MIB 浏览器、E-mail 等功能。

2)路由器(交换机)

路由器(交换机)的界面有 Physical、Config、CLI 三个选项卡,如图 1-11 所示。在 Physical 选项卡,左侧的 MODULES(模块)包含多个模块,最常用的有 WIC-1T 和 WIC-2T。窗口左下方是所选模块的说明文字,右下方是所选模块的图示。右侧的设备图示面板上有数量不等的端口以及空槽(用于添加模块)。添加模块前,先关闭电源,然后将模块拖到插槽中,再打开电源。

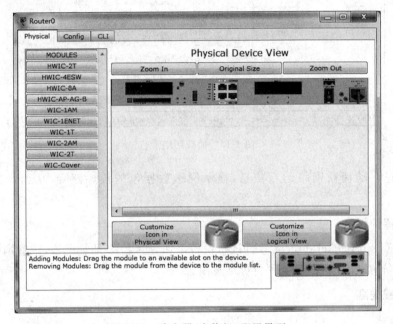

图 1-11 路由器(交换机)配置界面

在 Config 选项卡中,通过图形化界面对设备进行配置,如设备的显示名称、路由协议与接口等。

CLI(Command Line Interface,命令行界面)选项卡是路由器(交换机)重要的人机界面,网络工程师常通过 CLI 进行配置。在命令行下,需要掌握各命令的用法。

图 1-12 网络拓扑

(二)观察网络运行

(1)启动 Packet Tracer,在工作区构建网络拓扑图。添加一台交换机、两台 PC,连接线选直通线,如图 1-12 所示。

(2)分别设置:PC0 的 IP 地址为 192.168.3.1,子网掩码为 255.255.255.0;PC1 的 IP 地址为 192.168.3.2,子网掩码为 255.255.255.0。

观察网络运行

(3) 切换至 Simulation mode(模拟模式)，单击 Auto Capture/Play 按钮，如图 1-13 所示。

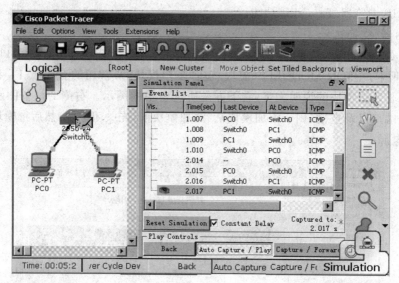

图 1-13　捕获网络运行

(4) 通过自动捕获网络运行信息，显示网络数据包的传递路径，从而观察网络运行轨迹。

六、检查评议

会使用 Cisco Packet Tracer 软件进行设备添加、连线、IP 地址配置，观察网络运行。
具体评价方式、评价内容及评价标准见附录。

七、拓展提高

1. 连接线

Cisco Packet Tracer 有很多连接线，每种连接线代表一种连接方式，如控制台连接、双绞线交叉连接、双绞线直连连接、光纤、串行 DCE 及串行 DTE 等。如果不能确定应该使用哪种连接，可以使用自动连接，让软件自动选择相应的连接方式。

2. 汉化包安装

(1) 将汉化包 Chinese.ptl 文件复制到安装路径下的 languages 目录下。

(2) 启动 Packet Tracer，选择菜单中的 Options→Preferences 命令，在 Interface 选项卡中，在 Select Language 下面的框里选择 Chinese.ptl 文件，单击右下角的 Change Language 按钮。

(3) 关闭软件，重新启动软件，界面就汉化了。

3. 常用参数设置

选择菜单中的 Options→Preferences 命令，可以设置多个选项卡中的参数，如接口标签、字体等。

任务1.2.2　了解网络体系结构

一、任务描述

观察计算机网络体系结构层次，理解ISO/OSI参考模型、TCP/IP参考模型。

二、任务分析

网络本身是一个复杂的系统，欲了解网络，必须先了解网络体系结构。网络体系结构是分层的，属于网络理论范畴。本任务通过Cisco Packet Tracer模拟软件，观察网络的层次结构。

本任务计划如下。

(1) 在Packet Tracer中构建LAN，包括PC、Web服务器。
(2) 从PC访问Web服务器。
(3) 观察网络体系结构。

三、知识准备

（一）网络体系结构

1. 网络体系结构概述

网络体系结构(Network Architecture Structure)是为了完成计算机间的通信，把每台计算机互联的功能划分成有明确定义的层次，并规定同层次进程通信的协议以及相邻层之间的接口和服务。网络体系结构是指用分层研究方法定义的网络各层和协议的集合。网络体系结构是抽象的，实现是具体的。

2. 网络体系结构分层的优点

(1) 功能分层明确。每一层都有明确的基本功能。高层协议在多种低层协议上运行。
(2) 各层独立灵活。层与层的结构相对独立、隔离，一层内容或结构的变化对其他层的影响较小，各层的功能、结构相对稳定。
(3) 方便实现维护。每一层与网络系统相比较其复杂性降低。标准化的技术实现，便于产业化。
(4) 易于理解研究。网络分层，易于理解协议的规范细节。

（二）ISO/OSI参考模型

ISO/OSI参考模型是1983年ISO为网络通信制定的，即著名的ISO 7498国际标准。根据网络通信的功能要求，把通信过程分为七层，即物理层、数据链路层、网络层、传输层、会话层、表示层和应用层，每层都规定了相应的功能及协议，如图1-14所示。

1. 第7层　应用层

应用层(Application Layer)是OSI参考模型的最高层，为模型以外的应用提供服务，直接面对用户的具体应用。应用层包含用户应用程序执行通信任务所需要的协议和功能。

2. 第6层　表示层

表示层(Presentation Layer)用于数据管理的表示方式。如果通信双方用不同的数据表示方法，它们就不能互相理解，表示层提供计算机内部表示法和网络标准表示法的转换。

图 1-14　ISO/OSI 参考模型

表示层的主要功能有数据语法转换、语法表示、表示连接管理、数据加密和数据压缩。

3．第 5 层　会话层

会话层(Session Layer)利用传输层来提供会话服务,会话可以是一个用户通过网络登录到一台主机,或一个正在建立的用于传输文件的会话。

会话层的主要功能有会话连接到传输连接的映射、会话连接的恢复和释放、数据传送、会话管理、令牌管理和活动管理。常见的协议有结构化查询语言(SQL)、远程进程调用(RPC)等。

4．第 4 层　传输层

传输层(Transport Layer)解决的是数据在网络之间的传输质量问题,它属于较高层次。传输层用于提高网络层服务质量,提供可靠的端到端的数据传输,传输单位是段。传输层的主要功能包括传输连接的建立与释放、分段与重组、排序验证收到的分段。

5．第 3 层　网络层

网络层(Network Layer)属于 OSI 参考模型中的较高层次,它解决的是网络与网络之间的通信问题,而非同一网段内通信。网络层的主要功能是提供路由,即选择到达目标主机的最佳路径,并转发数据包。具有流量控制和拥塞控制能力。网络路由器、第三层交换机工作在这个层次上。

6．第 2 层　数据链路层

数据链路层(Data Link Layer)位于 OSI 参考模型的第二层,以帧为单位传输数据。数据链路层的主要功能包括数据链路连接的建立与释放、构建数据链路层数据帧、流量控制、差错检测和重传等。

数据链路层的协议有 SLIP、PPP、X.25 和帧中继等。该层常见的设备有交换机等。

7．第 1 层　物理层

物理层(Physical Layer)位于 OSI 参考模型的最底层,它的任务是提供网络的物理连接。所以,物理层是建立在物理介质上,但不是指物理设备或物理介质,而是指提供接口的机械、电气、功能、规程特性的协议。物理层传送的是 0 和 1, 不确定比特流的具体含义。

物理层的主要功能包括物理连接、物理服务数据单元顺序化（接收物理实体收到的比特顺序，与发送物理实体所发送的比特顺序相同）和数据电路标识。

（三）TCP/IP 参考模型

TCP/IP 参考模型包含一组用于实现网络互联的通信协议，是 Internet 的核心。TCP/IP 参考模型分四层，分别是网络接口层、网络层、传输层和应用层。表 1-2 是 ISO/OSI 参考模型与 TCP/IP 参考模型的层次对应关系。

表 1-2 ISO/OSI 参考模型与 TCP/IP 参考模型的层次对应关系

ISO/OSI 参考模型	TCP/IP 参考模型
应用层	应用层
表示层	
会话层	
传输层	传输层
网络层	网络层
数据链路层	网络接口层
物理层	

1. 第 4 层 应用层

应用层直接为用户的应用进程提供服务。常见的协议有 Telnet 远程登录、FTP 文件传输协议、SMTP 简单邮件传输协议、SNMP 简单网络管理协议、HTTP 协议等。

2. 第 3 层 传输层

传输层主要功能是为两个对等实体间提供端到端的通信，提供确认、差错控制和流量控制等机制。传输层两个重要的传输协议是 TCP 和 UDP。

传输控制协议（Transport Control Protocol，TCP）为主机提供面向连接的、可靠的数据通信。它的工作包括把应用层交给的数据分成合适的小块，再交给网络层，确认接收的分组以及设置发送最后确认分组的超时时钟等。

用户数据报协议（User Datagram Protocol，UDP）为应用层提供无连接的、不可靠的简单的服务。它只是把数据报从一台主机发送到另一台主机，可靠性交给应用层解决。

3. 第 2 层 网络层

网络层也称为网际层（Internet Layer），负责为主机提供通信。发送数据时，封装 IP 数据报。处理路由选择、分组交换。该层包括无连接的 IP 协议以及多种路由协议。

4. 第 1 层 网络接口层

网络接口层（Network Interface Layer）对应 ISO/OSI 的物理层和数据链路层，通常包括操作系统中的设备驱动程序和网络接口卡，处理与传输介质连接的物理接口细节。

（四）PDU、数据封装和解封

协议数据单元（Protocol Data Unit，PDU）是指对等层（Peer Layers）之间传递的数据单位。各层 PDU 之间的对应关系如表 1-3 所示。

表 1-3　各层 PDU 之间的对应关系

层　次	协议数据单元(PDU)	数据(Data)封装、解封				
应用层	数据(Data)				Data	
传输层	数据段(Segment)			TH	Data	
网络层	数据包(Packet)		IH	TH	Data	
数据链路层	数据帧(Frame)	LH	IH	TH	Data	LT
物理层	数据位(Bit)	比特流				

表 1-3 给出了各层数据的名称。右列给出了数据封装(Data Encapsulation)与数据解封(Data Decapsulation)的示意过程。

1. 数据封装

当节点发送信息时，数据从应用层向下传输，上一层的 PDU 总是作为下一层的数据，然后进行封装，并附加上接收层的控制信息。例如，应用层的数据附加上 TCP 控制信息(称为 TCP 头 TH)，成为传输层的数据段；传输层的 PDU 作为网络层的数据附加上 IP 控制信息(称为 IP 头 IH)，成为网络层的数据包；网络层的 PDU 作为数据链路层的数据附加上帧控制信息(称为帧头 LH、帧尾 LT)，成为数据链路层的数据帧。

数据封装与解封

2. 数据解封

当节点接收信息时，数据从物理层向上传输。数据链路层向上时，将会按照数据封装的逆过程进行解封，还原出 PDU 中的数据部分传给上一层。例如，从数据链路层的数据帧中解封出数据部分，成为网络层的数据包；网络层再解封出数据部分，成为传输层的数据段；传输层再解封出数据部分，成为应用层的数据。

四、工具材料

- 在真实岗位中：校园网络或实验网络。
- 在虚拟实验中：VMware、操作系统或 Cisco Packet Tracer 软件。

五、任务实施

在 Packet Tracer 中构建 LAN，了解网络体系结构，查看 ISO 参考模型和 TCP/IP 参考模型层次。

1. 绘制网络拓扑图

在 Packet Tracer 中构建 LAN。网络拓扑如图 1-15 所示。一台 PC，一台服务器，分别连接到交换机接口。

图 1-15　网络拓扑

2. 配置 PC 与服务器

(1) 配置 PC 网络参数。IP 地址为 192.168.1.2，子网掩码为 255.255.255.0，DNS 为 192.168.1.1。

(2) 配置服务器网络参数。IP 地址为 192.168.1.1，子网掩码为 255.255.255.0，DNS 为 192.168.1.1。

(3) 配置 DNS 服务器。在图 1-16 中，单击左侧 DNS 服务，在右侧选中 On 单选按钮，启用 DNS 服务器。

添加资源记录。Name 选择 www.jsau.edu.cn，Type 选择 A Record，IP 地址为 192.168.1.1。单击 Add 按钮。

图 1-16　DNS 服务器配置

（4）配置 Web 服务器。在图 1-17 中，单击左侧 HTTP 服务，在右侧 HTTP 组中选中 On 单选按钮，启用 Web 服务器。下方的网页名称为 index.html，网页代码在文本框中。

图 1-17　Web 服务器配置

3. 从 PC 访问 Web 服务器

打开 PC 的 Web Browser 网页浏览器，在 URL 文本框中输入 http://www.jsau.edu.cn，单击 Go 按钮，访问 Web 服务器，如图 1-18 所示。

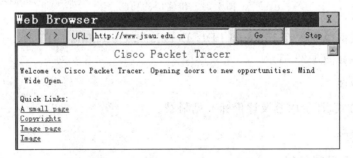

图 1-18　从 PC 浏览器访问 Web 服务器

4. 观察网络体系结构

（1）切换到"模拟模式"。在 Simulation Panel 面板中，单击 Edit Filters 按钮，选择协议。本任务只需选中 DNS、TCP、HTTP 协议即可。

（2）捕获数据包。在 Simulation Panel 面板中，单击"自动捕获/播放"

网络体系结构

按钮,然后在 PC 上访问 Web 服务器,会看到在 Event List 中出现捕获的数据包,如图 1-19 所示。

(3) 观察网络体系层次。单击 Time 列为 750.834,Last Device 列为 Switch0,At Device 列为 DNS&WebServer,Type 为 HTTP 所在行最右列的方块。出现 PDU 信息窗口,在 OSI Model 选项卡中可以看到源设备为 PC0,目的设备为 HTTP Client 以及网络参考模型各层的信息。In Layers、Out Layers 分别为服务器上的进入层和输出层,如图 1-20 所示。

图 1-19 事件列表

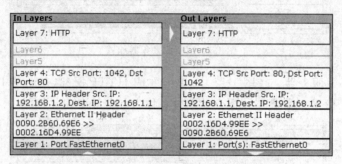

图 1-20 观察网络参考模型七层运行情况

(4) 观察各层运行情况。单击层时,会显示该层的功能。图 1-21 是单击 In Layers 中的 Layer4 时显示的传输层功能。通过单击 OSI Model 选项卡左下方的 Challenge Me 按钮,还可以进一步了解网络体系结构。

```
1. The device receives a TCP PUSH+ACK segment on the connection to
   192.168.1.2 on port 1042.
2. Received segment information: the sequence number 1, the ACK number 1,
   and the data length 104.
3. The TCP segment has the expected peer sequence number.
4. TCP processes payload data.
5. TCP reassembles all data segments and passes to the upper layer.
```

图 1-21 传输层的功能

(5) 观察数据单元。在 Inbound PDU Details 和 Outbound PDU Details 选项卡中,可以观察到 PDU,如图 1-22 所示。

六、检查评议

具体评价方式、评价内容及评价标准见附录。

七、拓展提高

(一) 点到点与端到端

根据网络拓扑结构,网络通信可归纳为两种基本方式,即点到点通信和端到端通信。

1. 点到点通信

点到点通信是指相邻节点之间直连通路的通信。点到点通信时,两台计算机必须有相应的通信软件,提供与各自系统的接口、面向用户应用的接口及面向通信的接口。

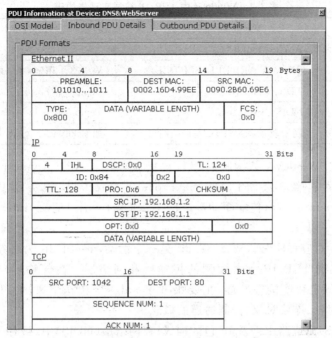

图 1-22　PDU 详细信息

2. 端到端通信

端到端通信是指不相邻节点通过中间节点链接起来，形成间接可达通路的通信。端到端通信，除了依靠各自相邻节点间点到点通信可靠、要求中间节点具有路由转接功能（即源节点的报文可通过中间节点的路由转发，形成一条到达目标节点的端到端的链路）外，还要求端节点具有启动、建立和维护端到端链路的功能。

（二）Windows 中 TCP/IP 参考模型大概实现结构

在 Windows 操作系统中，依次选择"控制面板"→"网络和 Internet"→"网络连接"→"本地连接"→"属性"命令，可以打开图 1-23 所示的对话框。从图中可以看到"网络"选项卡中出现的"Internet 协议版本 6（TCP/IPv6）"和"Internet 协议版本 4（TCP/IPv4）"选项，表示 TCP/IP 协议栈已经安装到 Windows 操作系统中，成为默认的广域网络协议，提供异构网络的通信。

图 1-23　查看 Windows 中的 TCP/IP 协议栈

进一步研究，可以了解 Windows 操作系统对 TCP/IP 参考模型的实现结构，理顺对应关系。表 1-4 显示了 Windows 操作系统实现 TCP/IP 参考模型的大致对应关系。

表 1-4 Windows 中 TCP/IP 按层实现结构表

TCP/IP	Windows 结构映射	Windows 对应程序
应用层	Application(EXE)	
	Winsock ARI(DLL)SPI(DLL)	Ws2_32.dll msafd.dll afd.sys
传输层	TDI(.vxd/.sys)	Tcpip.sys
网络层	NDIS(.vxd/.sys)	Tcpip.sys
网络接口层	网卡驱动程序(.vxd/.sys)网卡	如 Rt86win7.sys 网卡

表 1-4 中,在"Windows 结构映射"列,包括 Winsock API(Application Programming Interface,应用程序接口)、SPI(Service Provider Interface,服务提供者接口)、TDI(Transport Driver Interface,传输驱动接口)、NDIS(Network Driver Interface Standard,网络驱动接口)。

在"Windows 对应程序"列,Ws2_32.dll 是一个框架,msafd.dll 为服务提供者。

Tcpip.sys 实现 TCP/IP 参考模型的传输层和网络层。在传输层(TDI)完成 TCP、UDP、RawIp 的绑定和连接等功能,主要服务于 afd.sys 传送下来的 TDI 命令。传输层(TDI)只有地址对象、连接对象、控制通道的概念。

网络层(NDIS)完成路由以及 IP 包的构成;在网络层(NDIS)中,只有 Packet 概念,收到数据时通过 IP 包中的标识,提交给 TCP 或 UDP 等处理。网络层(NDIS)相当于 NDIS 协议驱动,一般会绑定所有的网卡来监听和发送 IP 包。

Rt86win7.sys 网络驱动程序实现数据链路层,相当于 NDIS Miniport 驱动,与 NDIS 协议驱动一样,都是运行在 NDIS 库营造的运行环境中,主要完成数据包的构成,操作网卡发送数据包,以及注册中断接收数据包以及其他信息的工作。

任务 1.3 识别和绘制网络拓扑结构图

任务 1.3.1 识别网络拓扑结构图

一、任务描述

对常见网络拓扑图构成元素有所了解,能识别一般网络拓扑结构图。

二、任务分析

学习、研究和组建网络,常常涉及网络拓扑结构图。本任务能够识别网络拓扑结构、网络拓扑结构图构成元素,能分析网络拓扑结构图。

本任务计划如下。

(1) 识别网络拓扑结构。

(2) 识别网络拓扑结构图构成元素。

(3) 识别网络拓扑结构图。

三、知识准备

(一) 网络拓扑结构概念

网络拓扑结构是采用拓扑学(Topology)中研究与大小、距离、形状无关的点、线关系的方法,把网络中的计算机和通信设备抽象为一个点,把传输介质抽象为一条线,形成的点、线几何图形。

网络拓扑结构反映出网络中各实体的结构关系,是建设计算机网络的第一步,是实现各种网络协议的基础,它对网络的性能、系统的可靠性与通信费用都有重大影响。

(二)网络拓扑术语

1. 节点

节点就是网络单元。网络单元是网络系统中的各种数据处理设备、数据通信控制设备和数据终端设备。节点分为转节点和访问节点。转节点的作用是支持网络的连接,它通过通信线路转接和传递信息。访问节点是信息交换的源节点和目标节点。

2. 链路

链路是两个节点间的连线。链路分为物理链路和逻辑链路两种,前者是指实际存在的通信连线,后者是指在逻辑上起作用的网络通路。链路容量是指每个链路在单位时间内可接纳的最大信息量。

3. 通路

通路是从发出信息的节点到接收信息的节点之间的一串节点和链路。也就是说,它是一系列穿越通信网络而建立起来的节点到节点的链路。

(三)网络拓扑结构

网络拓扑结构主要有总线结构、星状结构、树状结构、环状结构、网状结构和蜂窝状结构等,如图1-24所示。

图1-24 网络拓扑结构

(a)总线结构;(b)星状结构;(c)树状结构;(d)环状结构;(e)网状结构;(f)蜂窝状结构

1. 总线结构

总线结构是将所有节点直接连接到一条公共传输介质(总线)上,节点之间按广播方式通信。一个节点发出的信息,总线上的其他节点均可"收听"到,总线型网络也称为广播式网络。

总线两端连有终结器(末端阻抗匹配器、终止器)以匹配总线阻抗,吸收传送端部的能量,避免信号反射回总线产生干扰。总线有一定的负载能力,对长度有限制,连接节点的数量也有限制。典型的总线网络有以太网(Ethernet)。

总线结构的优点有以下几个。

(1) 信道利用率较高,网络响应速度快。

(2) 总线需要的电缆数量少,布线容易。

(3) 总线结构简单,又是无源工作,有较高的可靠性。

(4) 易于扩充,增加或减少用户比较方便。

总线结构的缺点有以下几个。

(1) 所有的数据都需经过总线传送,同一时刻只能有两个网络节点相互通信,总线成为整个网络的瓶颈。

(2) 分布式协议不能保证信息的及时传送,不具有实时功能。

(3) 总线的传输距离有限,通信范围、网络延伸距离受到限制。

(4) 由于信道共享,连接的节点不宜过多。

(5) 维护困难,故障诊断和隔离较困难。总线上只要有一个问题节点,就会影响整个网络的正常运行。总线自身的故障会导致系统的崩溃。

2. 星状结构

星状结构是以中心节点为中心的处理系统,外围节点均与中心节点通过物理链路直接相连,呈辐射状结构。

中心节点执行集中式通信控制策略。当两个节点通信时,需经过中心节点控制,建立物理连接,并为通信过程维持通路,最后拆除通路。因此,中心节点复杂,负担也重。星状结构需要大量的电缆。星状结构在网络布线中使用较多。

星状结构的优点有以下几个。

(1) 集中控制,建网容易。

(2) 网络延迟时间短,误码率低。

(3) 故障诊断和隔离容易,便于维护和管理。

(4) 方便服务。

星状结构的缺点有以下几个。

(1) 中心节点集中控制,负担较重,易成为全网络的瓶颈,一旦出现故障就会导致网络瘫痪。

(2) 节点的分布处理能力较低。

(3) 通信线路利用率不高。

(4) 电缆用量较多,安装工作量较大。

3. 树状结构

树状结构是星状结构和总线结构的结合,它将用单独链路直接连接的节点通过多级处理主机分级连接,形状像一棵倒置的树。树状网是一种分层网,节点按层次连接,信息交换主要在上下节点之间进行,相邻节点或同层节点之间一般不进行数据交换。它是广播式网络。

树状结构的优点有以下几个。

(1) 维护方便,故障隔离较容易。

(2) 可靠性高,一个节点或链路的故障只影响分支网络的运行。

(3) 易于扩展。

树状结构的缺点有以下几个。

(1) 资源共享能力较低。

(2) 各个节点对根的依赖性较大。

(3) 与具体应用配置有关,通用性较差。

(4) 建网不易,网络关系复杂,网络控制机制复杂。

4. 环状结构

环状结构各节点通过通信线路连接成闭合的环。环中数据只能按固定方向单向传输。信息在每个节点上的延时时间是固定的,特别适合实时控制的局域网系统。典型的环状结构网络是令牌环网(Token Ring)。

环状结构的优点有以下几个。

(1) 结构简单。

(2) 最大传输延迟固定。

(3) 使用光纤,传输距离远。

(4) 信息在网络中沿固定方向流动,两个节点间仅有唯一的通路,传输控制机制较为简单,简化了路径选择的控制。

环状结构的缺点有以下几个。

(1) 可靠性差,任意节点出现故障都会造成网络瘫痪。

(2) 维护困难,故障检测困难。

(3) 环状结构采用令牌传递方式,在负载很轻时信道利用率低。

(4) 当节点过多时,影响传输效率,网络响应时间变长。

(5) 可扩展性能差。

5. 网状结构

网状结构分为完全连接网和不完全连接网两种形式。完全连接网中,每一个节点和网中其他节点均有链路连接。不完全连接网中,两节点之间不一定有直接链路连接,它们之间的通信,依靠其他节点转接。广域网一般采用网状拓扑结构。

网状结构的优点有以下几个。

(1) 节点间路径多,碰撞和阻塞可大大减少,局部的故障不会影响整个网络的正常工作,可靠性高。

(2) 容易扩充,主机入网比较灵活、简单。

网状结构的缺点有以下几个。

(1) 网络结构复杂,每个节点都与多点进行连接。

(2) 建网不易。

(3) 网络控制机制复杂,必须采用路由算法和流量控制方法。

6. 蜂窝状结构

蜂窝状结构是无线局域网中常用的结构。它以无线传输介质(微波、卫星、红外等)点到点和点到多点传输为特征,适用于城市网、校园网、企业网,更适合于移动通信。

蜂窝状结构的优点有以下几个。

(1) 安装容易,无须架设物理连接介质。

(2) 为移动设备入网提供了便利。

(3) 维护简单。

蜂窝状结构的缺点有以下几个。

(1) 适用范围较小。

(2) 容易受环境干扰。

四、工具材料

- 在真实岗位中：网络规划设计。
- 在虚拟实验中：VMware、操作系统或 Cisco Packet Tracer 软件。

五、任务实施

1. 识别网络拓扑结构图的构成元素

网络拓扑结构图构成元素可以分为网络产品图标、终端类图标、辅助图标。辅助图标包括传输介质、服务器、办公设备、人物元素、大楼环境图标。

不同的厂商具体实现时,有自己的一套网络拓扑结构图的构成元素。常见的厂家图标有 Cisco、华为 3COM、Microsoft、IBM 等。图 1-25 是华为 3COM 网络拓扑结构图范例。

图 1-25 华为 3COM 网络拓扑结构图范例

2. 识别网络拓扑结构

组网时可以根据需要选择不同的网络拓扑结构。例如,LAN 常采用星状、环状、总线和树状拓扑结构,WAN 常采用树状和网状拓扑结构,无线移动网常采用蜂窝状拓扑结构等。

正确识别网络拓扑结构,有助于理解和管理网络,确保网络的正常运行。

3. 识别校园网网络拓扑结构图举例

典型的校园网拓扑结构如图 1-26 所示。一般有 Internet 和 CERnet 两个校园网出口。通过防火墙或路由器接入网络中心,再由网络中心的核心交换机连接到楼宇等交换机组,供底层用户连接网络。在网络中心有 Web、Mail、DNS、OA、VOD 点播等网络应用服务器。

图 1-26 典型的校园网拓扑结构

六、检查评议

具体评价方式、评价内容及评价标准见附录。

七、拓展提高

识别网络拓扑结构图举例如下。

1. 识别某学院组网拓扑结构图举例

学院是集有线、无线、万兆、IPv6 于一体的前瞻性核心网络,中心两台 S8505 采用双归属的方式分别与接入层相连,同时采用万兆线路与核心校园网骨干节点相连,可满足大学的高带宽、多业务的需求,如图 1-27 所示。

2. 识别某大学校园网拓扑结构图举例

大学校园网采用华为 3COM S8016 作为核心,核心采用双归属的方式确保网络的安全和稳定,如图 1-28 所示。

任务 1.3.2 绘制网络拓扑结构图

一、任务描述

根据给定的网络草图方案,使用 Microsoft Visio 绘制网络拓扑结构图。

图 1-27 学院网络拓扑结构

图 1-28 校园网拓扑结构

二、任务分析

拓扑结构图是组建网络、研究网络和学习网络的重要图形工具,本任务的学习过程中,也会有许多绘制拓扑结构图方面的要求。

本任务中,对照设计的网络结构图,绘制一幅新的网络拓扑结构图。

本任务计划如下。

(1) 安装 Microsoft Visio。

(2) 绘制网络拓扑结构图。

三、知识准备

（一）网络拓扑结构的规划设计原则

1. 拓扑结构影响网络的性能

网络的规划设计首先是设计网络拓扑结构。网络拓扑结构设计主要确定设备相互连接的方式、网络连接设备类型、网络控制策略（即网络数据的传输与通信的有关协议和控制方法）等。拓扑结构的设计直接影响到网络的性能，需要综合考虑网络规模、网络结构、协议、扩展和升级管理等方面因素。

2. 拓扑结构影响网络的费用

选择网络拓扑结构应从经济性、灵活性、可扩展性、可靠性、易于管理和维护等入手。企业中经济性是首要考虑网络投资的经济效益的回报。拓扑结构的选择直接决定了网络安装和维护的费用，涉及传输介质的类型、传输距离的长短及所需网络的连接设备等。

3. 拓扑结构影响网络的灵活性和可扩展性

灵活性和可扩展性也是选择网络拓扑结构时应重视的问题。随着用户的增加、应用的深入和扩大以及网络新技术的不断涌现，特别是应用方式和要求的改变，网络经常需要加以调整。

总之，网络拓扑结构的规划设计，需要综合考虑，以提升网络的运行速度，降低网络软硬件接口的复杂程度。

（二）逻辑网络设计

完成网络需求分析和通信规范后，进入逻辑网络设计阶段。逻辑网络设计的目标是建立一个逻辑模型，主要任务有三层结构设计、局域网设计、广域网设计、VLAN 设计、IP 地址和名字空间规划、网络设备的选型、网络服务器的选型和配置、安全和管理方面的设计等。

（三）三层结构设计

在逻辑网络设计中，一般采用分层设计。工程中常用三层网络设计模型，三层分别为核心层、汇聚层和接入层。三层网络设计模型是一个概念上的框架，也就是一个抽象的网络图，如图 1-29 所示。

1. 核心层

核心层（Core Layer）的功能主要是实现骨干网络之间的优化传输。核心层设计任务的重点通常是冗余能力、可靠性和高速传输。网络的控制功能尽量少在核心层上实施。核心层一直被认为是所有流量的最终承受者和汇聚者，所以对核心层的设计以及网络设备的要求十分严格。核心层设备将占投资的主要部分。核心层需要考虑冗余设计。

2. 汇聚层

汇聚层（Distribution Layer）是楼群信息汇聚点，主要功能是连接接入层和核心层。

汇聚层为接入层提供数据的汇聚、传输、管理、分发处理，可以采用基于策略的连接，如地址合并、协议过滤、路由服务、认证管理等。通过网段划分（如 VLAN）与网络隔离，防止网段故障蔓延和影响到核心层。同时，也可以提供接入层 VLAN 之间的互联、控制，限制接入层对核心层的访问，保证核心层的安全和稳定。

图 1-29 三层结构的 H3C 拓扑结构图范例

汇聚层为连接本地的逻辑中心,仍需要较高的性能和较丰富的功能。汇聚层设备一般采用可管理的三层交换机或堆叠式交换机,以达到带宽和传输性能的要求。其设备性能较好,但价格高于接入层设备,而且对环境的要求也较高,对电磁辐射、温度、湿度和空气洁净度等都有一定的要求。汇聚层设备之间以及汇聚层设备与核心层设备之间多采用光纤互联,以提高系统的传输性能和吞吐量。

3. 接入层

接入层(Access Layer)通常是指网络中直接面向用户连接或访问的部分,是最终用户与网络的接口。接入层的主要目的是允许终端用户连接到网络,因此,接入交换机具有低成本和高端口密度特性。接入交换机使用广泛,如在办公室、小型机房、业务部门、网站管理中心等部门。在传输速度上,接入交换机一般具有 10M/100M/1000Mb/s 自适应能力的端口。

在核心层和汇聚层的设计中主要考虑网络性能与功能性,在接入层设计上主要考虑设备的性价比、即插即用特性以及易于使用和维护。

四、工具材料

- 在真实岗位中:Microsoft Visio 2010。

五、任务实施

1. Microsoft Visio 软件安装

Microsoft Visio 软件遵循 Microsoft Office 的风格,简单易用,安装过程自动化。具体安装可参考软件的安装说明。

2. Microsoft Visio 软件操作

(1) 运行 Visio 软件,打开 Visio 主窗口,如图 1-30 所示。依次选择菜单中的"文件"→"新建"→"选择模板"命令,再单击"创建"按钮。

图 1-30　Visio 主窗口

（2）选择"基本网络图"模板，进入网络拓扑结构图绘制界面，如图 1-31 所示。选择左侧列表中的"网络和外设"，选中相应的图标，通过拖曳的方式在右侧绘图区中进行绘图和连线。

图 1-31　绘图界面

3. 绘制网络拓扑结构图举例

按照图 1-32 所示绘制网络拓扑结构图。

图 1-32　网络拓扑结构图

（1）进入绘图界面。启动 Visio，进入绘图界面，选择"基本网络图"模板，单击右下角"创建"按钮，进入网络拓扑结构图编辑状态。

（2）选择拖动图标。在界面左侧的"网络和外设"列表中分别选择防火墙、交换机、服务器图标，在"计算机和显示器"列表中选择 PC 图标，在搜索框中输入 Internet，选择云图标，拖放到绘图区创建图形实例。

（3）调整图标大小。单击选择绘图区的图标，通过拖动方式适当调整其大小。

（4）绘制线条。选择"网络和外设"列表中的"通信链路"图标，调整其大小并连接到"防火墙"和 Internet 云模块。选择不同粗细的线条，在服务器、防火墙、路由器等设备模块之间连线。

（5）标注说明文字。双击图标，进入文本编辑状态，向框中输入文字。按照同样的方法分别给各个图标标注说明。

（6）设计完成后，保存图样，将文件命名为 topo1-3-9.jpg。

六、检查评议

具体评价方式、评价内容及评价标准见附录。

七、拓展提高

绘制学生公寓组网拓扑结构图举例如下。

新生宿舍区，核心层采用 S8505 万兆核心交换机，汇聚层采用 S5516 纯千兆三层交换机，接入层采用 E 系列交换机，共 200 余台，同时与华为 3COM 合作开展了 IPv6 网络学院，如图 1-33 所示。

图 1-33　学生公寓网络拓扑结构

项目回顾

本项目观察学习了计算机网络构成、运行的相关知识和基本技能,尤其是网络体系结构。完成了识别和绘制网络拓扑图的任务,这是组建网络、研究网络和学习网络的重要基础。本项目还完成了 Cisco 网络模拟软件 Packet Tracer 的安装与使用,为本课程的后续学习做了铺垫。

职业资格度量

一、选择题

1. IP、Telnet、UDP 分别是 OSI 参考模型的(　　)层协议。(锐捷网络 2011 校园招聘绿色通道技术考试)

　　A. 1、2、3　　　　B. 3、4、5　　　　C. 4、5、6　　　　D. 3、7、4

2. OSI/RM 的全称是开放系统互联参考模型,按照从下到上的七层顺序是(　　)。

　　A. 物理层、数据链路层、网络层、传输层、会话层、表示层和应用层
　　B. 物理层、数据链路层、网络层、传输层、表示层、会话层和应用层
　　C. 物理层、数据链路层、传输层、网络层、表示层、会话层和应用层
　　D. 应用层、表示层、会话层、传输层、网络层、数据链路层、物理层

3. 计算机网络按照其覆盖的地理区域大小可分为(　　)。(计算机等级考试四级网络)

　　A. 广域网、校园网、接入网　　　　　　B. 广域网、城域网、局域网
　　C. 校园网、地区网、接入网　　　　　　D. 电信网、校园网、城域网

4. 目前应用最广泛的局域网是（　　）。（计算机等级考试四级网络）
   A. 以太网　　　　B. 令牌环网　　　C. 令牌总线网　　　D. 对等网
5. 下列有关局域网的说法中，正确的是（　　）。（计算机等级考试四级网络）
   A. 令牌环网络是应用最广泛的局域网
   B. 以太网技术的发展方向是用共享介质方式取代交换方式
   C. 局域网维护较困难
   D. 局域网提供数据传输速率、低误码率的高质量数据传输环境
6. 网络系统设计过程中，逻辑网络设计阶段的任务是（　　）。
   A. 依据逻辑网络设计的要求，确定设备的物理分布和运行环境
   B. 分析现有网络和新网络的资源分布，掌握网络的运行状态
   C. 根据需求规范和通信规范，实施资源分配和安全规划
   D. 理解网络应该具有的功能和性能，设计出符合用户需求的网络
7. 在层次化园区网络设计中，（　　）是汇聚层的功能。（2018年网络工程师上半年卷）
   A. 高速数据传输　　B. 出口路由　　C. 广播域的定义　　D. MAC 地址过滤
8. 以下关于层次化网络设计的叙述中，错误的是（　　）。（2017年网络工程师下半年卷）
   A. 核心层实现数据分组从一个区域到另一个区域的高速转发
   B. 接入层应提供丰富接口和多条路径来缓解通信瓶颈
   C. 汇聚层提供接入层之间的互访
   D. 汇聚层通常进行资源的访问控制
9. 下列分组交换网络中，采用的交换技术与其他3个不同的是（　　）网。（2017年网络工程师下半年卷）
   A. IP　　　　　B. X.25　　　　C. 帧中继　　　　D. ATM

二、填空题

1. 计算机网络是计算机技术和通信技术相结合的产物。组建网络的主要目的是_____。
2. 计算机网络按距离可分为广域网、城域网和_____；按通信速率可分为低速网、中速网和高速网。
3. ISO 是国际标准化组织，制定了_____标准，从而形成网络体系结构的国际标准。
4. 美国电气及电子工程学会英文缩写是_____。

三、简答题

1. 网络互联就是通过网络互联设备将分布在不同地理位置的网络和设备相连接，组成更大规模的互联网络。网络互联设备包括中继器、网桥、路由器和网关等。（2012年计算机四级网络工程师考试）
   （1）试述中继器和网桥的工作原理。
   （2）如果一台运行 OSI 协议的主机要和另一台运行 TCP/IP 协议的主机通信，应该采用什么网络互联设备？为什么？
2. 简述数据通信的三种交换方式。（网络设计师）
3. 简述三种交换方式的适用范围。（网络设计师）

项目 2

网 络 应 用

了解网络计算模式概念;了解互联网基础知识;掌握如搜索引擎、万维网 WWW、HTML 等以及应用层常用的 HTTP、FTP、E-mail 等协议;了解即时通信、Socket 及网络操作系统的基础知识。

能熟练使用搜索引擎获取网络资源;会上传、下载文件以及收发电子邮件 E-mail 等网络基本应用;会使用 VMWare Workstation 软件;掌握 Windows Server 2008 操作系统的安装与管理。

企业办公室的计算机已经连接到 Internet,由于工作需要从网上搜索所用资料,并下载,然后上传到公司 FTP 服务器,并以资料作为附件,给经理的邮箱发送一封邮件。本项目有 6 个任务需要完成:①使用、配置浏览器;②FTP 上传、下载文件;③收发电子邮件;④安装虚拟机;⑤安装网络操作系统;⑥管理网络操作系统。

任务 2.1 使用互联网

任务 2.1.1 使用和配置浏览器

一、任务描述

在办公室的计算机上配置 IE 浏览器,使用 IE 浏览器从网上搜索工作所用资料。

二、任务分析

计算机网络只有通过使用才能体现其价值。企业尤其注重投入产出效益。本任务主要通过 IE 浏览器,利用搜索引擎进行与工作相关的资料搜索。

本任务计划如下。

(1) 配置 IE 浏览器。

(2) 利用搜索引擎进行工作用资料搜索。

三、知识准备

(一) 网络计算模式

网络计算模式在不断的发展中,常见的有三种,即 C/S 模式、B/S 模式和云计算模式。

1. C/S 模式

C/S 模式(Client/Server,客户/服务器)是指客户端通过专用的应用程序,直接运行服务器上的程序,服务器运行客户端请求的应用程序,并将运行结果返回给客户端的计算模式。C/S 技术从 20 世纪 90 年代初出现至今已经相当成熟,并得到广泛的应用。

在 C/S 模式中,客户端和服务器分别工作在不同的逻辑实体中,并协同工作。服务器主要运行客户端不能完成或费时的工作,客户端可以通过预先指定的语言向服务器提出请求,要求服务器去执行某项操作,并将操作结果返回给客户。

C/S 模式的优点是响应速度快,操作界面漂亮,能实现复杂的业务流程等。C/S 模式的缺点是需要专门的客户端安装程序,兼容性差,开发成本较高等。

2. B/S 模式

B/S(Browser/Server,浏览器/服务器)模式是 WWW 兴起后的一种网络计算模式,在 20 世纪 90 年代中期逐渐形成。B/S 模式中,Web 浏览器是客户端最主要的应用软件,系统功能实现的核心业务逻辑集中在服务器上。

B/S 模式一般分为表示层、业务逻辑层和数据存储层。客户端只负责数据表示和交互,服务器执行业务逻辑功能。B/S 模式最大特点是通过 WWW 浏览器访问 Web 服务器上的 Internet 信息,Web 服务器又与数据库服务器连接。客户端若遇到与数据库有关的指令,由 Web 服务器交给数据库服务器来解释执行,并返回给 Web 服务器,Web 服务器又返回给用户。

B/S 模式的优点是分布性强,维护方便,业务扩展方便。B/S 模式的缺点是人机交互不灵活,数据安全性不够,对服务器要求过高;响应速度慢;个性化特点低。

注意:参考外文资料时应注意,B/S 模式的应用国外通常叫 Web 应用,B/S 一词是国内公司创造的。

3. 云计算模式

云计算模式(Cloud Computing)是基于互联网服务的增加、使用和交付模式,通过互联网提供动态易扩展、虚拟化的资源。核心理念是将计算能力作为服务,通过互联网进行流通,提供给用户和开发者。云计算出现的基础是互联网带宽的提高。在云计算模式下,终端用户通过浏览器给"云"发送指令和接收数据,便可以使用云服务提供商的计算资源、存储空间和各种应用软件。

云计算没有统一的定义,广为接受的是美国国家标准与技术研究院(National Institute of Standards and Technology,NIST)给出的定义:云计算是一种按使用量付费的模式,这种模式提供可用的、便捷的、按需的网络访问,进入可配置的计算资源共享池(资源包括网络、服务器、存储、应用软件、服务),这些资源能够被快速提供,只需投入很少的管理工作,或与服务供应商进行很少的交互。

云计算的主要服务形式有三种,包括软件即服务(Software as a Service,SaaS)、平台即服务(Platform as a Service,PaaS)和基础设施即服务(Infrastructure as a Service,IaaS)。SaaS 向客户端提供软件使用。PaaS 提供研发平台(语言、API 等)给开发者开发软件产品。IaaS 提供基础设施(硬件)给客户。

云计算一般具有超大规模、虚拟化、高可靠性、通用性、高可扩展性、按需服务、潜在的危险性等特点。

(二)万维网(WWW)

WWW(World Wide Web,万维网)简称 3W、Web,是面向 Internet 的服务,由欧洲核物理研究中心(CERN)研制,初衷是为全球范围的科学家利用 Internet 进行方便地通信、交流和信息查询。WWW 以超文本标记语言与超文本传输协议为基础。

WWW 分为 Web 客户端和 Web 服务器。Web 客户端用浏览器访问 Web 服务器上的页面。Web 服务器提供丰富的文本和图形、音频、视频等多媒体信息。WWW 已经成为 Internet 最重要的服务。

1. HTML 语言

Web 服务器中的一个超文本文件称为页面。页面中指向其他页面或其他节点的指针称为超链接。在逻辑上,被视为一个整体的系列页面的集合称为网站(Website 或 Site)。

HTML(Hyper Text Markup Language,超文本标记语言)是为网页和可在浏览器中看到的信息而设计的一种标记语言,也是一种规范、标准。网页的本质就是 HTML,通过结合其他 Web 技术编写出功能强大的网页。HTML 是 Web 编程的基础,Web 建立在 HTML 基础之上。

HTML 的主要特点是简易、灵活,与平台无关,可扩展性及通用性好。

W3C(World Wide Web Consortium,万维网联盟)是 Web 技术领域最具权威和影响力的国际中立性技术标准机构,发布的 HTML 最新版本是 HTML 5。

2. HTTP

HTTP(Hyper Text Transport Protocol,超文本传输协议)是 WWW 服务器传输超文本到本地浏览器的传送协议,由 W3C 和 IETF(Internet Engineering Task Force,Internet 工作小组)发布。RFC 1945 定义了 HTTP/1.0 版本,RFC 2616 定义了今天普遍使用的 HTTP 1.1。它可以使计算机正确、快速地传输超文本文件,确定传输文件中的哪一部分,以及哪一部分内容首先显示等。

3. 动态 HTML

动态 HTML(Dynamic HTML,DHTML)是一种通过结合 HTML、JavaScript、CSS 和 DOM 来创建动态网页内容的方法。当网页从 Web 服务器下载后,无须再经过服务器的处理,就可在浏览器中直接动态地更新网页的内容、排版样式、动画。

4. CSS

CSS(Cascading Style Sheet,层叠样式表)是控制动态 HTML 技术的一部分,可以和

HTML 结合使用。CSS 简洁的语法容易控制 HTML 标记,有效地对页面的布局、字体、颜色、背景和其他效果实现更加精确的控制。其最大的特点是可以帮助页面开发人员将显示元素的内容与格式分开处理,只要对相应代码做简单的修改,就可改变同一页面的不同部分,或者页数不同的网页的外观和格式。

W3C 最新发布 CSS3。CSS3 语言开发是朝着模块化方向发展的。模块包括盒子模型、背景和边框、列表模块、文字特效、2D/3D 转换、超链接方式、语言模块、多栏布局等。

5．JavaScript

JavaScript 是用于浏览器的第一种动态的客户端脚本语言,主要目的是为了解决服务器语言的速度问题,为客户提供更流畅的浏览效果。

一个完整的 JavaScript 实现是由核心 ECMAScript、文档对象模型(Document Object Model,DOM)、浏览器对象模型(Browser Object Model,BOM)三部分组成。

(三) 搜索引擎

1．搜索引擎概念

搜索引擎是指根据一定的策略、运用特定的计算机程序从互联网上搜集信息,在对信息进行组织和处理后,为用户提供检索服务,将用户检索相关的信息展示给用户的系统。百度和谷歌等是搜索引擎的代表。

2．搜索引擎工作原理

搜索引擎用于抓取网页、处理网页和提供检索服务。

1) 抓取网页

搜索引擎有自己的网页抓取程序(Spider)。Spider 顺着网页中的超链接,可连续地抓取网页。被抓取的网页称为网页快照。从一定范围的网页出发,就能搜集到绝大多数网页。

2) 处理网页

搜索引擎抓到网页后,还要做大量的预处理工作,才能提供检索服务。其中,最重要的就是提取关键词,建立索引文件。其他还包括去除重复网页、分词(中文)、判断网页类型、分析超链接、计算网页的重要度和丰富度等。

3) 提供检索服务

用户输入关键词进行检索,搜索引擎从索引数据库中找到匹配该关键词的网页;为了便于用户判断,除了网页标题和 URL 外,还会提供一段来自网页的摘要以及其他信息。

3．搜索引擎组成

搜索引擎一般由搜索器、索引器、检索器和用户接口四个部分组成。

搜索器在因特网中漫游,发现和搜集信息;索引器理解搜索器所搜索到的信息,从中抽取出索引项,用于表示文档以及生成文档库的索引表;检索器根据用户的查询在索引库中快速检索文档,进行相关度评价,对将要输出的结果排序,并能按用户的查询需求合理反馈信息;用户接口接纳用户查询、显示查询结果、提供个性化查询项。

(四) 浏览器

浏览器是指可以显示服务器网页内容,并让用户与网页交互的一种客户端工具软件。浏览器主要通过 HTTP 与 Web 服务器交互并获取网页。浏览器支持 HTML 以及其他的协议,如 FTP、Gopher、HTTPS(HTTP 的加密版本)。

常见的浏览器有微软的 IE(Internet Explorer)、Mozilla 的 Firefox、360 安全浏览器、搜狗高速浏览器、百度浏览器、腾讯 QQ 浏览器等。

四、工具材料

- 在真实岗位中：运行 Windows 7 操作系统的计算机，能连接到 Internet。
- 在虚拟实验中：VMware、操作系统。

五、任务实施

1. 配置 IE 浏览器

(1) 设置 Internet 选项。双击 IE 浏览器的图标，打开浏览器。选择菜单中的"工具"→"Internet 选项"命令，打开"Internet 选项"对话框，有七个选项卡，如图 2-1 所示。

配置 IE 浏览器

图 2-1 "Internet 选项"对话框的"常规"选项卡

(2) 常规设置。在"常规"选项卡中，可进行主页、浏览历史记录、搜索、选项卡和外观的设置操作。在"主页"设置区域输入浏览器打开时默认登录的主页地址，如 http://www.baidu.com/，单击"应用"按钮即可完成设置。

"浏览历史记录"设置可以删除临时文件、历史记录、Cookie、保存的密码和网页表单信息。临时文件存储在本机特定的文件夹中，可以提高再次访问的速度，但占用磁盘空间，需要定期清理。及时清理也可以起到安全保密的作用。

"搜索"设置可以更改默认的搜索提供程序，如百度、bing、Google 等。

"外观"设置关于网页的字体、颜色及使用的语言等。

(3) 安全设置。在"安全"选项卡中，可选择 Internet、"本地 Intranet""受信任的站点"或"受限制的站点"，然后单击"站点"按钮，如图 2-2 所示。

图 2-2 "Internet 选项"对话框的"安全"选项卡

如果选择"本地 Intranet"选项,单击"站点"按钮,再单击"高级"按钮,在"将该网站添加到区域中"文本框中,输入要添加到该区域的网站地址,然后单击"添加"按钮,就将网站指派到安全区域。

"安全级别",每个区域的安全级别可以选择高中低,也可以自定义级别。

(4)连接设置。在"连接"选项卡中可配置"设置""拨号和虚拟专用网络设置""局域网(LAN)设置"。

2. 搜索关键词

(1)在桌面上双击 IE 浏览器的图标,打开浏览器。

(2)在"新选项卡 - Internet Explorer"地址栏中,输入 http://www.baidu.com/,按 Enter 键,如图 2-3 所示。

(3)在文本框中输入待搜索的关键词,单击"百度一下"按钮,搜索引擎自动找到相关信息,并显示在屏幕上。

3. 处理搜索结果

(1)连接到网站。打开 IE 浏览器,在"地址栏"中输入要访问的 URL,按 Enter 键或单击"转到"按钮,即连接到网页。

(2)保存网页。选择菜单中的"文件"→"另存为"命令,在弹出的"保存网页"对话框中,选择文件夹,输入文件名,选择保存类型,单击"保存"按钮即可。

(3)添加收藏夹。如果下次再访问该网页,可以把该网页放到收藏夹中。选择菜单中的"收藏夹"→"添加到收藏夹"命令,打开"添加收藏"对话框。输入该网页名称,选择"收藏夹",单击"添加"按钮即可。

六、检查评议

具体评价方式、评价内容及评价标准见附录。

图 2-3　IE 浏览器界面

七、拓展提高

1. HTTP 在 TCP/IP 协议栈中的位置

HTTP 是应用层协议,由请求和响应构成,是一个无状态的协议。HTTP 通常工作在 TCP 之上,如图 2-4 所示。默认端口号为 80。

2. HTTP 的 C/S 模式

HTTP 永远都是客户端发起请求,服务器回送响应,如图 2-5 所示。无法实现在客户端没有请求的时候,服务器将消息推送给客户端。

图 2-4　HTTP 在 TCP/IP 协议栈中的位置

图 2-5　HTTP 的 C/S 模式

HTTP是一个无状态协议,同一个客户端的本次请求和上次请求没有对应关系。

3. HTTP工作流程

一次HTTP操作称为一个事务,其工作过程可分为以下四个步骤。

(1) 客户端与服务器需要建立连接。只要单击某个超链接,HTTP的工作便开始。

(2) 建立连接后,客户端发送一个请求给服务器。

(3) 服务器接到请求后,给予相应的响应信息。

(4) 客户端接收服务器所返回的信息,通过浏览器显示,然后客户端与服务器断开连接。

如果某一步出现错误,那么产生错误的信息将返回到客户端,显示输出。对于用户来说,这个过程是由HTTP自己完成的,用户感觉不到。用户只要单击超链接,等待信息显示即可。

任务2.1.2 FTP文件传输

一、任务描述

企业需要从网上下载文件,然后上传到企业FTP服务器,供内部人员分享。

二、任务分析

文件传输是工作、研究和学习中用得较多的应用。从FTP服务器下载文件或上传文件到FTP服务器,实现文件共享。本任务要求从网上下载工作中需要用到的文件,并上传到企业FTP服务器。

本任务计划如下。

(1) 从服务器下载文件。

(2) 上传文件到企业FTP服务器。

三、知识准备

1. FTP

FTP(File Transfer Protocol,文件传输协议)是TCP/IP的应用层协议,实现主机间通过FTP服务器共享文件。该协议是Internet文件传输的基础,完成两台主机之间的文件复制。从远程服务器复制文件到客户端,称为文件下载(Download)。将文件从客户端复制至远程服务器上,称为文件上传(Upload)。

2. FTP工作原理

FTP基于传输层,负责文件传输。同大多数Internet服务一样,FTP也采用C/S模式。用户通过一个客户端程序连接至在远程计算机上运行的服务器程序,如图2-6所示。

端口21传输控制流,是命令通向FTP服务器的进口。端口20传输数据流。FTP连接步骤如下。

(1) 客户端打开一个随机端口,启用一个FTP进程连接至服务器的21端口。

图2-6 FTP工作原理

(2)服务器20端口和客户端数据端口建立连接。

3. 用户授权

客户端连接FTP服务器,必须有该FTP服务器授权的账号。有了用户ID和密码,才能登录FTP服务器,进行文件的上传、下载。有些FTP服务器也允许匿名登录,账号为anonymous,密码为电子邮件地址。

四、工具材料

- 在真实岗位中:运行 Windows 7 操作系统的计算机,能连接到 Internet;FTP 客户端软件 FlashFXP。
- 在虚拟实验中:VMware、操作系统、20CN 网络安全小组的 20CN MINI FTP 服务器(绿色测试版)、FTP 客户端软件 FlashFXP。

五、任务实施

常用的 FTP 客户端软件工具有三类:第一类是操作系统自带的 FTP 命令;第二类是用浏览器及资源管理器;第三类是专用的 FTP 客户端软件工具。

(一)Windows 自带 FTP 命令上传、下载文件

Windows 自带 FTP 行命令,实现上传、下载文件。为了避免网络安全问题,这里没有使用真实的 FTP 地址、账号和密码。如果在 Internet 上操作,需改成真实的地址、账号和密码。操作步骤如下。

FTP 文件传输

(1)在行命令窗口中输入命令 ftp 127.0.0.1,连接 FTP 服务器。按提示输入账号、密码,如图 2-7 所示。

(2)进入 FTP 服务器后,可以进行各种操作,如输入 ls 命令,显示文件列表等,如图 2-8 所示。

(3)输入 get 命令,下载文件 comm1.txt,如图 2-9 所示。

图 2-7 行命令 FTP 登录服务器

图 2-8 执行命令 ls 显示文件列表

图 2-9 执行命令 get 下载文件 comm1.txt

(4)输入 put 命令,上传文件 comm2.txt,如图 2-10 所示。

(5)输入 bye 命令,退出 FTP 服务器,如图 2-11 所示。

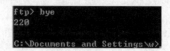

图 2-10　执行命令 put 上传文件 comm2.txt

```
ftp> bye
220
C:\Documents and Settings\w>
```

图 2-11　执行命令 bye 退出 FTP 服务器

（二）用 IE 浏览器上传、下载文件

大多数浏览器能和 FTP 服务器建立连接。在浏览器的 URL 中，输入：

`ftp://user:password@ftp 服务器地址:port`

匿名登录，简写成：

`ftp://ftp 服务器地址:port`

1. 连接 FTP 服务器

在 IE 浏览器的 URL 中输入 FTP 站点地址，如 ftp://127.0.0.1。默认端口可省略。按提示输入账号、密码，如图 2-12 所示。

图 2-12　IE 连接 FTP 服务器

2. 文件上传和下载

连接上 FTP 服务器后，在浏览器中通过拖曳或复制粘贴可以实现文件上传和下载。

若在 Windows 资源管理器中查看此 FTP 站点，可单击"页面"，然后在 Windows 资源管理器中打开 FTP。

注意：Web 上传使用 HTTP 协议，FTP 上传使用 FTP 协议。Web 上传方法简单，但是稳定性差，尤其上传大文件时很容易中途中断，建议采用专业 FTP 客户端工具。

（三）用专业 FTP 客户端工具上传、下载文件

常用的 FTP 客户端工具有 FlashFXP、CuteFTP、Ws_FTP、LeapFTP 等。下面以 FlashFXP 为例进行学习，如图 2-13 所示。

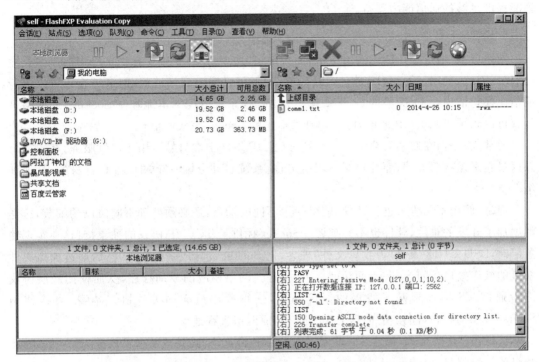

图 2-13　专业 FTP 客户端工具

双击 FlashFXP.exe，在菜单中选择"站点"→"设置"命令，打开对话框，输入 FTP 服务器的 IP 地址、账号和密码。连接上服务器后的界面如图 2-13 所示。窗口左侧为本地主机，右侧为 FTP 服务器。操作方法与 Windows 资源管理器基本相似。

六、检查评议

具体评价方式、评价内容及评价标准见附录。

七、拓展提高

（一）知识链接

1. Socket 概念

网络上两个进程通过一个双向通信连接实现数据的交换，这个连接的一端称为一个 Socket。Socket 中文名为"套接字"，是 BSD UNIX 的进程通信机制，用于描述 IP 地址和端口的组合，是一个通信链的句柄，应用进程通过 Socket 向网络发出请求或应答，来实现不同虚拟机或不同主机之间的通信。

IETF RFC33 指出，命名空间的元素都可称为 Socket。一个 Socket 构成一个连接的一端，而一个连接由一对 Socket 确定。

网络上的主机一般同时提供多种服务，每种服务都打开一个 Socket，并绑定到端口上，

不同的端口对应不同的服务。因此，一台主机常常有多个Socket，每个Socket有一个编号；客户进程将插头插到不同编号的Socket，就可以得到不同的服务。实质上，Socket提供了进程通信的端点。进程通信之前，双方首先各自创建一个端点。

Socket利用网络通信设施实现进程通信，但它对通信设施的细节不关心，只要通信设施能提供足够的通信能力就行。

2. Socket原理

网络层IP地址唯一标识网络主机，而传输层"协议＋端口"唯一标识主机中的应用程序（进程），因此，利用三元组（IP地址，协议，端口）就可以标识网络进程，网络进程才可以进行通信。换句话说，一个完整的Socket有一个由操作系统分配的本地唯一Socket号，网络进程就可以利用三元组（IP地址，协议，端口）描述的Socket完成通信。

通常，服务器在启动时会绑定一个地址（如IP地址＋端口号），用于提供服务，客户就可以通过它来连接服务器；而客户端不用指定，由系统自动分配一个端口号和自身的IP地址组合。

但是，使用不同协议进行通信，就得使用不同的端口，还必须处理不同协议的细节，这样就增加了开发的难度，软件也不易扩展。Socket提供了TCP/IP协议的抽象接口，在实现抽象层时，BSD UNIX秉承"万物皆文件"理念，把Socket设计成一种文件，然后通过虚拟文件系统的操作接口访问Socket，而访问Socket时会调用相应的驱动程序，从而使用底层协议进行通信。Socket屏蔽了协议的通信细节，使得程序员无须关注协议本身，直接使用Socket提供的接口，间接使用TCP/IP协议完成网络进程通信。

注意：具体实现上，操作系统实现了TCP/IP协议栈，提供底层网络服务，增加TCP/IP协议的系统调用（Socket）功能。

3. Socket应用

Socket是应用层与TCP/IP协议簇通信的中间软件抽象层，它是一组接口，如图2-14所示。在设计模式中，Socket是facade设计模式的应用，把复杂的TCP/IP协议簇隐藏在Socket接口后面，对用户来说，一组简单的接口就是全部，让Socket去组织数据，以符合指定的协议。

图2-14　Socket是应用层与传输层之间的桥梁

Socket采用C/S模式设计，针对客户端和服务器程序提供不同的Socket系统调用。客户端申请Socket，系统分配一个Socket号；服务器拥有全局Socket，任何客户端都可以向它发出连接请求和信息请求。Socket利用C/S模式解决了进程之间建立通信连接的问题。

从软件角度看，Socket 本质是应用程序编程接口，是对 TCP/IP 的封装，是供程序员开发网络应用的接口，以实现网络进程之间的通信。目前，几乎所有的网络应用程序都采用 Socket。

Socket 被看成一种特殊的文件，采用"打开→读/写→关闭"模式来操作。

注意：Socket 没有层的概念，只是一个软件抽象层，让编程变得更简单。

实际建立网络通信连接至少要一对 Socket，Socket 之间的连接分为三个步骤，即服务器监听、客户端请求和连接确认。

（1）服务器监听。服务器 Socket 并不定位具体的客户端 Socket，而是处于等待连接的状态，实时监控网络状态。

（2）客户端请求。由客户端 Socket 提出连接请求，要连接的目标是服务器 Socket。为此，客户端 Socket 必须首先描述它要连接的服务器 Socket，指出服务器 Socket 的地址和端口号，然后向服务器 Socket 提出连接请求。

（3）连接确认。当服务器 Socket 监听到或接收到客户端 Socket 的连接请求时，它就响应客户端 Socket 的请求，建立一个新的线程，把服务器 Socket 的描述发给客户端，一旦客户端确认了此描述，连接就建立完成。而服务器 Socket 继续处于监听状态，继续接收其他客户端 Socket 的连接请求。

关于 Socket 网络编程知识，有兴趣的读者可参考相关资料。

（二）技能链接

1. 常用 FTP 命令

（1）open：与 FTP 服务器建立连接。

（2）dir、ls：查看当前目录下的文件。

（3）cd：切换目录；pwd：列出目录。

（4）get：下载文件；mget：下载多个文件，如 mget *.jpg。

（5）send、put：上传文件；mput：上传多个文件。

（6）bye：中断与服务器的连接。

2. 文件目录命令

（1）del：删除文件；mdelete：删除多个文件。

（2）rename：文件改名。

（3）mkdir：建立目录。

（4）rmdir：删除目录。

3. 其他命令

（1）chmod：改变远端主机的文件权限。

（2）prompt：交互提示模式。

（3）close：终止 FTP 进程。

（4）status：显示当前 FTP 的状态。

（5）system：显示远端主机系统类型。

（6）help：输出命令的解释。

任务 2.1.3　收发电子邮件

一、任务描述

从 Internet 上下载工作所需的文件后,按照工作要求把下载的文件作为附件,给经理的邮箱发一封电子邮件。

二、任务分析

收发电子邮件,自己先申请邮箱;还要知道接收方的 E-mail 地址。收发时,常用第三方客户端或 Web 方式。本任务中,采用第三方客户端或 Web 方式给经理发一封电子邮件。

本任务计划如下。

(1) 配置第三方客户端。

(2) 收发电子邮件。

三、知识准备

(一) E-mail

E-mail(Electronic Mail,电子邮件)是一种用电子手段提供信息交换的通信方式,是 Internet 应用最广泛的服务。通过 E-mail 系统,收发 E-mail 费用低、速度快。E-mail 可以是文字、图像、声音等各种方式。

(二) E-mail 地址

E-mail 地址的格式由三部分组成:用户标识符@域名,如 spring@qq.com。

第一部分 spring 代表用户信箱的账号;第二部分@是分隔符,表示 at;第三部分 qq.com 代表用户信箱的邮件服务器域名,技术上是一台邮件交换机。

(三) E-mail 工作过程

1. E-mail 收发一般过程

生活中写一封纸质信,需要经过:写信及写收发双方地址→投给本埠邮局→接收方邮局→投入邮箱→收信。

写 E-mail 电子邮件类似:写 E-mail 及收件人 E-mail 地址→发给邮件服务器→接收方邮件服务器→投入邮箱→收信。

E-mail 工作过程如图 2-15 所示。图中 MUA(Mail User Agent,邮件用户代理)是第三方邮件客户端,帮助用户收发、读/写邮件,如 Outlook、Foxmail 等。

图 2-15　E-mail 工作过程

MTA(Mail Transfer Agent,邮件传输代理)负责把邮件从一台邮件服务器传到另一台邮件服务器。

MDA(Mail Delivery Agent,邮件投递代理)负责把邮件移到用户的邮箱。

MTA 与 MDA 是邮件服务器上的两个进程。

2. E-mail 工作过程遵循 C/S 模式

E-mail 收发过程中,MUA 第三方客户端即是 Client,MTA、MDA 邮件服务器为 Server。通常 MUA 不需要一直在线,而是由 ISP(Internet Service Provider,互联网服务提供商)的 MTA 邮件服务器负责电子邮件的接收。一旦有电子邮件到来,MDA 就将邮件移到用户的电子邮箱内,并通知用户有新邮件。邮件服务器起着"邮局"的作用,管理着众多用户的电子邮箱。

(四) E-mail 协议

电子邮件协议常用的有 SMTP、POP3、IMAP4,位于 TCP/IP 参考模型的应用层。图 2-16 标注了邮件工作中的协议。

图 2-16 E-mail 工作中的协议

1. SMTP 协议

SMTP(Simple Mail Transfer Protocol,简单邮件传输协议)负责电子邮件的发送,是一组从源地址到目的地址传送邮件的规则,发送或中转信件时找到下一个目的地。

SMTP 协议是基于 TCP 协议的可靠邮件传输协议,独立于特定的传输子系统,需要可靠有序的数据流信道支持。SMTP 重要特性之一是能跨越网络传输邮件,邮件的发送能经过从发送端到接收端路径上的中继器或网关,DNS 上的邮件交换服务器可以用来识别出传输邮件的下一条 IP 地址。

SMTP 协议默认端口 25。

2. POP3 协议

POP3(Post Office Protocol Version 3,邮局协议版本 3)用于接收 Internet 上的电子邮件,是把邮件从电子邮箱中传输到 MUA 的协议。

POP3 协议由 RFC 1939 定义。POP3 协议支持离线邮件接收,即 MUA 连接邮件服务器,从邮箱中下载未阅读的电子邮件。这种离线访问模式是一种存储转发服务。目前的 POP3 邮件服务器大都支持"只下载邮件,服务器端并不删除"。

POP3 协议默认端口 110。

3. IMAP4 协议

IMAP4(Internet Message Access Protocol Version 4,互联网信息访问协议版本 4)是 POP3 协议的一种替代协议,提供了邮件检索和邮件处理的新功能。

IMAP4 协议由 RFC 3501 定义。支持用户不下载邮件正文就可以看到邮件的标题摘要,通过 MUA 实现对 MTA 上的邮件和文件夹目录操作。IMAP4 协议增强了电子邮件的灵活性,也减少了垃圾邮件对本地系统的直接危害。此外,IMAP4 协议可以记忆用户在脱机状态下对邮件的操作,下一次打开网络连接时会自动执行。

IMAP4 协议的默认端口 143。

四、工具材料

- 在真实岗位中:运行 Windows 7 操作系统的计算机,能连接到 Internet;收发 E-mail 的客户端软件 Outlook 或 Foxmail。
- 在虚拟实验中:VMware、操作系统、E-mail 客户端软件。

五、任务实施

本任务以 Outlook 客户端为例,邮箱申请 Tencent 公司的 mailteam@qq.com。

收发电子邮件

1. 配置 E-mail 客户端

(1) 选择菜单中的"文件"→"信息"→"添加账户"命令,进入新账户添加向导,如图 2-17 所示。

图 2-17 添加账户

(2) 选中"电子邮件账户"单选按钮,如图 2-18 所示,然后单击"下一步"按钮。

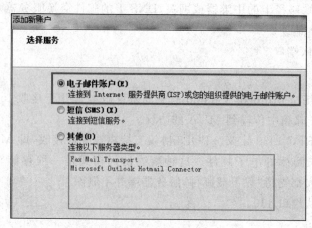

图 2-18 选择服务

(3) 选中"手动配置服务器设置或其他服务器类型"单选按钮,如图 2-19 所示,然后单击"下一步"按钮。

图 2-19 账户设置

(4) 选中"Internet 电子邮件"单选按钮,如图 2-20 所示,然后单击"下一步"按钮。

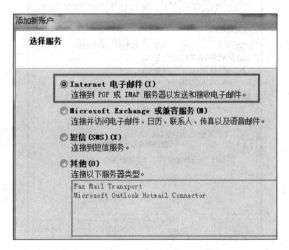

图 2-20 选择服务

(5) 按图 2-21 所示输入信息,"发送邮件服务器"是 smtp.qq.com,"接收邮件服务器"是 pop.qq.com。然后单击"其他设置"按钮,如图 2-21 所示。

(6) 在弹出的对话框中选择"高级"选项卡,进行以下操作。

① 勾选"此服务器要求加密连接"复选框。

② 将"接收服务器"端口改为 995,"发送服务器"端口改为 465 或 587。

③ 将下方的"使用以下加密连接类型"修改为 SSL 连接。

④ 将下方的"天后删除服务器上的邮件副本"取消勾选;否则 Outlook 会自动删除服务器上的邮件,如图 2-22 所示。

图 2-21 Internet 电子邮件设置

图 2-22 Internet 电子邮件"高级"设置

然后单击"确定"按钮返回上一个对话框,单击"下一步"按钮,完成全部设置。配置后可以作为多个邮箱的用户代理程序。

2. 发送 E-mail

（1）打开 Outlook。

（2）单击"新建邮件"按钮。

（3）在弹出的邮件编辑界面,输入收件人、主题、正文、附件等。

（4）单击"发送"按钮即可。

3．Web 方式收发邮件

Web 方式采用浏览器来收发电子邮件,网页服务器上的程序就是邮件代理 MUA。发送 E-mail 的步骤如下。

（1）用浏览器打开 QQ 邮箱,单击左上角"写信"按钮,如图 2-23 所示。

（2）在窗口中部的写信区域,输入收件人、主题、正文、附件等,如图 2-24 所示。

（3）单击"发送"按钮。

图 2-23　单击左上角"写信"按钮

图 2-24　写信区域

六、检查评议

具体评价方式、评价内容及评价标准见附录。

七、拓展提高

QQ 通信原理如下所述。

1．登录

QQ 登录时,向 Tencent 公司的 11 台服务器发送 UDP 数据包,选择回复速度最快的一台作为连接服务器。登录成功之后,QQ 会有一个 TCP 连接来保持在线状态。TCP 连接的远程端口一般是 80。采用 UDP 方式登录时,端口是 8000。只要没有屏蔽服务器 IP,QQ 即可登录。

2．聊天消息通信

QQ 通信采用 P2P 模式。QQ 客户端之间消息传送采用 UDP 协议,不同于国外的 ICQ 在客户端之间采用 TCP 通信。QQ 传送信息快。

在 QQ 客户端,当对方掉线时才会把数据发送到服务器保留,通过服务器中转方式,确保通过服务器转发的消息也能够发送到对方的 QQ。这样能降低服务器负担。由于 QQ 的服务器设计容量是海量级的应用,一台服务器要同时容纳十几万的并发连接,因此,服务器端只有采用 UDP 协议与客户端进行通信,才能保证这种超大规模的服务。

3．文件、自定义表情传送

1）官方表情

官方表情实际发送的是命令字,而没有发送表情。客户端收到命令字后,会自动解释为对应的表情。

自定义表情的传送是以文件传输方式进行的。

2) 文件传输方式

若 QQ1 欲向 QQ2 发送文件,需先发请求。服务器收到请求后,转发给 QQ2,并在 QQ2 应答后,将 QQ1 的 IP 地址发给 QQ2。QQ2 收到 QQ1 的 IP 地址后,会尝试连接 QQ1。

如果两个 QQ 处于不同的内网,那么,QQ1 跟 QQ2 的连接是无法建立的。客户端就会请求服务器进行文件中转。QQ1 与 QQ2 的文件传送就通过服务器中转(服务器文件中转使用 443 端口)。

如果 LAN 只开放 80 端口,QQ 既可以登录,也可以聊天,但不能传送文件,除非两个 QQ 都在同一个内网。如果 LAN 还同时开放 443 端口,则 QQ 可以正常使用。

4. 通信安全

QQ 到服务器之间的信息传送使用了 128 位密钥加密,提高了 QQ 的安全性。QQ 之间的信息传送也采用了同样的算法进行加密,杜绝可能存在的信息炸弹、信息伪装、信息截获等隐患。加密模式完全按照公开源代码的方式设计,即使获得了全部的加密算法,也无法对其他 QQ 的安全构成威胁。

任务 2.2　接触网络操作系统

任务 2.2.1　观察虚拟机中网络的运行

一、任务描述

安装配置虚拟机,使用虚拟机进行网络实验,观察虚拟机中实验网络运行。

二、任务分析

若想了解网络,必须动手实验。虚拟机技术在计算机网络中应用广泛,本任务利用虚拟机进行网络运行。

本任务计划如下。

(1) 安装配置虚拟机。

(2) 安装宿主操作系统 Windows Server 2008。

(3) 观察虚拟机中网络运行。

三、知识准备

(一) 虚拟机技术

虚拟机(Virtual Machine,VM)是指一种特殊的软件,可以像真实机器一样在其中运行程序。VM 是相对于物理机而言的。在一台物理机上运行 VM,可以支持多个操作系统并行。每个 VM 和真实的计算机一样,有自己的虚拟芯片组、CPU、内存、硬盘、光驱、显卡、声卡、网卡、串口、并口和 USB 控制器等一整套硬件设备,操作跟一台真正的计算机一样。VM 被独立地封装到文件中,便于使用和移植。

最早的 VM 可追溯到 20 世纪 70 年代,IBM 研究中心在实验室实现主机的镜像。在计算机领域中,VM 的概念已经被用来解决许多问题。从机器的分割(IBM 模型)到"与平台无关"的程序设计语言(Java 模型),再到设计操作系统(UNIX 模型和 OSI 模型),VM 的概念在构成现代计算机的过程中已经被证明是一个强大的工具。

常用的虚拟机软件有 VMware 和 Virtual PC 等。

(二)常用虚拟机软件

1. VMware Workstation

VMware 公司(威睿)是世界第四大系统软件公司,是全球桌面到数据中心虚拟化解决方案的领导厂商。VMware Workstation 是该公司的桌面虚拟商业产品,在 Windows 或 Linux 计算机上运行,可以模拟一个基于 X86 的标准 PC 环境。其主要功能如下。

(1) 不需要分区或重开机就能在同一台 PC 上使用两种以上的操作系统(OS)。

(2) 完全隔离并且保护 OS 的操作环境,以及所有安装在 OS 上的应用软件和资料。

(3) 能够设定并且随时修改 OS 的操作环境,如内存、磁盘空间、外设等。

(4) OS 之间能互操作,包括网络、外设、文件分享及复制等功能。

(5) 有恢复(Undo)功能。

2. Virtual PC

Virtual PC 是 Microsoft 公司的桌面虚拟化产品,Windows Server 2008 中集成了 Hyper-V 服务器虚拟化产品。Virtual PC 主要功能如下。

(1) 安装 Virtual PC 后,不需要对硬盘重分区或识别,就可安装多个 OS。

(2) 使用多个 OS 不需要重启 PC 系统,还可在 OS 之间进行切换。

(3) 能够在多个 OS 之间,使用拖放功能来共享文件和应用程序。

3. Virtual Box

Virtual Box 是德国 Inno Tek 软件公司开发的虚拟系统软件,被 Sun 公司收购后改名为 Sun Virtual Box,且性能有很大的提高。该 VM 是开源的,功能强大,可以在 Linux/Mac 和 Windows 主机中运行,支持安装 Windows、Linux、Open BSD 等系列的操作系统。

VMware 和 Virtual PC 都基于 X86 平台,能在 Windows 操作系统上虚拟多台计算机,安装多种操作系统。VMware 还支持 Linux 等 OS,功能强大,操作界面直观,易学好用。Virtual PC 主要为 Microsoft 自家 OS 服务,特别是新版本 Virtual PC 只支持 Windows 7。本任务选用 VMware 软件。

(三) VMware 中的概念

(1) VM(Virtual Machine)虚拟机是指由 VMware 模拟出来的一台虚拟的计算机,也即逻辑上的一台计算机。

(2) Host(宿主机)是指物理存在的主机,即安装 VMware Workstation 的计算机。Host's OS(宿主操作系统)是指 Host 上运行的 OS。

(3) Guest(来宾、客户)是指在 VM 中的虚拟主机。Guest's OS(来宾操作系统)是指运行在 VM 上的虚拟主机 OS。

例如,在一台安装了 Windows Server 2008 的计算机上安装 VMware Workstation,Host 是指这台真正的计算机,Host's OS 是指 Windows Server 2008。VM 上运行的是 Linux,那么 Linux 即为 Guest'sOS。

(4) 网络连接模式。VMware 给 VM 的网络适配器提供了三种网络连接模式,分别是

Bridged(桥接模式)、NAT(网络地址转换模式)和 Host-Only(主机模式)。

① Bridged(桥接模式)。在桥接模式下,VMware 虚拟出来的主机就像局域网中的一台独立的主机,可以访问 LAN 内任何一台机器。需要手动配置虚拟网卡 VMnet0 的网络参数,如 IP 地址、子网掩码等,而且 IP 地址必须与宿主机处于同一网段,能与宿主机通信(像连接在同一个 HUB 上的两台主机),实现通过局域网的网关或路由器访问互联网。

当利用 VMware 在局域网内新建一台虚拟服务器,为局域网用户提供网络服务时,就应该选择桥接模式。

② NAT(网络地址转换模式)。NAT 模式就是让虚拟主机借助 NAT 功能,通过宿主机所在的网络来访问公网。NAT 模式下的虚拟网卡 VMnet8 的网络参数,无法手动配置,由虚拟网络的 DHCP 服务器提供,因此,虚拟主机只能单向访问宿主机及宿主机之外的网络,但是,无法和本 LAN 的真实计算机通信,宿主机之外的网络中的计算机,也不能访问该虚拟主机。

采用 NAT 模式最大的好处是虚拟主机接入互联网非常简单,不需要任何网络参数配置,只需宿主机能访问互联网即可。

③ Host-Only(主机模式)。在 Host-Only 模式中,所有的虚拟主机是可以相互通信的,但虚拟主机和真实的网络是被隔离开的。可以利用 Windows 里面自带的 Internet 连接共享(实际上是一个简单的路由 NAT),让虚拟主机通过宿主机的真实网卡进行外网的访问。虚拟主机的虚拟网卡 VMnet1 的网络参数由虚拟网络的 DHCP 服务器动态分配。虚拟主机只能访问宿主机(像通过双绞线连接的两台主机)及所有使用 VMnet1 虚拟网卡的虚拟主机。宿主机之外的网络中的真实计算机不能访问该虚拟主机,也不能被该虚拟主机所访问。

利用 VMware 创建一个与网内其他真实主机相隔离的虚拟主机,进行特殊的网络调试,可以选择 Host-Only 模式。

④ 虚拟网络模式。可通过自定义指定是虚拟网络方式搭建还是使用已有的虚拟网络。

四、工具材料

- 在虚拟实验中:VMware Workstation,Windows 操作系统。

五、任务实施

观察虚拟机中的网络实验。

1. 安装 VMware Workstation

安装 VMware Workstation 时按照提示信息进行,这里不再赘述。

2. 在 VMware 中创建虚拟机

安装虚拟机

在 VMware Workstation 中,创建虚拟机的步骤如下。

(1) 运行 VMware Workstation,选择菜单中的 File→New→Virtual Machine 命令,进入创建虚拟机向导,或直接按 Ctrl+N 组合键。

(2) 在欢迎页中单击"下一步"按钮。

(3) 在 Virtual machine configuration 选项区域选中 Custom 单选按钮。

(4) 在 Choose the Virtual Machine Hardware Compatibility 页中,选择虚拟机的硬件格式。默认新的虚拟机硬件格式,单击"下一步"按钮。

(5) 在 Select a Guest Operating System 对话框中,选择 I will install the operating system later 以后安装操作系统,操作系统选择 Windows Server 2008,单击"下一步"按钮。

(6) 在 Name the Virtual Machine 对话框中,为新建的虚拟机命名,并且选择它的保存路径。

(7) 在 Processors 选项区域选择虚拟机中 CPU 的数量。

(8) 在 Memory for the Virtual Machine 页中,设置虚拟机使用的内存,一般保持默认项。

(9) 在 Network Type 页中选择虚拟机网卡的网络连接模式。

(10) 在 Select I/O Adapter Type 页中,一般保持默认项。

(11) 在 Select a Disk 页中,选择 Create a new virtual disk 创建一个新的虚拟硬盘。

(12) 在 Select a Disk Type 页中,选择创建的虚拟硬盘的接口方式,一般保持默认项。

(13) 在 Specify Disk Capacity 页中根据需要设置虚拟磁盘的大小。为了虚拟磁盘性能,建议选中 Store virtual disk as a single file。

(14) 在 Specify Disk File 页的 Disk file 选项区域内设置虚拟磁盘文件名称,一般保持默认项,单击"完成"按钮。

此时,虚拟机创建成功,但是没有安装操作系统,是"裸机"。

3. 在虚拟机中安装操作系统

在虚拟机中安装操作系统,与在真实的计算机中基本相同。

打开已创建的虚拟机,设置安装源。在 Edit virtual machine settings→Virtual Machine Settings 页中的 Hardware 选项卡中,选择 CD-ROM 选项,在 Connection 选项区域内选中 Use ISO image 单选按钮,然后浏览选择 Windows Server 2008 安装光盘映像文件(ISO 格式)。如果使用安装光盘,则选择 Use physical drive,并选择安装光盘所在光驱。

安装源设置后,单击 Power On This Virtual Machine 启动虚拟机安装操作系统。

4. 网络观察

安装好虚拟机以后,在宿主机的网络连接中可以看到多了两块网卡。其中,VMnet1 是虚拟机 Host-Only 模式的网络接口,VMnet8 是 NAT 模式的网络接口,如图 2-25 所示。

如果在网络连接模式选择 Use host-only networking,则安装操作系统成功的同时即完成了虚拟局域网的搭建。

图 2-25 虚拟网卡

宿主机在虚拟局域网中有两个 IP 地址:一个是 VMnet1 网卡上的内部 IP 地址,该 IP 地址与虚拟机的 AMD PCNet Adapter 网卡的 IP 地址在同一个网段中;另一个是本地网卡上的外部网络 IP 地址,与真实 LAN 在同一网段。虚拟机通过宿主机与外部网络相连接,宿主机起到网关的作用。

可以在宿主机和虚拟机中分别用 ipconfig/all 命令查看网卡的网络参数。也可以用 ping 命令测试连通性。

六、检查评议

具体评价方式、评价内容及评价标准见附录。

七、拓展提高

安装 VMware Tools 如下。

在虚拟机中安装完操作系统后,还需要安装 VMware Tools。VMware Tools 相当于 VMware 虚拟机的主板芯片组驱动、显卡驱动和鼠标驱动。VMware Tools 可以极大提高虚拟机的性能,并且可以让虚拟机分辨率以任意大小进行设置,还可以使用鼠标直接从虚拟机窗口中切换到主机中,不需要按 Ctrl+Alt(从虚拟机窗口切换回主机,需按 Ctrl+Alt)组合键。

VMware Tools 的安装,选择菜单中的 VM→Install VMware Tools 命令,按照提示安装。完成后,重启虚拟机即可。

任务 2.2.2 安装网络操作系统

一、任务描述

在服务器上安装 Windows Server 2008 网络操作系统,为提供各种服务做好准备。

二、任务分析

服务器上常用的网络操作系统主要有两大类,即 UNIX 系列和 Windows 系列。UNIX 系列系统性能和稳定性好,特别是它的一个分支 Linux,不仅开源而且免费,但 UNIX 系列操作系统对管理员要求高,因此大型企业或要求高的企业会选择 UNIX 系列操作系统。而 Windows 操作系统采用图形界面,配置简单,对管理员要求低,适合中小型企业。目前 Windows 操作系统在服务器端占有的市场份额超过 UNIX。本任务选用 Windows Server 2008 网络操作系统。

本任务计划如下。

(1) 检查设备安装是否到位。

(2) 准备安装需要的操作系统。

(3) 安装操作系统。

三、知识准备

(一) Windows Server 2008 重大改进

Windows Server 2008 是迄今为止最灵活、最稳定的 Windows Server 操作系统,加入了包括 Server Core、Server Manager、PowerShell 和 Deployment Services 等新功能,并加强了网络和群集技术。Windows Server 2008 采用了全新的代码,核心代码应用了安全开发模式(SDM),系统层级更加安全。

Windows Server 2008 还提供了新的 Web 工具、虚拟化技术、安全性的强化,以及易于部署和管理的特性。

1. Server Core 模式

Server Core 模式是一个重大改进,它是一个最小限度的系统安装选项,不包含图形化用户界面,带有命令行模式。Server Core 只包括安全、TCP/IP、文件系统、RPC 等服务器核心子系统,可以安装的服务器角色也只有 DNS、DHCP、文件服务、活动目录、ADLDS(轻型目录服务)、打印、媒体、Web,其他角色不能安装。Server Core 降低了攻击表面的影响,增加了服务器的安全性和可用性。并且占用空间和资源较小,服务器角色少,简化了服务器管理。

2. IIS 7

新一代 IIS 7 最大的特点就是模块化,IIS 7 将核心层分割成 40 多个不同功能的模块,用户可以根据 Web 服务器运行的需要来订制安装所需的模块,这样可以使 IIS 更为精简,减少不必要的组件可以减少受攻击表面,增加了 IIS 的安全性和可用性。

3. ADDS

ADDS(Active Directory Domain Service,活动目录服务)有了较大的调整。ADDS 中对活动目录审核功能和密码策略进行了增强,大大提升了活动目录的可操作性和安全性。ADDS 作为一个服务而存在,可以停止、启动,增加了不依赖于活动目录的如 DHCP、流媒体等服务的可用性。对只读域控制器 RODC 也进行了重大改进,限制了对活动目录的写入,增强了活动目录的安全性。

4. Hyper-V

在虚拟化技术上有突破性的进展,核心是 Hyper-V。Hyper-V 是一个只有 300KB 的小程序,用于连接硬件和虚拟机,Hyper-V 程序非常小,代码非常少,因而减少了代码执行时发生错误的概率,并且 Hyper-V 中不包含任何第三方的驱动,非常精简,所以安全性非常高。这种构架使得虚拟机和硬件之间只通过很薄的一层进行连接,不像 Virtual Server 那样虚拟机和硬件之间需要经过多层转换,因而虚拟机执行效率非常高。

5. Server Manager

新增加的管理控制台功能,可以添加、删除几乎所有的服务器角色和应用,而不再需要通过命令行来操作。全新设计的 Server Manager 简化了服务器的安装、设定及后续管理工作。

还有 PowerShell 是全新的命令行接口,可让系统管理员将跨多部服务器的例行系统管理工作自动化;Deployment Services 则可提供简化且高度安全的方法,通过网络安装快速部署操作系统。

除了上述重大的改变外,Windows Server 2008 在角色应用上也进行了增强,如流媒体服务、终端服务、网络访问保护、驱动器加密、防火墙等,并且具有更好的硬件兼容性,支持的设备更加丰富,可用性更高。

(二)安装 **Windows Server 2008** 的硬件要求

微软公布的 Windows Server 2008 系统硬件配置要求如下。

- CPU:最低 1.0GHz X86 或 1.4GHz X64,推荐在 2.0GHz 以上。
- 内存:最低 512MB,推荐在 2GB 以上。
- 硬盘:最少 10GB,推荐在 40GB 以上。
- 光驱:要求 DVD-ROM。
- 显示器:要求至少 SVGA 800×600 像素以上的分辨率。

四、工具材料

- 真实岗位:安装到位的设备、操作系统安装光盘。

• 虚拟实验：VMware Workstation 8.0、Windows Server 2008 安装光盘。

五、任务实施

Windows Server 2008 的安装步骤如下。

安装操作系统

（1）将 Windows Server 2008 系统安装光盘放入光驱，系统通过光盘引导后进入预加载界面。在出现的窗口中选择要安装的语言、时间格式和键盘类型，如图 2-26 所示。

图 2-26　选择语言等选项

（2）单击"下一步"按钮，在打开的界面中单击"现在安装"按钮，如图 2-27 所示。

图 2-27　"安装 Windows"界面

（3）进入"选择要安装的操作系统"界面，这里选择"Windows Server 2008 Enterprise（完全安装）"。单击"下一步"按钮，打开"请阅读许可条款"界面，勾选"我接受许可条款"复选框。

（4）单击"下一步"按钮,打开"您想进行何种类型的安装?"对话框,选择"自定义(高级)"安装,如图 2-28 所示。

图 2-28　"您想进行何种类型的安装?"对话框

（5）打开"您想将 Windows 安装在何处?"对话框,在此对话框中可单击"驱动器选项(高级)"按钮,对磁盘进行分区操作。这里直接单击"下一步"按钮,如图 2-29 所示。

图 2-29　"您想将 Windows 安装在何处?"对话框

（6）随后开始安装 Windows Server 2008 Enterprise 版,安装过程如图 2-30 所示。安装完成后,自动重新启动计算机。用户在第一次登录系统时需要更改密码,如图 2-31所示。

图 2-30　安装过程

图 2-31　第一次登录

（7）登录系统后，会自动弹出"初始配置任务"窗口。这里选中"登录时不显示此窗口"复选框并关闭对话框，如图 2-32 所示。若要进行相应的配置，可在系统相应的对话框中设置。至此，Windows Server 2008 安装完成。

六、检查评议

具体评价方式、评价内容及评价标准见附录。

七、拓展提高

（一）Windows 操作系统发展

Windows 操作系统主要有两个系列：一个系列是 Windows 3.1、Windows 95、Windows 98，直到失败的 Windows ME 为止，这个系列没有再发展；另一个系列是从 Windows NT 3.1 开始，发展出了后来的 Windows 2000（内部版本 Windows NT 5.0）、

图 2-32 "初始配置任务"窗口

Windows XP(内部版本 Windows NT 5.1.2600)、Windows Server 2003(内部版本 Windows NT 5.2)、到失败的 Vista(内部版本 Windows NT 6.0.6000,Windows Server 2008(内部版本与 Vista 相同)共享了部分 Vista 的代码)、Windows 7(内部版本 Windows NT 6.1.7600)、Windows 8(内部版本 Windows NT 6.2)以及 Windows Server 2012(内部版本 Windows NT 6.2),该系列都是 Windows NT 家族成员。

(二)Windows Server 2008 版本比较

Windows Server 2008 有多个发行版本,支持各种规模的企业对服务器不断变化的需求。

1. Windows Server 2008 Standard

Windows Server 2008 Standard 内置的强化 Web 和虚拟化功能,是专为增强服务器基础架构的可靠性和弹性而设计,也可节省时间及降低成本。功能强大的工具拥有更好的服务器控制能力,可简化设定和管理工作;而增强的安全性功能则可强化操作系统,以协助保护数据和网路。

2. Windows Server 2008 Enterprise

Windows Server 2008 Enterprise 可提供企业级的平台,部署企业关键应用。其群集和热添加(Hot-Add)处理器功能,有助于改善可用性;整合的身份管理功能,有助于改善安全性;虚拟化授权权限整合应用程序,则可减少基础架构的成本。因此,Windows Server 2008 Enterprise 能为高度动态、可扩充的 IT 基础架构提供良好的基础。

3. Windows Server 2008 Datacenter

Windows Server 2008 Datacenter 所提供的企业级平台,可在小型和大型服务器上部署企业关键应用及大规模的虚拟化。其群集和动态硬件分割功能,可改善可用性。通过无限制的虚拟化许可授权来巩固应用,可减少基础架构的成本。此外,可支持 2～64 台处理器。因此,该版本能够提供良好的基础,用以建立企业级虚拟化和扩充解决方案。

4. Windows Web Server 2008

Windows Web Server 2008 是特别为单一用途 Web 服务器而设计的系统,建立在 Windows Server 2008 中稳定的 Web 基础架构功能的基础上,整合了重新设计架构的 IIS 7、ASP.net 和 Microsoft.net Framework,以便提供任何企业快速部署网页、网站、Web 应用程序和 Web 服务。

5. Windows Server 2008 for Itanium-Based Systems

Windows Server 2008 for Itanium-Based Systems 已针对大型数据库、各种企业和自定应用程序进行优化,可提供高可用性和多达 64 台处理器的可扩充性,能满足高要求且具关键性的解决方案的需求。

6. Windows HPC Server 2008

Windows HPC Server 2008 是下一代高性能计算(HPC)平台,可提供企业级的工具给高生产力的 HPC 环境,由于其建立于 Windows Server 2008 及 64 位元技术上,因此可有效地扩充至数以千计的处理器,并可提供集中管理控制台,协助用户主动监督和维护系统健康状况及稳定性。其所具备的灵活的作业调度功能,可让 Windows 和 Linux 的 HPC 平台间进行整合,也可支持批量作业以及服务导向架构(SOA)工作负载,而增强的生产力、可扩充的性能以及使用容易等特色,则可使 Windows HPC Server 2008 成为同级中最佳的 Windows 环境。

任务 2.2.3　管理网络操作系统

一、任务描述

操作系统安装完成后,为了更好地维护与管理服务器,需创建用户账户、组,并将新建用户账户加入组中。

二、任务分析

创建用户账户并管理账户是操作系统管理中的基础性工作。公司请工程师帮助企业系统管理员完成销售部组的创建,并赋予一定权限;创建用户账户,并添加到销售部组。

本任务计划如下。

(1) 创建用户账户。

(2) 创建销售部组。

三、知识准备

(一) 账户

账户用来验证用户以及管理与用户相关的策略,如访问权限。管理员创建账户时,通过标识符来区分,可以设置相关密码、组所属关系和权限等信息。账户在计算机内部通过特定的数字 SID 识别。

每个用户都需要有一个账户名和密码才能访问计算机上的资源。用户的账户类型有本地账户、内置账户和域账户。本地账户用来本地登录,不能访问域内的资源;内置账户用来对计算机进行管理;域账户用来访问域内资源。

(二) 本地账户

Windows Server 2008 作为独立服务器时,在计算机操作系统中有两种本地账户,即管理员创建的本地账户和内置本地账户。

1. 本地账户

本地账户可以建立在独立服务器系统、成员服务器中。本地账户只能在本地计算机上登录,无法访问其他计算机资源。

2. 内置本地账户

Windows Server 2008 中还有一种账户类型,称为内置本地账户。当系统安装完毕后,系统会在服务器上自动创建它们。在独立服务器上或是成员服务器上,内置本地账户有 Administrator 和 Guest。

(1) Administrator 拥有最高的权限,可以用它来管理计算机与域内的设置,如建立、更改、删除用户与组账户、设置安全策略、设置用户账户的权限等。可以改名,但是无法删除。

(2) Guest 只有基本的权限,供临时用户使用,如偶尔登录或仅登录一次的用户。可以改名,但是无法删除。该账户默认禁用。

匿名访问 Internet 信息服务的内置账户是访问 WWW 服务器的账户。

(三) 用户组

1. 组的概念

组是权限相同的账户的集合,包括账户、联系、计算机和其他组。管理员通常通过组来对用户的权限进行设置。管理用户和计算机的访问,其访问范围包括网络对象、本地对象、共享、打印机队列和设备等;创建分配表;筛选组策略等。

2. 组的类型

在 Windows Server 2008 独立服务器上的工作组称为本地组。该组的成员是本地账户,这些组账户的信息被存储在本地安全账户数据库(SAM)内。本地组有用户组和系统内置组。

(四) 内置组

Windows Server 2008 在安装时会自动创建一些组,被赋予一些权限,以便管理计算机,这些组称为内置组。主要内置组有以下几个。

(1) Administrators 管理员组。对计算机、域有不受限制的完全访问权。可以赋予权限;添加系统组件,升级系统;配置系统参数,如注册表的修改;配置安全信息等权限。

(2) Guests 来宾组。内置的 Guest 账户是该组的成员,在登录时创建临时配置文件;在注销时该配置文件被删除。

(3) Users 用户组。一般用户所在的组,新建的用户自动加入该组。对系统有基本的权限,如运行程序、使用网络;不能关闭 Windows Server 2008;不能创建共享目录和本地打印机。

(4) IIS_IUSRS 组。Internet 信息服务使用的内置组。

(5) Backup Operators 备份操作员组。该组的成员可以备份和还原服务器上的文件，而不管保护这些文件的权限如何。但是该组成员不能更改文件安全设置。

四、工具材料

- 在真实岗位中：已安装 Windows Server 2008 的服务器。
- 在虚拟实验中：VMware Workstation 8.0、已安装 Windows Server 2008。

五、任务实施

（一）本地账户的操作

管理本地账户

1. 创建本地账户

创建本地账户 Sandy，并设置密码，操作步骤如下。

（1）依次选择"开始"→"管理工具"→"计算机管理"命令，打开相应窗口，选择"本地用户和组"，打开"本地用户和组"下拉选项，右击"用户"，选择快捷菜单中的"新用户"命令，如图 2-33 所示。

图 2-33 "计算机管理"窗口

（2）打开"新用户"对话框，输入图 2-34 所示的内容，单击"创建"按钮即可。

图 2-34 创建新用户窗口

2. 更改账户

如果要对已建立的账户更改登录名,则在"计算机管理"窗口中选择"本地用户和组",单击"用户",在右侧的列表中选择,右击某账户,选择快捷菜单中的"重命名"命令,输入新名字,如图 2-35 所示。

图 2-35 重命名账户

3. 删除账户

在"计算机管理"窗口中选择"本地用户和组",单击"用户",在右侧的列表中选择,右击某账户,选择快捷菜单中的"删除"命令,在弹出的提示框中单击"是"按钮。

4. 禁用与激活本地账户

当某个用户长期休假,就要禁用该用户的账户,不允许该账户登录。该账户信息会在"计算机管理"窗口中显示为"×"。禁用 Sandy 账户的操作步骤如下。

右击 Sandy 账户,选择快捷菜单中的"属性"命令,打开如图 2-36 所示对话框,勾选"账户已禁用"复选框。如果要重新启用某账户,取消"账户已禁用"复选框勾选即可。

图 2-36 修改账户属性

(二)本地组的操作

1. 创建本地组

建立销售部组 XS,并将本地账户 Sandy 添加到该组中,操作步骤如下。

(1)选择"开始"→"管理工具"→"计算机管理"命令,打开相应窗口,选择"本地用户和组",右击"组",选择快捷菜单中的"新建组"命令,打开"新建组"对话框。

(2)在"新建组"对话框中,输入组名、组的描述,如图 2-37 所示。

图 2-37 "新建组"对话框

(3)单击"添加"按钮,打开图 2-38 所示的对话框,输入用户名或者通过查找选择用户名,单击"确定"按钮。

图 2-38 "选择用户"对话框

(4)回到图 2-37 所示的对话框,单击"创建"按钮完成创建工作。

2. 管理本地组

在"计算机管理"窗口右边的"组"列表中,右击选定的组,选择快捷菜单中的相关命令可以删除组、更改组名等。

六、检查评议

具体评价方式、评价内容及评价标准见附录。

七、拓展提高

1. 域用户账户

域用户账户建立在域控制器的活动目录数据库内。用户可以利用域用户账户来登录域，并访问网络上的资源。当用户利用域用户账户登录时，由域控制器来检查所输入的账户与密码是否正确。将用户账户建立在某台域控制器内后，该账户数据会被自动复制到同一个域内的其他所有域控制器中。因此，当该用户登录时，此域内的所有域控制器都可以负责审核。

2. 活动目录

活动目录是一种目录服务，它存储有关网络对象的信息（如用户、组和计算机账户、打印机等共享资源），使管理员与用户可以方便地查找和使用网络信息。活动目录将结构化数据存储作为目录信息逻辑和分层组织的基础。

3. 域与组织单位

域是目录服务的基本管理单位，用户只要在域内有一个账户，就可以漫游网络。每个域都有安全界限。域又分成组织单位（OU），组织单位是一个逻辑单位，它是域中一些用户和组账户、文件与打印机等资源对象的集合。特定域的系统管理员有权设置仅属于该域的策略。每一个组织单位可以有自己的管理员并指定其管理权限，从而实现了对资源和用户的分级管理。

项 目 回 顾

本项目涉及网络计算模式概念、互联网知识、搜索引擎、WWW、FTP 和 E-mail、即时通信等知识，完成了 IE 浏览器基本设置，使用搜索引擎获取网络资源，上传、下载文件，以及通过第三方客户端软件或 Web 方式收发电子邮件 E-mail 任务。

完成了虚拟机 VMware Workstation 的安装与使用，Windows Server 2008 网络操作系统的安装与管理，为本课程的后续学习做了铺垫。

职业资格度量

一、选择题

1. 下列（　　）不属于电子邮件协议。（2008 年网络工程师下半年卷）
   A. POP3　　　　B. SMTP　　　　C. IMAP　　　　D. MPLS
2. FTP 使用的传输层协议为（　　）。
   A. HTTP　　　　B. IP　　　　　C. TCP　　　　　D. UDP
3. FTP 的默认的控制端口号为（　　）。
   A. 80　　　　　B. 25　　　　　C. 20　　　　　D. 21

4. (　　)应用软件可以实现网上实时交流。(2009 年上海市高校计算机等级考试)
   A. 电子邮件　　　B. 网络新闻组　　　C. FTP　　　D. QQ
5. 访问 WWW 页面的协议是(　　)。
   A. HTML　　　B. HTTP　　　C. SMTP　　　D. DNS
6. 文件传输(FTP)很多工具的工作界面不同,但是实现文件传输都要(　　)。(2009 年 6 月全国高校计算机等级考试(广西考区)等级考试试题)
   A. 通过电子邮箱收发邮件
   B. 将本地计算机与 FTP 服务器进行网络连接
   C. 通过搜索引擎实现通信
   D. 借助微软公司的文件传输工具 FTP
7. 电子邮件地址的一般格式为(　　)。
   A. 用户名@域名　　　B. 域名@用户名
   C. IP 地址@域名　　　D. 域名@IP 地址
8. 以下(　　)是国内较为优秀的中文搜索引擎。
   A. www.google.com　　　B. www.baidu.com
   C. www.yahoo.com　　　D. www.bgy.gd.cn
9. (　　)搜索是一种调用其他独立搜索引擎的引擎,对多个独立搜索引擎的整合、调用、控制和优化利用的检索的方法。
   A. 元　　　B. 百度　　　C. Google　　　D. 主题目录
10. 关于 IE 的功能,正确的是(　　)。(多选,2013 年职称计算机考试)
    A. 可以保留已经访问过的网页的线索
    B. 启动后自动打开的网页即初始网页是可以改变的
    C. IE 中显示的网页可以打印出来
    D. IE 是 Windows 安装时自动安装的
11. 关于电子邮件的叙述,不正确的是(　　)。(多选,2013 年职称计算机考试)
    A. 电子邮件只能传输文本
    B. 电子邮件只能传输文本和图片
    C. 电子邮件可以传输文本、图片、视像、程序等
    D. 电子邮件不能传输图片
12. 以下关于程序设计语言的叙述中,错误的是(　　)。(2017 年网络工程师下半年卷)
    A. 脚本语言中不使用变量和函数　　　B. 标记语言常用于描述格式化和链接
    C. 脚本语言采用解释方式实现　　　D. 编译型语言的执行效率更高
13. 通过代理服务器(Proxy Server)访问 Internet 的主要功能不包括(　　)。(2018 年网络工程师下半年卷)
    A. 突破对某些网站的访问限制　　　B. 提高访问某些网站的速度
    C. 避免来自 Internet 上病毒的入侵　　　D. 隐藏本地主机的 IP 地址
14. 与 HTTP 相比,HTTPS 协议将传输的内容进行加密,更加安全。HTTPS 基于(　1　)安全协议,其默认端口是(　2　)。(2017 年网络工程师下半年卷)

(1) A. RSA B. DES C. SSL D. SSH
(2) A. 1023 B. 443 C. 80 D. 8080

15. 在基于 Web 的电子商务应用中,访问存储于数据库中的业务对象的常用方式之一是( )。(2017 年网络工程师下半年卷)

    A. JDBC B. XML C. CGI D. COM

16. FTP 协议默认使用的数据端口是( )。(2018 年网络工程师上半年卷)

    A. 20 B. 80 C. 25 D. 23

17. 在一台服务器上只开放 25 和 110 两个端口,这台服务器可以提供( )服务。(2017 年网络工程师下半年卷)

    A. E-mail B. Web C. DNS D. FTP

二、简答题

安装 Windows Server 2008 的最低硬件要求是什么?

三、实践题

试题(1)～(5)(2017 年网络工程师上半年卷)

If two communicating entities are in different hosts connected by a network, there is a risk that PDUs will not arrive in the order in which they were sent, because they may traverse(1)paths through the network. If each PDUs is given a unique number, and numbers areassigned(2), then it is a logically simple task for the receiving entity to reorder(3)PDUs on the basis of sequence number. A problem with this scheme is that, with a(4)sequence number field, sequence number will repeat. Evidently, the maximum sequence number must be(5)than the maximum number of PDUs that could be outstanding at any time.

(1) A. same B. different C. single D. unique
(2) A. randomly B. equally C. uniformly D. sequentially
(3) A. received B. sent C. transmitting D. forwarding
(4) A. various B. diverse C. finite D. infinite
(5) A. smaller B. greater C. less D. more

项目 3

服务器架构

理解 Web 服务、FTP 服务、DNS 服务、DHCP 服务的基础知识以及应用层相关协议;掌握支撑应用层的传输层 TCP、UDP 协议。

掌握 Windows Server 2008 操作系统的 Web 服务、FTP 服务、DNS 服务、DHCP 服务的配置和管理。

某中小型企业网络布线及设备已经安装到位,测试连接完成。现进一步完成:①IP 地址分配,办公室几十台 PC 设置静态 IP 地址,几十台移动笔记本电脑设置动态 IP 地址;②提供 Web 服务、FTP 服务;③申请域名,提供 DNS 服务。

科为公司继续完成该项目。本项目有三个任务需要完成:①安装与管理 Windows Server 2008;②构建 Web 服务、FTP 服务;③构建 DNS 服务、DHCP 服务。

本项目中企业内网采用私有 IP 地址 192.168.0.0/24。IP 地址规划如下:192.168.0.1~192.168.0.10 预留出给服务器,192.168.0.254 作为网关;192.168.0.11~192.168.0.100 固定分配给办公室 PC;192.168.0.101~192.168.0.200 动态分配给移动笔记本电脑;其他 IP 地址备用。

任务 3.1　构建 Intranet 服务

任务 3.1.1　架设和管理 Web 服务器

一、任务描述

Windows Server 2008 在服务器上安装完备。企业网页已经做好了,科为公司请工程师帮助企业架设和配置 Web 服务。

二、任务分析

根据任务描述,需要在 Windows Server 2008 上安装 Web 服务器,并对 Web 服务器进行配置和管理,包括配置新建 Web 站点、设置默认首页、设置主目录、配置虚拟目录、设置安全性以及测试 Web 站点等。本任务选用 Windows Server 2008 的 IIS 7 作为 Web 服务平台。

本任务计划如下。

(1) 检查 IIS 服务是否安装,如果没有需要安装 IIS。
(2) 创建存放网页的文件夹,并把已经制作好的网页复制到该文件夹。
(3) 新建 Web 站点。
(4) 配置 Web 站点。

三、知识准备

Web 网页的访问使用应用层的 HTTP 协议。HTTP 协议建立在传输层的 TCP 协议基础上。TCP 协议一般应用在可靠性要求高的地方,支持的常见应用层协议有 HTTP、FTP、SMTP、Telnet 等。

1. TCP 协议功能

TCP(Transmission Control Protocol,传输控制协议)是一种面向连接的、可靠的、端到端的传输层通信协议,数据发送之前先建立连接通道。TCP 协议由 IETF 的 RFC 793 规范定义。TCP 在 IP 报文的协议号是 6。

TCP 协议的主要功能是提供 IP 环境下的数据可靠传输。完成对数据报的确认、流量控制和网络拥塞;自动检测数据报,并提供错误重发的功能;将接收的数据报按照原来发送的顺序进行排序,并对重复数据进行选择;控制超时重发,自动调整超时值;提供自动恢复丢失数据的功能。

2. TCP 协议报文格式

为了实现 TCP 协议报文可靠的传输,采用了特殊的报文格式,报头格式中固定部分占 5 行,每行 32 位长(4 字节),共 20 字节,如图 3-1 所示。图中各字段含义如下。

32 比特(0~31)								
源端口							目的端口	
序列号								
确认号								
报头长	保留	URG	ACK	PSH	RST	SYN	FIN	窗口大小
校验和							紧急指针	
可选项(0 个或多个 32 位字)								
数据								

图 3-1 TCP 报头格式

(1) 源端口、目的端口:都是 16 位(2 字节)。分别表示发送方和接收方进程对应的端口号。端口号和 IP 地址构成套接字(Socket)地址。源端口和目的端口的套接字合起来唯一地表示一条连接。网络应用程序在通信时直接向套接字发送和接收数据。

(2) 序列号:32 位(4 字节)。序列号表示数据部分第一个字节的序列号。

(3) 确认号:32 位(4 字节)。希望收到的下一个数据报的序列号。

序列号和确认号可以表示 $0 \sim 2^{32}-1$ 字节的范围。

(4) TCP 协议数据报头头长:4 位。表示 TCP 报文头的长度。长度以 32 位(4 字节)为单位计算。所以如果选项部分的长度不是 4 字节的整数倍,则要加上填充(padding)。

(5) 保留域:6 位,留着扩展使用,设置为 0。

(6) 6 个标志位:有很重要的作用,TCP 的连接、断开和传输都受到标志位的控制。

① URG(urgent)为紧急数据标志位。它和第五行的紧急指针配合使用。如果为 1,则表示本数据报中包含紧急数据。此时紧急数据指针表示的值有效。它表示在紧急数据之后的第一个字节的偏移值(即紧急数据的总长度)。

② ACK(acknowledge)为确认标志位。如果 ACK 为 1,则确认号有效;否则,确认号无效,接收端可以忽略它。

③ PSH(push)为推标志位。如果 PSH 为 1,要求发送方的 TCP 协议软件马上发送该数据报,接收方在收到数据后也应该立即上交给应用程序,不必等到缓冲区装满。

④ RST(reset)为复位标志位。用来复位一条连接。RST 标志置位的报文称为复位报文。一般情况下,如果 TCP 收到的一个报文明显不是属于该主机上的连接,则向远端发送一个复位报文。可以用于复位由于主机崩溃或其他原因而出现的错误连接;还可以用于拒绝非法的数据报或拒绝连接请求。

⑤ SYN(synchronous)为同步标志位。用来建立连接,让连接双方同步序列号。如果 SYN=1 而 ACK=0,则表示该数据报为连接请求;如果 SYN=1 而 ACK=1,则表示接受连接。

⑥ FIN(finish)为断开标志位。表示发送方已经没有数据要传输了,希望释放连接。

(7) 窗口大小:16 位。表示从被确认的字节开始,还可以连续发送的字节数。接收方通过设置该窗口值的大小,可以调节源端发送数据的速度,从而实现流控。

(8) 校验和(checksum):16 位。TCP 协议提供的一种检错机制,确保高可靠性。它校验头部、数据和伪 TCP 头部之和。

(9) 紧急指针位:16 位。和 URG 配合使用。

(10) 可选项(options):0 个或多个 32 位。包括最大 TCP 载荷、窗口比例、TCP 数据报头选择重发数据报等选项。

① 最大 TCP 载荷:允许每台主机设定其能够接受的最大 TCP 载荷能力。在建立连接期间,双方均声明其最大载荷能力,并选取其中较小的作为标准。如果一台主机未使用该选项,那么其载荷能力默认设置为 536 字节。

② 窗口比例:允许发送方和接收方商定一个合适的窗口比例因子。这一因子使滑动窗口最大能够达到 2^{32} 字节。

③ TCP 协议数据报头选择重发数据报:这个选项允许接收方请求发送指定的一个或多个数据报。

3. TCP 协议三次握手

应用层向传输层发送 8 字节表示的数据流,TCP 把数据流分割成适当长度的报文段(通常受该计算机所在网络的 MTU 的限制),再传给 IP 层。

TCP 协议是基于连接的协议,在正式收发数据前,必须和对方建立可靠的连接。一个 TCP 连接必须要经过三次握手才能建立起来。TCP 协议通过三个报文段完成连接的建立,这个过程称为三次握手(Three-way Handshake),如图 3-2 所示。

图 3-2 TCP 协议三次握手

1) 第一次握手(客户端→服务器)

客户端发送带 SYN 标志的 TCP 报文(sequence number＝x)到服务器,并进入 SYN_SEND 状态,等待服务器确认。

2) 第二次握手(服务器→客户端)

服务器收到报文,确认客户的 SYN(ack＝x＋1),同时也发送自己的 SYN(sequence number＝y),即带 ACK 和 SYN 标志的 TCP 报文,表示对客户端报文的回应,询问客户端是否准备好进行数据通信。此时服务器进入 SYN_RECV 状态。

3) 第三次握手(客户端→服务器)

客户端收到服务器的 SYN＋ACK 包,向服务器发送确认包 ACK(ack＝y＋1),此包发送完毕,客户端和服务器进入 ESTABLISHED 状态,完成三次握手。

4. Web 服务器的工作原理

Web 服务器的工作有四个步骤,即连接、请求、应答及关闭连接。

(1) 连接就是 Web 服务器及其浏览器之间建立起来的一种连接。查看连接过程是否实现,用户可以找到和打开 socket 虚拟文件,这个文件的建立意味着连接成功建立。

(2) 请求就是 Web 的浏览器运用 socket 文件向服务器提出各种请求。

(3) 应答就是运用 HTTP 协议,把在请求过程中所提出来的请求,传输到 Web 服务器,进而实施任务处理,然后运用 HTTP 协议把任务处理的结果传输到 Web 浏览器,同时在 Web 浏览器上面显示所请求的界面。

(4) 关闭连接就是当应答过程完成后,Web 服务器和浏览器之间断开连接的过程。

四、工具材料

- 在真实岗位中:已安装 Windows Server 2008 操作系统的服务器。
- 在虚拟实验中:VMware Workstation 8.0、Windows Server 2008 安装光盘。

五、任务实施

安装 IIS 服务器之前,计算机需要配置静态的 IP 地址。IIS 服务器静态 IP 地址参数如下:IP 地址为 192.168.0.1;子网掩码为 255.255.255.0;默认网关为 192.168.0.254;DNS 地址为 192.168.0.1。

(一)IIS 服务器的安装与启动

1. IIS 服务器的安装

IIS 服务器的
安装与启动

(1)依次选择"开始"→"管理工具"→"服务器管理器"菜单命令,打开"服务器管理器"控制台。在"服务器管理器"控制台中单击左侧窗格中"角色"节点。然后单击控制台右侧"添加角色"控钮,打开"添加角色向导"页面。单击"下一步"按钮,在打开的"选择服务器角色"对话框中,选中"Web 服务器(IIS)"复选框,如图 3-3 所示。

图 3-3 选择 Web 服务器角色

(2)单击"下一步"按钮,打开"Web 服务器(IIS)"对话框,显示 Web 服务器(IIS)简介和注意事项。单击"下一步"按钮,打开"选择角色服务"对话框,可以看到 IIS 除了提供 Web 服务外,还可以提供管理工具、FTP 发布服务等功能,这里选择所有的角色功能,如图 3-4 所示。

(3)单击"下一步"按钮,打开"安装进度"对话框,显示将要安装的 Web 服务器(IIS)角色信息。单击"安装"按钮,开始安装 Web 服务器(IIS)角色,如图 3-5 所示。

(4)安装完毕,打开"安装结果"对话框,显示已安装的 Web 服务器(IIS)角色信息。单击"关闭"按钮,完成 Web 服务器(IIS)角色的安装,如图 3-6 所示。

图 3-4 选择角色功能

图 3-5 开始安装角色

2. IIS 服务器的启动与停止

选择"开始"→"管理工具"→"Internet 信息服务(IIS)管理器"菜单命令,打开"Internet 信息服务(IIS)管理器"控制台。展开控制台左侧窗格中的节点,右击 IIS 服务,在弹出的快捷菜单中选择"启动"或"停止"命令,即可启动或停止 IIS 服务。

图 3-6　已安装的 Web 服务器(IIS)角色

(二) Web 服务器的配置

1. 设置站点的默认主页

网页已存放在 C:\myweb 文件夹下,主页为 index.htm。首先设置站点的默认主页。其设定步骤如下。

Web 服务器架设

(1) 选择"开始"→"管理工具"→"Internet 信息服务(IIS)管理器"菜单命令,打开"Internet 信息服务(IIS)管理器"控制台。单击左侧窗格中的服务器 WIN-25RKFNZDIUG(计算机名),在功能视图中找到"默认文档"图标,如图 3-7 所示。

图 3-7　"默认文档"图标

（2）双击"默认文档"图标，打开"默认文档"功能视图，单击右侧"操作"窗格中的"添加"按钮，在弹出的对话框中输入要设定的默认文档。一般网站最常用的主页名有 default.htm、default.asp、index.htm、index.html、iisstar.htm、default.aspx。IIS 支持 HTML 静态网页以及 ASP、ASPX 动态网页，如图 3-8 所示。单击"确定"按钮。

图 3-8　添加默认文档

2．创建 Web 站点

创建 Web 站点的操作步骤如下。

（1）停止默认站点 Default Web Site。

（2）展开"Internet 信息服务（IIS）管理器"控制台左侧窗格中的节点，右击"网站"，在弹出的快捷菜单中选择"添加网站"命令，打开"添加网站"对话框。在该对话框中输入图 3-9 所示的内容。

图 3-9　添加网站

（3）打开 IE 浏览器，在地址栏中输入 http://192.168.0.1 并按 Enter 键。如果能正常浏览，则 Web 站点创建成功。测试页面如图 3-10 所示。

图 3-10　IE 测试 Web 站点

3. 创建虚拟目录

Web 站点的内容一般存放在主目录中，特殊情况下，也可以存放在主目录以外的目录中，即虚拟目录。虚拟目录用浏览器显示时就像位于主目录中一样。

例如，创建虚拟目录 products，物理路径 C:\products。将文件 index.htm 保存到文件夹下，操作步骤如下。

（1）选择"开始"→"管理工具"→"Internet 信息服务（IIS）管理器"菜单命令，打开控制台，右击控制台左侧窗格中的 myweb 站点，在弹出的快捷菜单中选择"添加虚拟目录"命令，打开"添加虚拟目录"对话框。

（2）在"添加虚拟目录"对话框中的"别名"文本框中输入 products，"物理路径"输入 C:\products，如图 3-11 所示，单击"确定"按钮。

图 3-11　添加虚拟目录

（3）打开浏览器，在地址栏中输入 http://192.168.0.1/products 并按 Enter 键，即可访问该站点的虚拟目录，如图 3-12 所示。

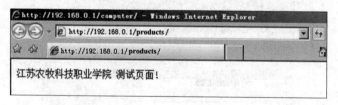

图 3-12　IE 测试虚拟目录

4. 配置 Web 站点安全性

1) 启用 Windows 身份验证

在"Internet 信息服务（IIS）管理器"控制台中，单击左侧窗格中的 myweb 站点，在功能视图中双击"身份验证"图标，打开"身份验证"界面。选择"匿名身份验证"，单击控制台右侧

"操作"窗格中的"禁用"按钮,如图 3-13 所示。

图 3-13　禁用匿名身份验证

在"身份验证"界面,选择"Windows 身份验证",单击控制台右侧"操作"窗格中的"启用"按钮,即可启用 Windows 身份验证方法。

打开 IE 浏览器,在地址栏中输入 http://192.168.0.1 并按 Enter 键访问该站点,弹出对话框,要求输入能够访问该站点的用户名及密码,如图 3-14 所示。

2) 设置 Web 站点限制连接数与带宽

打开"Internet 信息服务(IIS)管理器"控制台,单击左侧窗格中的 myweb 站点,在右侧"操作"窗格中单击"配置"区域的"限制"按钮,打开"编辑网站限制"对话框。

在"编辑网站限制"对话框中可以限制客户连接的带宽,也可以设置站点的最大连接数,如图 3-15 所示。

图 3-14　带用户名及密码的网站访问

图 3-15　"编辑网站限制"对话框

六、检查评议

具体评价方式、评价内容及评价标准见附录。

七、拓展提高

Web 服务器主要功能是提供网上信息浏览服务。当 Internet 上浏览器发出请求时,服务器才会响应。常用的 Web 服务器除了 Microsoft 的 IIS 外,还有 Apache Server 和 Tomcat Server。

1. Apache Server

Apache 软件基金会开发的 Apache Server 是世界使用排名第一的 Web 服务器。其良好的跨平台性和安全性,几乎能够运行在所有的计算机平台上。一般 Linux 发布都安装 Apache 作为默认配置。

Apache Server 是普通服务器,其本身只支持 HTML 静态网页。通过插件可以支持 PHP。

2. Tomcat Server

Tomcat 是开源服务器,由 Apache 软件基金会下属的 Jakarta 项目按照 Sun Microsystems 提供的技术规范开发的一个 Servlet 容器,可实现对 JSP/Servlet 的支持,并提供了作为 Web 服务器的特有功能。

由于 Tomcat 本身内含一台 HTTP 服务器,它也可以被视作一台单独的 Web 服务器。Tomcat 支持 JSP、CGI、PHP 等。

Apache、Nginx 和 Tomcat 并称为"网页服务三剑客",可见其应用广泛。

3. Apache Server 与 Tomcat Server 区别

Tomcat Server 和 Apache Web 服务器是不同的。Apache Server 是一个用 C 语言实现的 HTTP Web Server,与 Tomcat Server 不是捆绑在一起的。Tomcat Server 包含一个配置管理工具,也可以通过编辑 XML 格式的配置文件来进行配置。

Apache 是 Web 服务器。Tomcat 是应用(Java)服务器,它是一个 Servlet 容器,是 Apache 的扩展。Apache 和 Tomcat 都可以作为独立的 Web 服务器来运行,但是 Apache 不能解释 Java 程序(JSP/Servlet)。

两者都是一种容器,发布的东西不同:Apache 是 HTML 容器,功能像 IIS 一样。Tomcat 是 JSP/Servlet 容器,用于发布 JSP 及 Java,类似的有 IBM 的 WebSphere、BEA 的 WebLogic 以及 Sun 的 JRun 等。

4. Apache+Tomcat 结合的企业级应用

Apache 与 Tomcat 连通,单向 Apache 连接 Tomcat,通过 Apache 访问 Tomcat 资源。

(1) Apache 主要用来解析静态文本,如 HTML。Tomcat 虽然也能解析静态文本,但 Apache 能大大提高效率,尤其并发数较大的企业级应用。

(2) Tomcat 用来解析 JSP/Servlet 等,所有的客户请求先发送到 Apache。如果请求是静态的,则由 Apache 解析,并把结果返回给客户端;如果请求是动态的,如 JSP,Apache 会把解析工作交给 Tomcat,由 Tomcat 解析,结果仍是通过 Apache 返回给客户端,这样达到分工合作,实现负载均衡,提高整个企业级应用的性能。

任务 3.1.2 架设和管理 FTP 服务器

一、任务描述

为了对办公文档进行集中管理,实现资源共享,可在 IIS 上架设 FTP 服务器,员工需要时,根据权限直接到服务器上存取。

二、任务分析

在服务器上架设 FTP 服务,员工可以上传与下载文档,实现共享资源。根据网络规划,在内部架设 FTP 服务器。在 IIS 上架设 FTP 服务器,采用图形界面,管理简单,对管理员要求低,适合中小型企业。本任务选用 Windows Server 2008 的 IIS 7 作为 FTP 服务平台。

本任务计划如下。

(1) 创建 FTP 站点。

(2) 配置 FTP 站点。

三、知识准备

FTP 协议是应用层协议,需要传输层 TCP 协议的支持。在前面任务中已经学过 TCP 通过三次握手建立连接。TCP 连接成功后,为保证可靠的数据传输,采取了多种机制。TCP 连接终止时,则采用四次挥手。

(一) TCP 可靠传输机制

TCP 给每个字节一个序号,不仅保证不发生丢包,而且保证接收端按序接收包。当接收端接收到字节后,会发回一个相应的确认(ACK);如果发送端在合理的往返时延(Round-Trip Time,RTT)内未收到确认,就认为丢失了,那么对应的数据将会被重传。TCP 用校验和函数来检验数据是否有错误,在发送和接收时都要计算与校验。

(1) TCP 建立连接后,是全双工的,通信双方都可以同时进行数据的传输。在保证可靠性上,采用超时重传和捎带确认机制。

(2) 在流量控制上,采用滑动窗口协议,滑动窗口大小可变。协议中规定,对于窗口内未经确认的分组需要重传。

(3) 在拥塞控制上,采用广受好评的 TCP 拥塞控制算法(Additive Increase Multiplicative Decrease,AIMD 算法)。该算法主要包括三个部分:①加性增,乘性减;②慢启动;③对超时事件做出反应。

(二) TCP 连接的终止

四次挥手(Four-Way Wave Hand)是指断开一个 TCP 连接时,需要客户端和服务器总共发送 4 个包以确认连接的断开。终止 TCP 连接要经过四次挥手,这是由 TCP 的半关闭(Half-close)造成的。因为 TCP 连接是全双工的,每个方向都必须单独进行关闭。当一方完成数据发送后就能发送一个 FIN 来终止这个方向的连接。收到 FIN 只意味着这一方向上没有数据流动,另一方向上仍能发送数据。首先进行关闭的一方将执行主动关闭,而另一方将执行被动关闭,如图 3-16 所示。客户端、服务器首先发起 TCP 连接终止的为主动方,另一方为被动方。

图 3-16 TCP 的四次挥手

具体过程如下。

1) 第一次挥手(主动方→被动方)

TCP 主动方发送 FIN 包,用来关闭主动方到被动方的数据传送。主动方进入 FIN_WAIT_1 状态。

2) 第二次挥手(被动方→主动方)

被动方收到 FIN 包,发回一个 ACK 包给主动方,确认序号为收到的序号加 1。与 SYN 相同,一个 FIN 占用一个序号。被动方进入 CLOSE_WAIT 状态。

3) 第三次挥手(被动方→主动方)

被动方发送一个 FIN 包给主动方,用来关闭被动方到主动方的数据传送,被动方进入 LAST_ACK 状态。

4) 第四次挥手(主动方→被动方)

主动方收到 FIN 包后,进入 TIME_WAIT 状态,接着发送一个 ACK 给被动方,确认序号为收到序号加 1,被动方进入 CLOSED 状态,完成四次挥手。

(三) FTP 两种模式

FTP 服务器是在互联网上提供文件存储空间的计算机,它们依照 FTP 协议提供服务。FTP(File Transfer Protocol,文件传输协议)是专门用来传输文件的协议。按照 FTP 服务器的工作方式,FTP 分为主动模式和被动模式。

1. 主动模式 FTP

主动模式(Active 模式)是由客户端指定端口,服务器主动去连接。主动模式采用 PORT 方式,也是 FTP 的 Standard 模式。Standard 模式 FTP 的客户端发送 PORT 命令到 FTP 服务器。

主动模式 FTP 工作过程如下。

客户端从一个任意的非特权端口 $N(N>1024)$ 连接到 FTP 服务器的命令端口(TCP 21 端口),通过这个通道发送命令。客户端需要接收数据时在这个通道上发送 PORT 命令。PORT 命令包含客户端用什么端口接收数据。然后客户端开始监听端口 $N+1$,并发送 FTP 命令"PORT $N+1$"到 FTP 服务器。接着服务器从它自己的数据端口(TCP 20 端口)连接到客户端指定的数据端口($N+1$),与客户端建立一个新的连接用来传送数据。

连接过程如图 3-17 所示。标注的序号含义如下。

图 3-17 主动模式 FTP 连接步骤

(1) 客户端的命令端口与 FTP 服务器的命令端口(21)建立连接,并发送命令 PORT 1027。

(2) FTP 服务器给客户端的命令端口返回一个 ACK。

(3) FTP 服务器发起一个从它自己的数据端口(20)到客户端指定的数据端口(1027)的连接。

(4) 客户端给服务器返回一个 ACK。

主动模式 FTP 的主要问题在于客户端。FTP 的客户端并没有实际建立一个到服务器数据端口的连接,而只是简单地告诉服务器自己监听的端口号,服务器再回来连接客户端这个指定的端口。

主动模式 FTP 对于服务器的要求较高,对于客户端的防火墙来说,从外部系统主动建立到内部客户端的连接,通常会被阻塞。如果进行内外机器映射,则须同时映射控制端口和数据传输端口,但由于数据端口是由客户端随机指定的,并不固定,这也加大了建立连接的难度。

2. 被动模式 FTP

为了解决从服务器到客户端数据端口的入方向连接被防火墙过滤掉的问题,提出被动模式。命令连接和数据连接都由客户端发起的 FTP 连接,称为被动模式(Passive,PASV)。客户端发送 PASV 命令到 FTP 服务器,服务器启用被动模式,指定数据端口,并等待客户端发起连接。被动模式在一定程度上减轻了服务器的压力。

被动模式 FTP 工作过程如下。

在建立控制通道时与主动模式类似。建立 FTP 连接时,客户端打开两个任意的非特权本地端口($N>1024$ 和 $N+1$)。第一个端口连接服务器的 21 端口,但与主动模式的 FTP 不同,客户端不会提交 PORT 命令让服务器回连它的数据端口,而是提交 PASV 命令。FTP 服务器打开一个任意的非特权端口 $P(1024<P<5000)$,并发送 PORT P 命令给客户端,通知客户端在 P 端口上传送数据。FTP 服务器不需要新建一个与客户端的连接。然后客户端发起从本地端口 $N+1$ 到服务器端口 P 的连接来传送数据。

连接过程如图 3-18 所示。标注的序号含义如下。

图 3-18 被动模式 FTP 连接步骤

(1) 客户端的命令端口与服务器的命令端口(21)建立连接,并发送命令 PASV。

(2) 服务器返回命令 PORT 2024。

(3) 客户端发起一个从自己的数据端口到服务器指定的数据端口(2024)的数据连接。

(4) 服务器给客户端的数据端口返回一个 ACK。

四、工具材料

- 在真实岗位中：已安装 Windows Server 2008 操作系统的服务器。
- 在虚拟实验中：VMware Workstation 8.0、Windows Server 2008 安装光盘。

五、任务实施

Windows Server 2008 中的 IIS 提供了 FTP 服务,但在默认情况下 FTP 服务是没有安装,需要管理员手动进行安装。在安装 Web 服务时已将 FTP 服务一并安装了,安装过程参考 IIS 服务器的安装,这里不再赘述。

FTP 服务架设

1. FTP 服务器的创建

创建 C:\myftp 文件夹,作为 FTP 的主目录,操作步骤如下。

(1) 选择"开始"→"管理工具"→"Internet 信息服务(IIS)管理器"菜单命令,打开"Internet 信息服务(IIS)管理器"控制台。展开控制台左侧窗格中的节点,右击"FTP 站点",在弹出的快捷菜单中选择"新建"→"FTP 站点"命令,打开"FTP 站点创建向导"对话框。

(2) 单击"下一步"按钮,打开"FTP 站点描述"对话框。在文本框中输入站点名称,这里输入 myftp,如图 3-19 所示。

图 3-19 "FTP 站点描述"对话框

(3) 单击"下一步"按钮,打开"IP 地址和端口设置"对话框。在"输入此 FTP 站点使用的 IP 地址"文本框中输入本机的静态 IP 地址 192.168.0.1。FTP 默认 TCP 端口是 21 端口,如图 3-20 所示。

(4) 单击"下一步"按钮,打开"FTP 用户隔离"对话框。这里选中"不隔离用户"单选按钮,以实现 FTP 站点的匿名访问。

(5) 单击"下一步"按钮,打开"FTP 站点主目录"对话框。在该对话框的"路径"文本框中输入 FTP 站点的主目录。这里输入 C:\myftp,如图 3-21 所示。

(6) 单击"下一步"按钮,打开"FTP 站点访问权限"对话框,这里勾选"读取""写入"两个复选框,使客户端能够下载与上传,如图 3-22 所示。

图 3-20 "IP 地址和端口设置"对话框

图 3-21 "FTP 站点主目录"对话框

图 3-22 "FTP 站点访问权限"对话框

（7）单击"下一步"按钮，打开"已完成 FTP 站点创建向导"对话框，单击"完成"按钮，结束 FTP 站点的创建。

2. FTP 服务器的测试

FTP 站点创建完成后，该站点处于"停止"状态，右击该站点，在弹出的快捷菜单中选择"启动"命令，启动该站点 FTP 服务，如图 3-23 所示。

打开 IE 浏览器，在地址栏中输入 ftp://192.168.0.1 并按 Enter 键，若打开图 3-24 所示的页面，表明 FTP 站点创建成功。

图 3-23 启动该站点 FTP 服务

图 3-24 IE 访问 FTP 站点

3. FTP 服务器的配置

1) 限制用户连接数

选择"开始"→"管理工具"→"Internet 信息服务(IIS)管理器"菜单命令,打开"Internet 信息服务(IIS)管理器"控制台。展开控制台左侧窗格中的节点,右击"FTP 站点",在弹出的快捷菜单中选择"属性"命令,打开"myftp 属性"对话框。

在"FTP 站点"选项卡中,选中"连接数限制为"单选按钮,在其后的文本框中输入最大的客户端连接数。这里输入 30,意味着该 FTP 站点最多有 30 个客户端连接,如图 3-25 所示。

图 3-25　限制用户连接数

2) 验证用户身份

在"myftp 属性"对话框的"安全账户"选项卡中,去掉"允许匿名连接"复选框的勾选,如图 3-26 所示。此时登录 FTP 站点,必须使用 Windows 用户账户和密码登录,如图 3-27 所示。

图 3-26　"安全账户"选项卡

3) 限制特定 IP 地址访问

在"myftp 属性"对话框的"目录安全性"选项卡中,选中"授权访问"单选按钮,然后单击"添加"按钮,打开"拒绝访问"对话框。在"拒绝访问"对话框中,设置被拒绝登录 FTP 站点的 IP 地址。可以是单个的 IP 地址，也可以是一个地址段，如图 3-28 所示。

图 3-27 用户名和密码登录

图 3-28 "拒绝访问"对话框

六、检查评议

具体评价方式、评价内容及评价标准见附录。

七、拓展提高

1. TCP 连接建立和终止时的状态含义

（1）CLOSED：表示初始状态。

（2）LISTEN：表示服务器端的某个 SOCKET 处于监听状态，可以连接了。

（3）SYN_RCVD：这种状态表示接收到了 SYN 报文，在正常情况下，这种状态是服务器的 SOCKET 在建立 TCP 连接时的三次握手会话过程中的一种中间状态，很短暂，基本上用 netstat 命令很难看到这种状态。因此，在这种状态下，收到客户端的 ACK 报文后，它会进入 ESTABLISHED 状态。

（4）SYN_SENT：这种状态与 SYN_RCVD 相呼应。当客户端 SOCKET 执行 CONNECT 连接时，它首先发送 SYN 报文，因此，它也会随即进入 SYN_SENT 状态，并等待服务器发送三次握手中的第二个报文。SYN_SENT 状态表示客户端已发送 SYN 报文。

（5）ESTABLISHED：表示连接已经建立。

（6）FIN_WAIT_1：FIN_WAIT_1 和 FIN_WAIT_2 状态的本质都是表示等待对方的 FIN 报文。两种状态的区别：FIN_WAIT_1 状态实际上是当 SOCKET 在 ESTABLISHED 状态时，它想主动关闭连接，向对方发送 FIN 报文，此时该 SOCKET 即进入 FIN_WAIT_1 状态。而当对方回应 ACK 报文后，则进入 FIN_WAIT_2 状态，当然在实际的正常情况下，无论对方何种情况下，都应该马上回应 ACK 报文，所以 FIN_WAIT_1 状态一般是比较难见到的，而 FIN_WAIT_2 状态常可以用 netstat 命令看到。

（7）FIN_WAIT_2：该状态下的 SOCKET，表示半连接，即一方要求关闭连接，但另外一方告诉它，"我暂时还有数据传给你，请稍后再关闭连接"。

（8）TIME_WAIT：表示收到对方的 FIN 报文，并发送出 ACK 报文，就等 2MSL（Maximum Segment Lifetime，报文最大生存时间）后即可回到 CLOSED 可用状态。如果 FIN_WAIT_1 状态下，收到对方同时带 FIN 标志和 ACK 标志的报文时，可以直接进入 TIME_WAIT 状态，而无须经过 FIN_WAIT_2 状态。

（9）CLOSING：这种状态比较特殊，属于一种比较罕见的例外状态。正常情况下，当发送 FIN 报文后,按理说应该先收到(或同时收到)对方的 ACK 报文,再收到对方的 FIN 报文。但是 CLOSING 状态表示发送 FIN 报文后,并没有收到对方的 ACK 报文,反而却也收到了对方的 FIN 报文。什么情况下会出现这种情况呢?就是如果双方几乎在同时关闭一个 SOCKET 的话,那么就出现了双方同时发送 FIN 报文的情况,也即会出现 CLOSING 状态,表示双方都正在关闭 SOCKET 连接。

(10) CLOSE_WAIT:这种状态的含义表示在等待关闭。当对方关闭一个 SOCKET 后发送 FIN 报文给你,你的系统毫无疑问地会回应一个 ACK 报文给对方,此时则进入 CLOSE_WAIT 状态。接下来,实际上你真正需要考虑的事情是,你是否还有数据发送给对方,如果没有,那么你也就可以关闭这种 SOCKET,发送 FIN 报文给对方,也即关闭连接。所以在 CLOSE_WAIT 状态下,需要完成的事情是等待你去关闭连接。

(11) LAST_ACK:这种状态是被动关闭一方在发送 FIN 报文后,最后等待对方的 ACK 报文。当收到 ACK 报文后,也即可以进入 CLOSED 可用状态。

2. FTP 两种模式比较

主动模式 FTP 对 FTP 服务器的管理有利,但对客户端的管理不利。因为 FTP 服务器企图与客户端的高位随机端口建立连接,而这个端口很有可能被客户端的防火墙阻塞。

被动模式 FTP 对 FTP 客户端的管理有利,但对服务器的管理不利。因为客户端要与服务器建立两个连接,其中一个连到高位随机端口,而这个端口很有可能被服务器端的防火墙阻塞。

被动模式 FTP 解决了客户端的许多问题,但同时给服务器带来了更多的问题。最大的问题是需要允许从任意远程终端到服务器高位端口的连接。所以,FTP 服务器管理员需要指定 FTP 服务器使用的端口范围,以减小服务器高位端口的暴露,不在这个范围的任何端口会被服务器的防火墙阻塞,减少了危险。

3. FTP 客户端两种模式的支持

大多数 FTP 客户端默认使用被动模式(PASV 模式),少数 FTP 客户端不支持被动模式。许多人习惯用 Web 浏览器作为 FTP 客户端,大多数浏览器只在访问 ftp://这样的 URL 时才支持被动模式,IE 浏览器默认使用主动模式(PORT 模式)。

在大部分 FTP 客户端的设置里,能够找到 PASV 或"被动模式"等文字,极少见到 PORT 或"主动模式"等字眼。因为取消 PASV 模式,就意味着使用 PORT 模式。常用 FTP 客户端被动模式 FTP 的设置如下。

(1) IE 浏览器:"工具"→"Internet 选项"→"高级"→"设置"→"使用被动 FTP"。

(2) CuteFTP:Edit→Setting→Connection→Firewall→PASV Mode 或 File→Site Manager→在左边选中"站点"→Edit→Use PASV mode。

CuteFTP 默认先使用被动模式连接(可以在全局设置中修改),如果被动传输失败,会自动尝试使用主动模式。

(3) FlashGet:"工具"→"选项"→"代理服务器"→"直接连接"→"编辑"→"PASV 模式"。

(4) FlashFXP:"选项"→"参数选择"→"代理/防火墙/标识"→"使用被动模式",或"站点管理"→"对应站点"→"选项"→"使用被动模式",或"快速连接"→"切换"→"使用被动模式"。

4. 匿名 FTP

匿名 FTP 用户无须成为注册用户即可连接到 FTP 服务器,下载文件的一种机制。FTP 服务器维护着一个特殊的账号 anonymous,供匿名用户登录。

匿名 FTP 连接时,要求输入 anonymous,口令可以是任意的字符串。习惯上,用自己的 E-mail 地址作为口令,使系统维护程序能够记录谁在存取文件。

FTP 服务器提供匿名 FTP 服务时,会指定某些目录向公众开放,允许匿名存取。作为一种安全措施,大多数匿名 FTP 主机都允许用户下载文件,限制上传文件。

任务 3.2　构建与应用 DNS、DHCP 服务

任务 3.2.1　架设和配置 DNS 服务器

一、任务描述

公司已经申请了域名 spring.com.cn。完成 Web 服务器与 FTP 服务器架设后,继续架设 DNS 服务器,实现域名和 IP 地址之间的解析。

二、任务分析

在 Internet 应用服务中,IP 地址不便于记忆,可以借助 DNS 简化服务的使用。在 DNS 服务器上,需要配置 DNS 服务器,添加资源记录等。

本任务计划如下。

(1) DNS 服务器的安装与启动。

(2) 正向查找区域的创建。

(3) 反向查找区域的创建。

(4) 添加资源记录。

三、知识准备

DNS 协议位于应用层,传输层的 UDP 支持 DNS 协议。

(一) UDP 功能

UDP(User Datagram Protocol,用户数据报协议)是一种无连接的传输层协议,提供面向事务的简单不可靠信息传输服务。IETF RFC 768 是 UDP 的正式规范。UDP 在 IP 报文的协议号是 17。UDP 支持的应用层协议主要有 DNS(域名系统)、NFS(网络文件系统)、SNMP(简单网络管理协议)、TFTP(通用文件传输协议)等。

UDP 不提供流量控制、差错恢复功能,报文传输顺序的检查与排序由应用层完成。但是,UDP 资源消耗小,处理速度快,在可靠性要求不高、传输经济方面得到应用,是分发信息的理想协议,如 RIP 协议中修改路由表、Progressive Networks 公司的 RealAudio audio-on-demand protocol 协议、VoIP、即时通信 ICQ 和 QQ 也都运行在 UDP 之上。

(二) UDP 报文格式

每个 UDP 报文分 UDP 报头和 UDP 数据两部分。报头由四个 16 位长(2 字节)字段组

成,分别表示报文的源端口、目的端口、报文长度及校验和,如图 3-29 所示。

(1) 源端口、目的端口:都是 2 字节,存放端口号,有效范围为 0~65535。一般来说,大于 49151 的端口号都代表动态端口。

(2) 数据报长度:2 字节,包括报头和数据部分的总字节数。报头的长度是固定的,可变长度的是数据部分(又称为数据负载)。数据报最大长度为 65535 字节。实际应用会受到限制,有时会降低到 8192 字节。

图 3-29 UDP 报头格式

(3) 校验和:2 字节。校验和首先在数据发送方通过特殊的算法计算得出,传递到接收方后再重新计算。如果某个数据报在传输过程中被第三方篡改,或由于线路噪声等原因受到损坏,发送方和接收方的校验计算值不相符,那么,UDP 会把损坏的数据报丢弃,或者给应用程序发送警告信息。

(三) UDP 特性

(1) UDP 不建立连接,而是尽最大努力交付,因此服务器不需要维持复杂的链接状态表,可同时向多个客户端传输相同的消息。

(2) UDP 对应用层交付的数据,只添加首部,向下交付给 IP 层。既不拆分也不合并,因此,应用程序需要选择合适的报文大小。

(3) UDP 报文头部很短,只有 8 字节,相对于 TCP 的 20 字节的额外开销很小,速度快。

(4) 吞吐量不受拥塞控制算法的调节,只受应用程序生成数据的速率、传输带宽、源端和终端主机性能的限制。

(四) DNS 概念

DNS(Domain Name System,域名系统)由解析器和域名服务器组成。域名服务器是指保存该网络中所有主机的域名和对应 IP 地址,并具有将域名与 IP 地址相互转换功能的服务器。其中,域名必须对应一个 IP 地址,而 IP 地址不一定有域名。在使用中,域名服务器为 C/S 模式中的服务器方,主要有两种形式,即主服务器和转发服务器。将域名映射为 IP 地址的过程称为域名解析。

(五) 域名结构

DNS 结构采用分层的原则,类似目录树的等级结构,分为根域、顶级域、二级域和主机,如图 3-30 所示。

1. 根域

根域是 DNS 的最上层,当下层的任何一台 DNS 服务器无法解析一个 DNS 名称时,可以向根域的 DNS 寻求协助。理论上,只要所查找的主机按规定注册,那么无论它位于何处,从根域的 DNS 服务器往下层查找,一定可以解析出它的 IP 地址。

2. 顶级域

顶级域名包括两大类,即国家及地区代码顶级域名(country code Top-Level Domain,ccTLD)与通用顶级域名(generic Top-Level Domain,gTLD)。ccTLD 中的顶级域的命名以

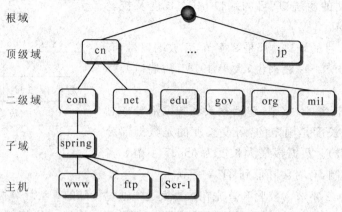

图 3-30 域名结构示意图

ISO 3116 所定制的国家码来区分,如 cn 为中国、jp 为日本、kr 为韩国等,如图 3-30 所示。但在美国,很少用 us 来当成顶级域名,而是省略,直接用二级域名。ccTLD 中的二级域名可以看作 gTLD 中的顶级域名。这一点读者应注意。

3. 二级域

二级域是整个 DNS 中最重要的部分,以"组织性质"来区分,有 com、net、edu、gov、org、mil 等。com 表示商业组织,net 表示网络组织,edu 表示教育机构,gov 表示政府组织,org 表示非营利组织,mil 表示军事部门等。在二级域名之下,供所有人申请,如.spring.com.cn。

4. 主机

最后一级是主机,由各个域内部自行建立,不需要通过公共管理域名的机构,如可以在.spring.com.cn 域下再建立 www.spring.com.cn、ftp.spring.com.cn 等主机。

(六)资源记录类型

域名服务器资源记录类型如表 3-1 所示。

表 3-1 域名服务器资源记录类型

资源记录	说明
SOA(起始授权机构)	定义该域中的主域名服务器,指定区域的起点。它所包含的信息有区域名、区域管理员电子邮件地址,以及指示辅助服务器如何更新区域数据文件的设置等
NS(名称服务器)	指定负责给定区域的名称服务器。表示某区域的主域名服务器和 SOA 中指定的该区域的主服务器和辅助服务器
A(主机)	列出了区域中 FQDN 到 IP 地址的映射。特定主机名的 IP 地址是名称解析的重要记录
CNAME(别名)	多个名字映射到单一主机(主机名的别名),便于用户访问
PTR(指针)	相对于 A 资源记录,PTR 记录把 IP 地址映射到 FQDN
MX(邮件交换器)	列出了负责接收发到域中的电子邮件的主机名
SRV(服务)	列出了哪些服务器正在提供特定的服务

(七)查询模式

DNS 客户端查询时,将欲访问的域名发送给 DNS 服务器,由服务器查询 DNS 数据库,并将对应的 IP 地址反馈给客户端。DNS 查询模式有两种,即递归查询和迭代查询。

1. 递归查询

递归查询(Recursive Query)是指 DNS 客户端发出查询请求后,如果本地域名服务器没有所需的数据,则本地域名服务器会向根域名服务器发出查询请求,根域名服务器向顶级域名服务器发出查询请求。依此类推,查询结果的返回,依照相反的顺序,由本地域名服务器给客户端。一般由 DNS 客户端提出的查询请求都是递归查询方式,如图 3-31 所示。

图 3-31　本地域名服务器递归查询

2. 迭代查询

迭代查询(Iterative Query)多用于 DNS 服务器之间的查询。当 DNS 客户端向本地域名服务器提出查询请求后,如果本地域名服务器内没有所需要的数据,本地域名服务器会向根域名服务器提出查询请求,根域名服务器返回顶级域名服务器的 IP 给本地域名服务器,本地域名服务器再向顶级域名服务器提出查询请求。依此类推,直至找到对应的 IP 为止。本地域名服务器通知客户端,如图 3-32 所示。

图 3-32　本地域名服务器迭代查询

主机向本地域名服务器的查询一般都是递归查询,本地域名服务器向根域名服务器查询时,优先采用迭代查询。

（八）正向查询和反向查询

由 DNS 客户端提出的主机域名查询对应的 IP 地址称为正向查询，这是最常用的查询。反向查询是依据 DNS 客户端提供的 IP 地址来查询对应的主机名。由于 DNS 名字空间中域名与 IP 地址之间无法建立直接对应关系，所以必须在 DNS 服务器内创建一个反向查询的区域，该区域名称的最后部分为 in-addr.arpa。反向查询会占用大量的系统资源，从而给网络带来不安全，通常不提供。

四、工具材料

- 在真实岗位中：已安装 Windows Server 2008 操作系统的服务器。
- 在虚拟实验中：VMware Workstation 8.0、Windows Server 2008 安装光盘。

五、任务实施

（一）DNS 服务器的安装与启动

1. DNS 服务器的安装

DNS 服务器架设

（1）在 Windows Server 2008 中，选择"开始"→"管理工具"→"服务器管理器"菜单命令，打开"服务器管理器"控制台。单击"服务器管理器"控制台左侧窗格中"角色"节点，如图 3-33 所示。

图 3-33 "服务器管理器"控制台"角色"节点

（2）在右侧窗格中单击"添加角色"按钮，打开"添加角色向导"对话框。单击"下一步"按钮，在打开的"选择服务器角色"对话框中，选中"DNS 服务器"复选框，如图 3-34 所示。

（3）单击"下一步"按钮，打开"DNS 服务器"对话框。该对话框显示的是 DNS 服务器简介和注意事项。单击"下一步"按钮，打开"确认安装选择"对话框，如图 3-35 所示。

图 3-34 "选择服务器角色"对话框

图 3-35 "确认安装选择"对话框

(4) 单击"安装"按钮,开始安装 DNS 服务器,安装完成后出现图 3-36 所示"安装结果"对话框。单击"关闭"按钮,完成 DNS 服务器的安装。

2. DNS 服务器的启动和停止

在 Windows Server 2008 中,选择"开始"→"管理工具"→DNS 菜单命令,打开"DNS 管理器"控制台。在"DNS 管理器"控制台左侧窗格中,右击服务器 WIN2008-1,在弹出的快捷

图 3-36 "安装结果"对话框

菜单中选择"所有任务"→"启动"命令,就可以启动 DNS 服务器。若想停止 DNS 服务器,可在以上步骤中选择"所有任务"→"停止"命令。

(二) DNS 服务器的配置

1. 正向主要区域的创建

(1) 选择"开始"→"管理工具"→DNS 菜单命令,打开"DNS 管理器"控制台,展开左侧窗格中的服务 WIN2008-1 节点。

(2) 右击"正向查找区域",在弹出的快捷菜单中选择"新建区域"命令,如图 3-37 所示,打开"新建区域向导"对话框。

图 3-37 右击"正向查找区域"

(3) 在"新建区域向导"对话框中单击"下一步"按钮,打开"区域类型"对话框,如图 3-38 所示,选中"主要区域"单选按钮。

图 3-38 选中"主要区域"单选按钮

(4) 单击"下一步"按钮,打开"区域名称"对话框,输入正向主要区域的名称。区域名称以域名表示,这里输入 spring.com.cn,如图 3-39 所示。

图 3-39 "区域名称"对话框

(5) 单击"下一步"按钮,打开"区域文件"对话框,创建新的区域文件或使用现存的区域文件,这里选择默认设置,如图 3-40 所示。区域文件用以保存区域资源记录。

(6) 单击"下一步"按钮,打开"动态更新"对话框,选择默认选项,即"不允许动态更新"单选按钮,如图 3-41 所示。

(7) 单击"下一步"按钮,打开"正在完成新建区域向导"对话框,然后单击"完成"按钮,结束正向主要区域的创建。返回"DNS 管理器"控制台,单击左侧窗格中的"正向查找区域"→ spring.com.cn 选项,可以查看区域资源记录,如图 3-42 所示。

2. 反向主要区域的创建

(1) 选择"开始"→"管理工具"→DNS 菜单命令,打开"DNS 管理器"控制台,展开左侧

图 3-40 "区域文件"对话框

图 3-41 "动态更新"对话框

图 3-42 查看区域资源记录

窗格中的服务 WIN2008-1 节点。右击"反向查找区域",在弹出的快捷菜单中选择"新建区域"命令,打开"新建区域向导",如图 3-43 所示。

图 3-43 "新建区域向导"对话框

(2) 在"新建区域向导"对话框中单击"下一步"按钮,打开"区域类型"对话框,选中"主要区域"单选按钮。

(3) 单击"下一步"按钮,打开"反向查找区域名称"对话框,选中"IPv4 反向查找区域"单选按钮,如图 3-44 所示。

图 3-44 "反向查找区域名称"对话框(1)

(4) 单击"下一步"按钮,在"反向查找区域名称"对话框中输入反向查找区域的网络 ID。这里在"网络 ID"文本框中输入 192.168.0,如图 3-45 所示。

(5) 单击"下一步"按钮,打开"区域文件"对话框,这里选择默认选项"创建新文件,文件名为 0.168.192.in-addr.arpa.dns"单选按钮,如图 3-46 所示。

(6) 单击"下一步"按钮,打开"动态更新"对话框,保持默认选项,即"不允许动态更新"单选按钮。

(7) 单击"下一步"按钮,打开"正在完成新建区域向导"对话框,然后单击"完成"按钮,结束反向主要区域的创建。

图 3-45 "反向查找区域名称"对话框(2)

图 3-46 "区域文件"对话框

3. 资源记录的创建与测试

1) 新建主机记录

选择"开始"→"管理工具"→DNS 菜单命令,打开"DNS 管理器"控制台,展开左侧窗格中的服务器和正向查找区域节点。右击区域 spring.com.cn,在弹出的快捷菜单中选择"新建主机"命令,如图 3-47 所示。在打开的"新建主机"对话框中,输入名称和 IP 地址,同时勾选"创建相关的指针(PTR)记录"复选框,如图 3-48 所示。这里名称输入 www,IP 地址输入 192.168.0.1。

单击"添加主机"按钮,出现"成功创建了主机记录"对话框,单击"确定"按钮,结束主机记录的创建。

也可先添加主机记录,再添加别名记录。重复同样的步骤,添加 ftp、mail 等主机记录。

图 3-47 选择"新建主机"命令

图 3-48 "新建主机"对话框

2）新建条件转发器

DNS 服务器将自己无法解析的 DNS 查询转发给网络外的 DNS 服务器。DNS 条件转发器的配置如下。

在"DNS 管理器"控制台的左侧窗格中，右击"条件转发器"，在弹出的快捷菜单中选择"新建条件转发器"命令，如图 3-49 所示。在打开的"新建条件转发器"对话框中输入转发的 DNS 域名，等网络验证之后，单击"确定"按钮，如图 3-50 所示。

3）DNS 服务器的测试

DNS 服务器的测试一般使用 ping 命令和 nslookup 命令。选择"开始"→"运行"菜单命

图 3-49 选择"新建条件转发器"命令

图 3-50 "新建条件转发器"对话框

令,在弹出的"运行"对话框中输入 cmd,按 Enter 键。在打开的命令提示符后输入相应的测试命令:

```
>ping www.spring.com.cn       ;正向解析出对应的 IP 地址
>nslookup
   >www.spring.com.cn         ;正向解析出对应的 IP 地址
   >ftp.spring.com.cn         ;正向解析出对应的 IP 地址
   >exit                      ;退出 nslookup
```

六、检查评议

具体评价方式、评价内容及评价标准见附录。

七、拓展提高

1. DNS 根域名服务器

根域名服务器主要用来管理互联网的主目录,全世界只有 13 台。1 台主根域名服务器,放置在美国。其余 12 台均为辅根域名服务器,其中 9 台放置在美国,欧洲 2 台,亚洲 1 台,位于日本。所有根域名服务器均由美国政府授权的 ICANN(Internet Corporation for Assigned Names and Numbers,互联网名称与数字地址分配机构)统一管理,负责全球互联网根域名服务器、域名体系和 IP 地址等的管理。

根域名服务器是世界上域名服务器的基础,任何域名解析都要经过这 13 台根域名服务器获得顶级索引。从理论上说,根域名服务器负责管理世界各国的域名信息,一个域名首先经过根域数据库的解析后才能转到顶级域名服务器进行解析。

2. 我国域名镜像服务器

我国在 2003 年有了第一台域名镜像服务器——F 根镜像,这是由 ISC 和中国电信共同建立的。2005 年,I 根的管理机构 Autonomica 在 CNNIC 设立了我国第二台根镜像服务器。2006 年,原中国网通与美国 Verisign 公司开通 J 根的镜像服务器。此外,CNNIC 于 2012 年又部署了国内第一个 L 根镜像节点。这四个根的镜像节点也成为我国境内 DNS 查询请求最主要的根域名服务器节点。

尽管如此,镜像仅是把一台服务器上的文件复制到另外的服务器,根域名的最终控制权还是被美国垄断。

3. 查询操作系统中的根域名服务器

目前全世界的独立根域名服务器信息,在 Windows Server 2008 等网络操作系统中可以查看到。在 Windows Server 2008 操作系统中操作过程如下。

选择"开始"→"程序"→"管理工具"→DNS 菜单命令,在"DNS 管理器"控制台中选中 DNS 服务器的"计算机名",右击"属性"→"根提示",即可查询到根目录服务器的服务器名和 IP 地址。

任务 3.2.2 架设和配置 DHCP 服务器

一、任务描述

为了满足笔记本电脑移动办公,避免频繁配置静态 IP,公司请用户部署 DHCP 服务。

二、任务分析

企业移动办公,经常采用从网络自动获取 IP 地址的方法,不必每次都要配置不同的静态 IP 地址。为了实现该需求,需要在企业内部架设 DHCP 服务器。

本任务中,重点在于完成 WIN2008-1 服务器上的 DHCP 部署。规划 IP 地址如下:地址池为 192.168.0.1~192.168.0.254,地址租用期限为 8 天。排除地址(不租给客户用的 IP)为 192.168.0.1~192.168.0.100(作为服务器、PC 等的静态 IP 地址)和 192.168.0.201~192.168.0.254(备用)。

本任务计划如下。

(1) 安装 DHCP 服务器。

(2) 创建 DHCP 作用域。

(3) 激活作用域。

(4) 测试 DHCP。

三、知识准备

(一) DHCP

DHCP(Dynamic Host Configuration Protocol,动态主机分配协议)是应用层协议,主要作用是给申请动态 IP 地址的客户端分配一个临时 IP 地址,简化主机 IP 地址分配管理。

传输层的 UDP 支持 DHCP。DHCP 报文是 UDP 用户数据报的数据,加上 UDP 头部、IP 数据报头部以及以太网的 MAC 帧的头部和尾部,才能在链路上传送。

客户端获取 IP 地址时,DHCP 服务器从地址池里临时分配一个 IP 地址给客户端。每次客户端获得的 IP 地址可能不一样,因为客户端不在网络上时,服务器会收回 IP 地址,再分配给申请 IP 的其他客户端。这样可以有效节约 IP 地址资源,提高 IP 地址的使用率。

(二) 名称解释

1. 作用域

作用域是用于网络 IP 地址的完整、连续范围。通常定义提供 DHCP 服务的单独物理子网。为服务器提供管理 IP 地址的分配,以及与客户相关的配置方法。

2. 排除地址范围

作用域内从 DHCP 服务中排除的 IP 地址范围,确保不提供给 DHCP 客户端。

3. 地址池

在定义 DHCP 作用域,并应用排除范围之后,剩余的地址范围。

4. 租约期限

租约期限是指 DHCP 客户端,从 DHCP 服务器获得的完整的 TCP/IP 配置后,对该 TCP/IP 配置的使用时间。

(三) DHCP 工作原理

DHCP 客户端从 DHCP 服务器获得 TCP/IP 配置信息的工作过程分为四步。DHCP 客户端 UDP 68 端口与服务器 UDP 67 端口通信的过程如图 3-51 所示。

1. DHCP 发现(DHCP Discover)

当计算机自动获取 IP 地址时,既不知道自己的 IP 地址,也不知道 DHCP 服务器的 IP 地址。使用 0.0.0.0 作为自己的 IP 地址,255.255.255.255

图 3-51　DHCP 工作过程

作为服务器的 IP 地址,广播发送 DHCP 发现信息,发现信息中包括网卡的 MAC 地址和 NetBIOS 名称。

当发送第一个 DHCP 发现信息后,DHCP 客户端等待 1 秒时间。如果没有 DHCP 服务器响应,DHCP 客户端将分别在第 9 秒、第 13 秒和第 16 秒时重复发送 DHCP 发现信息。如果仍然没有得到 DHCP 服务器的应答,将每隔 5 秒再广播一次发现信息,直至得到一个应答为止。同时客户端将自动从 Microsoft 保留 IP 地址段(169.254.0.1～169.254.255.254)中选择一个作为自己的 IP 地址。所以,即使在网络中没有 DHCP 服务器,计算机之间仍然可能通过网上邻居发现彼此。

2. DHCP 提供(DHCP Offer)

当 DHCP 服务器收到 DHCP 发现信息后,就从 IP 地址池中选取一个没有出租的 IP 地址并保留,再利用广播方式提供给 DHCP 客户端。

如果网络中有多台 DHCP 服务器都收到了 DHCP 客户端的 DHCP 发现信息,同时这些 DHCP 服务器都广播一个应答信息给该 DHCP 客户端时,则 DHCP 客户端将从收到应答信息的第一台 DHCP 服务器中获取 IP 地址及其配置。

提供应答信息是 DHCP 服务器发给 DHCP 客户端的第一个响应,包含 IP 地址、子网掩码、租用期(以小时为单位)和提供响应的 DHCP 服务器的 IP 地址。

3. DHCP 请求(DHCP Request)

当 DHCP 客户端收到第一个应答信息后,将以广播方式发送 DHCP 请求信息给网络中所有的 DHCP 服务器。既通知已选择的 DHCP 服务器,也通知没有被选中的 DHCP 服务器,以便这些 DHCP 服务器释放原本保留的 IP 地址,供其他 DHCP 客户端使用。在 DHCP 请求信息中包含所选择 DHCP 服务器的 IP 地址。

4. DHCP 应答(DHCP ACK)

一旦被选择的 DHCP 服务器接收到 DHCP 客户端的 DHCP 请求信息后,就将已保留的 IP 地址标识为已租用,并以广播方式发送 DHCP 应答信息给 DHCP 客户端。该 DHCP 客户端在接收 DHCP 应答信息后,IP 地址的获得过程完成,并利用该 IP 地址与网络中的其他计算机进行通信。

(四) IP 租约的更新与释放

1. IP 地址的租期超过一半时

当 IP 地址的租期到达一半的时间时,DHCP 客户端会向 DHCP 服务器发送(非广播方式)DHCP 请求信息,以便续租该 IP 地址。当续租成功后,DHCP 客户端将开始新的租用周期。

而当续租失败后,DHCP 客户端仍然可以继续使用原来的 IP 地址及其配置,但是该 DHCP 客户端将在租期到达 87.8%时再次利用广播方式发送 DHCP 请求信息,以便找到一台可以继续提供租期的 DHCP 服务器。

如果续租仍然失败,则该 DHCP 客户端会立即放弃其正在使用的 IP 地址,以便重新向 DHCP 服务器获得一个新的 IP 地址(需要进行完整的 4 个过程)。

2. DHCP 客户端重新启动时

不管 IP 地址的租期有没有到期,当每次启动 DHCP 客户端时,都会自动利用广播的方式,给网络中所有的 DHCP 服务器发送一个 DHCP 请求信息,以便请求该 DHCP 客户端继续使用原来的 IP 地址及其配置。如果此时没有 DHCP 服务器对此请求应答,而原来 DHCP 客户端的租期还没有到期时,DHCP 客户端还是继续使用该 IP 地址。

四、工具材料

- 在真实岗位中：已安装 Windows Server 2008 操作系统的服务器。
- 在虚拟实验中：VMware Workstation 8.0、Windows Server 2008 安装光盘。

五、任务实施

（一）DHCP 服务器的安装与启动

1. DHCP 服务器的安装

（1）在 Windows Server 2008 中，选择"开始"→"管理工具"→"服务器管理器"菜单命令，打开"服务器管理器"控制台。单击左侧窗格中"角色"节点，在右侧窗格中单击"添加角色"按钮，打开"添加角色向导"界面。

DHCP 服务器架设

（2）单击"下一步"按钮，在打开的"选择服务器角色"对话框中，选中"DHCP 服务器"复选框，如图 3-52 所示。

图 3-52 "选择服务器角色"对话框

（3）单击"下一步"按钮，打开"DHCP 服务器"对话框。该对话框显示的是 DHCP 服务器简介和注意事项。

（4）单击"下一步"按钮，打开"选择网络连接绑定"对话框，默认绑定到当前 DHCP 服务器的 IP 地址。

（5）单击"下一步"按钮，打开"指定 IPv4 DNS 服务器设置"对话框，在文本框中设置父域、DNS 服务器的 IPv4 地址，如图 3-53 所示。

（6）单击"下一步"按钮，打开"指定 IPv4 WINS 服务器设置"对话框，可以指定网络中是否需要 WINS 服务，选中"此网络上的应用程序不需要 WINS"单选按钮，如图 3-54 所示。

图 3-53 "指定 IPv4 DNS 服务器设置"对话框

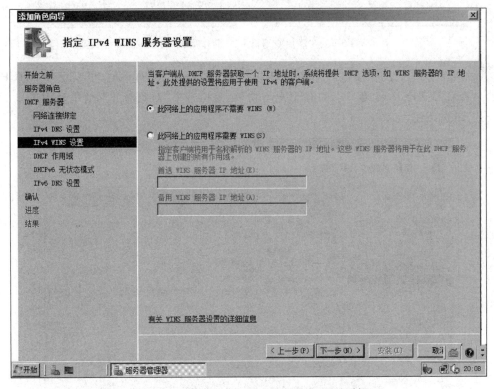

图 3-54 "指定 IPv4 WINS 服务器设置"对话框

（7）单击"下一步"按钮，打开"添加或编辑 DHCP 作用域"对话框，可以添加 DHCP 的作用域。如果不添加作用域，也可以在 DHCP 服务安装完成后，在 DHCP 服务控制台添加，如图 3-55 所示。

图 3-55 "添加或编辑 DHCP 作用域"对话框

（8）单击"下一步"按钮，打开"配置 DHCPv6 无状态模式"对话框，可以设置 DHCP 服务器是否启用支持 IPv6 客户端的 DHCPv6 协议，这里选中"对此服务器禁用 DHCPv6 无状态模式"单选按钮，如图 3-56 所示。

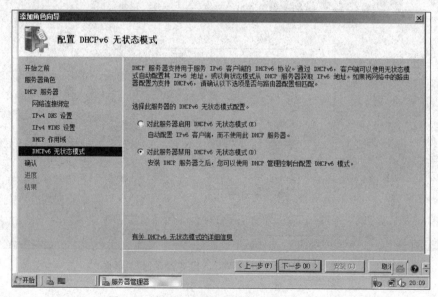

图 3-56 "配置 DHCPv6 无状态模式"对话框

(9) 单击"下一步"按钮,打开"确认安装选择"对话框,显示该 DHCP 服务器的配置信息,核对无误后,单击"安装"按钮。安装完成后出现"安装结果"对话框,如图 3-57 所示。单击"关闭"按钮,完成 DHCP 服务的安装。

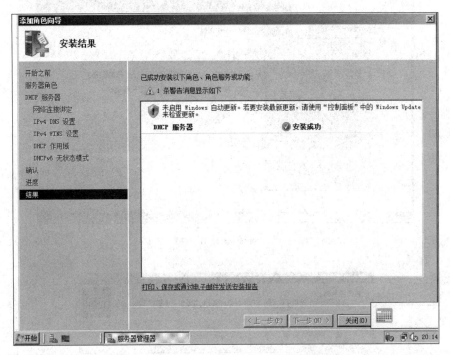

图 3-57 "安装结果"对话框

2. DHCP 服务器的启动和停止

在 Windows Server 2008 中,选择"开始"→"管理工具"→DHCP 菜单命令,打开 DHCP 控制台。在 DHCP 控制台左侧窗格中,右击服务器 WIN2008-1,在弹出的快捷菜单中选择"所有任务"→"启动"或"停止"命令,就可以启动或停止 DHCP 服务器。

(二) DHCP 服务器的配置

1. 创建 DHCP 作用域

(1) 选择"开始"→"管理工具"→DHCP 命令,打开 DHCP 控制台,右击 DHCP 控制台左侧窗格中的 IPv4,在弹出的快捷菜单中选择"新建作用域"命令,如图 3-58 所示。

(2) 在弹出的"欢迎使用新建作用域向导"对话框中单击"下一步"按钮,打开"作用域名称"对话框,在文本框中输入作用域的名称和描述,如图 3-59 所示。

(3) 单击"下一步"按钮,打开"IP 地址范围"对话框。在"起始 IP 地址"和"结束 IP 地址"的文本框中输入相应的 IP 地址(192.168.0.1~192.168.0.254)。子网掩码默认为 255.255.255.0,默认长度为 24,如图 3-60 所示。

(4) 单击"下一步"按钮,打开"添加排除"对话框,可以将作用域中不分配给客户端的 IP 地址排除,既可以排除单个 IP 地址,也可以排除连续的地址段,如图 3-61 所示,输入连续地址段 192.168.0.1~192.168.0.100、192.168.0.201~192.168.0.254,单击"添加"按钮,即从 DHCP 地址池中排除了 192.168.0.1~192.168.0.100、192.168.0.201~192.168.0.254。

图 3-58　选择"新建作用域"命令

图 3-59　"作用域名称"对话框

图 3-60　"IP 地址范围"对话框

图 3-61 "添加排除"对话框

（5）单击"下一步"按钮，打开"租用期限"对话框，可以设置 IP 地址租给客户端使用的时间期限，默认是 8 天，也可以根据具体需求进行调整，如图 3-62 所示。

图 3-62 "租用期限"对话框

（6）单击"下一步"按钮，打开"配置 DHCP 选项"对话框，选中"是，我想现在配置这些选项"单选按钮，如图 3-63 所示。

（7）单击"下一步"按钮，打开"路由器（默认网关）"对话框，在该对话框的文本框中输入网关的 IP 地址 192.168.0.254，单击"添加"按钮，如图 3-64 所示。

（8）单击"下一步"按钮，打开"域名称和 DNS 服务器"对话框，在该对话框的"父域"文本框中输入父域的域名 spring.com.cn。在 DNS 的 IP 地址文本框中输入 DNS 的 IP 地址 192.168.0.1，如图 3-65 所示。

图 3-63 "配置 DHCP 选项"对话框

图 3-64 "路由器(默认网关)"对话框

图 3-65 "域名称和 DNS 服务器"对话框

(9) 单击"下一步"按钮,打开"WINS 服务器"对话框,WINS 用来登记 NetBIOS 计算机名,并在需要时将它解析为 IP 地址。由于网络中没有配置 WINS 服务器,这里不输入,如图 3-66 所示。

图 3-66 "WINS 服务器"对话框

(10) 单击"下一步"按钮,打开"激活作用域"对话框,选中"是,我想现在激活此作用域"单选按钮,如图 3-67 所示。

图 3-67 "激活作用域"对话框

(11) 单击"下一步"按钮,打开"正在完成新建作用域向导"对话框,单击"完成"按钮,完成作用域的创建。

2. DHCP 客户端的配置与测试

1) DHCP 客户端的配置

在客户端"控制面板"中,打开"本地连接属性"→"Internet 协议版本 4(TCP/IP)属性",将 TCP/IP 地址设置为"自动获得 IP 地址"。

2) DHCP 客户端的测试

在客户端中,选择"开始"→"运行"命令,在弹出的对话框中输入 cmd,按 Enter 键打开命令提示符界面。在命令提示符下,输入 ipconfig /all 后按 Enter 键,可以查看当前本机的网络连接配置。输入 ipconfig /renew 后按 Enter 键,可以更新 IP 地址。输入 ipconfig /release 后按 Enter 键,可以释放 IP 地址。

```
>ipconfig /all             ;查看本机获取的 IP 地址等信息
>ipconfig /renew           ;重新获取 IP 地址等
>ipconfig /release         ;释放 IP 地址等
```

六、检查评议

具体评价方式、评价内容及评价标准见附录。

七、拓展提高

1. 跨网段 DHCP

跨网段 DHCP 是指一台 DHCP 服务器给多个子网提供 IP 地址配置信息,从而节约资源、提高网络的管理效率。启用 Windows Server 2008 服务器系统内置的中继代理功能,可以实现一个子网的 DHCP 服务器为多个不同子网提供 IP 地址分配服务。

2. DHCP 中继代理的工作原理

DHCP 客户端获取 IP 地址是通过网络广播方式进行的,但广播消息是不能跨越子网的,因此,在另一个网络的客户端不能获得 DHCP 服务器的 IP 地址。DHCP 中继代理可以解决这个问题。安装了 DHCP 中继代理的计算机称为 DHCP 中继代理服务器,它承担不同子网间的 DHCP 客户端和服务器的通信任务。

中继代理将它连接的其中一个物理接口(如网卡)上广播的 DHCP/BOOTP 消息中转到另一物理接口连接的其他子网,实现单一 DHCP 服务器为多个网络服务。具体工作原理如下。

(1) DHCP 客户端广播一条消息。

(2) DHCP 中继代理服务器把收到报文的接口对应的 IP 地址放到消息的 giaddr(网关地址)域中,然后单目广播至 DHCP 服务器。

(3) DHCP 服务器给中继代理返回应答,应答包括客户端所请求相同的 giaddr 域。

(4) 中继代理从 giaddr 域中 IP 地址对应的接口中广播应答,转发给 DHCP 客户端。

项 目 回 顾

本项目涉及网络操作系统 Windows Server 的服务安装,重点在于 WWW、FTP、DNS、DHCP 服务的配置和管理。

在基础知识上应用了 TCP、UDP、HTTP、FTP、DNS 域名解析、DHCP。

职业资格度量

一、选择题

1. 安装 DNS 服务器时,一般要求该服务器 IP 地址设置(　　)。

　　A. 自动获取 IP 地址　　　　　　　　　B. 与网关 IP 地址一致

C. 与域控制器 IP 地址一致　　　　　D. 静态 IP 地址

2. DHCP 服务器可以向 DHCP 客户端分配(　　)。

　　A. 计算机名　　B. 用户账号　　C. 共享资源　　D. IP 地址

3. 如果要限制用户对 Web 站点的访问,可以启用(　　)。

　　A. Cookies 功能　　　　　　　　B. ActiveX 功能

　　C. 活动脚本　　　　　　　　　　D. Windows 身份验证

4. 当用户浏览网页没有指定文档名时,Web 服务器会把事先设定的文档返回给用户,这个文档就是(　　)文档。

　　A. PHP　　　　B. HTML　　　　C. 默认　　　　D. ASP

5. (　　)可能会造成两台或两台以上的计算机使用相同的 IP 地址,因而产生 IP 地址冲突、用户无法正常进行网络访问。

　　A. 自动获取 IP 地址　　　　　　B. 服务器分配 IP 地址

　　C. IP 与 MAC 地址绑定　　　　　D. 手动配置 IP 地址

6. 在 TCP 中,URG 指针的作用是(　　)。(2018 年网络工程师上半年卷)

　　A. 表明 TCP 段中有带外数据

　　B. 表明数据需要紧急传送

　　C. 表明带外数据在 TCP 段中的位置

　　D. 表明 TCP 段的发送方式

7. 在 TCP 中,用于进行流量控制的字段为(　　)。(2018 年网络工程师上半年卷)

　　A. 端口号　　B. 序列号　　C. 应答编号　　D. 窗口

8. 主机甲向主机乙发送一个 TCP 连接建立请求,主机乙给主机甲的响应报文中,标志字段正确的是(　　)。(2017 年网络工程师下半年卷)

　　A. SYN=1,ACK=1,FIN=0　　　　B. SYN=1,ACK=1,FIN=1

　　C. SYN=0,ACK=1,FIN=0　　　　D. SYN=1,ACK=0,FIN=0

9. TCP 使用三次握手协议建立连接,以防止(　1　);当请求方发出 SYN 连接请求后,等待对方回答(　2　)以建立正确的连接;当出现错误连接时,响应(　3　)。(2018 年网络工程师下半年卷)

　　(1) A. 出现半连接　　B. 无法连接　　C. 产生错误的连接　　D. 连接失效

　　(2) A. SYN,ACK　　B. FIN,ACK　　C. PSH,ACK　　D. RST,ACK

　　(3) A. SYN,ACK　　B. FIN,ACK　　C. PSH,ACK　　D. RST,ACK

10. 以太网可以传送最大的 TCP 段为(　　)字节。(2017 年网络工程师下半年卷)

　　A. 1480　　　B. 1500　　　C. 1518　　　D. 2000

11. 下面的应用中,(　　)基于 UDP。(2017 年网络工程师下半年卷)

　　A. HTTP　　B. telnet　　C. DNS　　D. FTP

12. 在配置 IIS 时,IIS 的发布目录(　　)。(2018 年网络工程师下半年卷)

　　A. 只能够配置在 C:\inetpub\wwwroot 上

　　B. 只能够配置在本地磁盘 C 上

　　C. 只能够配置在本地磁盘 D 上

　　D. 既能够配置在本地磁盘上,也能配置在联网的其他计算机上

13. 在浏览器地址栏输入一个正确的网址后,本地主机将首先在(　　)中查询该网址对应的 IP 地址。(2017 年网络工程师上半年卷)

  A. 本地 DNS 缓存　　　　　　　　B. 本机 hosts 文件
  C. 本地 DNS 服务器　　　　　　　D. 根域名服务器

14. 主机 A 的主域名服务器为 202.112.115.3,辅助域名服务器为 202.112.115.5,域名 www.aaaa.com 的授权域名服务器为 102.117.112.254。若主机 A 访问 www.aaaa.com 时,由 102.117.112.254 返回域名解析结果,则(　　)。(2018 年网络工程师下半年卷)

  A. 若 202.112.115.3 工作正常,其必定采用了迭代算法
  B. 若 202.112.115.3 工作正常,其必定采用了递归算法
  C. 102.117.112.254 必定采用了迭代算法
  D. 102.117.112.254 必定采用了递归算法

15. 在 DNS 的资源记录中,A 记录(　　)。(2018 年网络工程师上半年卷)

  A. 表示 IP 地址到主机名的映射　　B. 表示主机名到 IP 地址的映射
  C. 指定授权服务器　　　　　　　　D. 指定区域邮件服务器

16. 在 DNS 资源记录中,(　　)记录类型的功能是实现域名与其别名的关联。(2017 年网络工程师下半年卷)

  A. MX　　　　B. NS　　　　C. CNAME　　　　D. PTR

17. 在 DNS 服务器中的(　　)资源记录定义了区域的邮件服务器及其优先级。(2018 年网络工程师下半年卷)

  A. SOA　　　　B. NS　　　　C. PTR　　　　D. MX

18. 下列命令中,不能用于诊断 DNS 故障的是(　　)。(2018 年网络工程师下半年卷)

  A. netstat　　　　B. nslookup　　　　C. ping　　　　D. tracert

19. 在运行 Windows Server 2008 R2 的 DNS 服务器上要实现 IP 地址到主机名的映射,应建立(　　)记录。(2017 年网络工程师下半年卷)

  A. 指针(PTR)　　　　　　　　　　B. 主机信息(HINFO)
  C. 服务位置(SRV)　　　　　　　　D. 规范名称(CNAME)

20. DHCP 客户端通过(　　)方式发送 DHCP Discover 消息。(2018 年网络工程师上半年卷)

  A. 单播　　　　B. 广播　　　　C. 组播　　　　D. 任意播

21. 在 Windows 环境下,租约期满后,DHCP 客户端可以向 DHCP 服务器发送一个(　　)报文来请求重新租用 IP 地址。(2017 年网络工程师下半年卷)

  A. Dhcpdiscover　　B. Dhcprequest　　C. Dhcprenew　　D. Dhcpsack

22. 关于 DHCP Offer 报文的说法中,(　　)是错误的。(2018 年网络工程师下半年卷)

  A. 接收到该报文后,客户端即采用报文中所提供的地址
  B. 报文源 MAC 地址是 DHCP 服务器的 MAC 地址
  C. 报文目的 IP 地址是 255.255.255.255
  D. 报文默认目标端口是 68

23. 使用( )命令释放当前主机自动获取的 IP 地址。(2018 年网络工程师下半年卷)

  A. ipconfig/all   B. ipconfig/reload

  C. ipconfig/release   D. ipconfig/reset

24. Windows 下,执行 nslookup 命令结果如图 3-68 所示,ftp.softwaretest.com 的 IP 地址是(1),可通过在 DNS 服务器中新建(2)实现。(2018 年网络工程师下半年卷)

```
C:\Documents and Settings\user>nslookup ftp.softwaretest.com
Server: nsl.aaa.com
Address: 192.168.21.252
Non-authoritative answer:
Name: nsl.softwaretest.com
Address: 10.10.20.1
Aliases: ftp.softwaretest.com
```

图 3-68 执行 nslookup 命令结果

 (1) A. 192.168.21.252   B. 192.168.21.1

   C. 10.10.20.1   D. 10.10.20.254

 (2) A. 邮件交换器   B. 别名

   C. 域   D. 主机

25. 相比于 TCP,UDP 的优势为( )。(2017 年网络工程师下半年卷)

  A. 可靠传输   B. 开销较小   C. 拥塞控制   D. 流量控制

二、简答题

1. DHCP 服务器有什么作用?

2. 什么是 Web 站点的虚拟目录?

三、实践题

1. 某小型企业申请了域名 jsa.com.cn,企业内部的局域网段为 10.1.1.1~10.1.1.255,并且拥有自己的 Web 服务器(地址 10.1.1.1,域名 www.jsa.com.cn)和 FTP 服务器(地址 10.1.1.2,域名 ftp.jsa.com.cn)。完成以下任务。

 (1) 安装 DNS 服务器。

 (2) 配置 DNS 服务器。

 (3) 新建主机、PTR 记录。

 (4) 用 nslookup 命令测试服务器。

2. 为某公司配置 DHCP 服务器,要求如下。

 (1) 安装 DHCP 服务器。

 (2) 新建作用域 sz.com.cn。

 (3) IP 地址的范围为 10.1.1.1~10.1.1.254,掩码长度为 24 位。

 (4) 排除地址范围 10.1.1.1~10.1.1.5(服务器使用地址)和 10.1.1.254(网关使用地址)。

(5) 租用期限为 24 小时。
3. 回答问题 1～问题 3。(2018 年网络工程师下半年卷)
某公司网络划分为两个子网,其中设备 A 是 DHCP 服务器,如图 3-69 所示。

图 3-69　网络拓扑图

【问题 1】　DHCP 在分配 IP 地址时使用(　1　)的方式,而此消息不能通过路由器,所以子网 2 中的客户端要自动获得 IP 地址,不能采用的方式是(　2　)。DHCP 服务器向客户端出租的 IP 地址一般有一个租借期限,在使用租期过去(　3　)时,客户端会向服务器发送 DHCP REQUEST 报文延续租期。

(1) A. 单播　　　　　　B. 多播　　　　　　C. 广播　　　　　　D. 组播
(2) A. 子网 2 设置 DHCP 服务器　　　　　B. 使用三层交换机作为 DHCP 中继
　　C. 使用路由器作为 DHCP 中继　　　　D. IP 代理
(3) A. 25％　　　　　　B. 50％　　　　　　C. 75％　　　　　　D. 87.5％

【问题 2】　在设置 DHCP 服务时,应当为 DHCP 添加_____作用域。子网 1 按照图 3-70 添加作用域,其中子网掩码为_____,默认网关为_____。在此作用域中必须排除某个 IP 地址,如图 3-71 所示,其中"起始 IP 地址"处应填写_____。通常无线子网的默认租约时间为(　　)。

A. 8 天　　　　　　B. 6 天　　　　　　C. 2 天　　　　　　D. 6h 或 8h

图 3-70　添加作用域

图 3-71　添加排除

【问题 3】　如果客户端无法找到 DHCP 服务器,它将从(　　)网段中挑选一个作为自己的 IP 地址,子网掩码为＿＿＿＿。

　　A. 192.168.5.0　　　B. 172.25.48.0　　　C. 169.254.0.0　　　D. 0.0.0.0

4. 回答问题 1~问题 6。(2018 年网络工程师上半年卷)

某单位网络拓扑结构如图 3-72 所示,其中 Web 服务器和 DNS 服务器均采用 Windows Server 2008 R2 操作系统,客户端采用 Windows 操作系统,公司 Web 网站的域名为 www.xyz.com。

图 3-72　网络拓扑结构

【问题 1】　在 DNS 服务器上为 WebServer 配置域名解析时,图 3-73 所示的"区域名称"是＿＿＿＿;图 3-74 所示的新建主机的"名称"是＿＿＿＿,"IP 地址"是＿＿＿＿。

【问题 2】　域名查询有正向查询和反向查询两种,其中正向查询的作用是＿＿＿＿。

在配置 DNS 时默认情况下开启反向查询,若不希望对 www.xy.com 进行反向查询,可在图 3-74 所示的图中做＿＿＿＿操作。

【问题 3】　在 Intranet 中,当客户端向 DNS 服务器发出解析请求后,没有得到解析结果,则(　　)进行解析。

A. 查找本地 hosts 文件　　　　　　B. 查找授权域名服务器
C. 查找根域名服务器　　　　　　　D. 使用 NetBIOS 名字解析

图 3-73　区域名称

图 3-74　新建主机

【问题 4】　要测试 DNS 服务器是否正常工作,在客户端可以采用的命令是(　　)或(　　)。

A. ipconfig　　　B. nslookup　　　C. ping　　　D. netstat

【问题 5】　在 Windows 命令行窗口中使用_____命令可显示当前 DNS 缓存,使用_____命令刷新 DNS 解析器缓存。

【问题 6】　随着公司业务的发展,Web 访问量逐渐增大,访问 Web 服务器延时较大,为改善用户访问体验,可采用(　　)。

A. 增加网络带宽
B. 在 Web 服务器上添加虚拟主机
C. 在路由器上设置访问策略
D. 添加一台 Web 服务器

5. 回答问题 1 和问题 2。(2017 年网络工程师下半年卷)

某公司有两个办事处,分别利用装有 Windows Server 2008 的双宿主机实现路由功能,此功能由 Windows Server 2008 中的路由器和远程访问服务器来完成。管理员分别为这两台主机其中一个网卡配置了不同的 IP 地址,如图 3-75 所示。

图 3-75　网络拓扑结构

【问题1】 在"管理您的服务器"中单击"添加或删除角色",此时应当在服务器角色中选择(1)来完成路由器和远程访问服务器的安装。在下列关于路由器和远程访问服务器的选项中,不正确的是(2)。

(1) A. 文件服务器　　　　　　B. 应用程序服务器(IIS,ASP.NET)

C. 终端服务器　　　　　　D. 远程访问/VPN服务

(2) A. 可连接局域网的不同网段或子网,实现软件路由器的功能

B. 把分支机构与企业网络通过 Intranet 连接起来,实现资源共享

C. 可使远程计算机接入企业网络中访问网络资源

D. 必须通过 VPN 才能使远程计算机访问企业网络中的网络资源

【问题2】 两个办事处子网的计算机安装 Windows 7 操作系统,要实现两个子网间的通信,子网 A 和子网 B 中计算机的网关分别为(1)和(2)。子网 A 中的计算机用 ping 命令来验证数据包能否路由到子网 B 中,图 3-76 中参数使用默认值,从参数(3)可以看出数据包经过了_____台路由器。

```
C:\>ping 10.0.0.4

pinging 10.0.0.4 with 32 bytes of data:
Reply from 10.0.0.4 :bytes=32 time=10ms TTL=122
Reply from 10.0.0.4 :bytes=32 time=10ms TTL=122
Reply from 10.0.0.4 :bytes=32 time=10ms TTL=122
Reply from 10.0.0.4 :bytes=32 time=10ms TTL=122

ping statistics for 10.0.0.4 :
    Packets:Sent=4,Received=4,Lost=0 <0% loss>,
Approximate round trip times in milli-seconds:
    Minimum=0ms,Maximum=10ms,Average=2ms
```

图 3-76　ping 命令验证

(1) A. 192.168.0.0　　B. 192.168.0.1　　C. 192.168.0.3　　D. 无须配置网关

(2) A. 10.0.0.0　　　 B. 10.0.0.1　　　 C. 10.0.0.2　　　 D. 无须配置网关

(3) A. bytes　　　　 B. time　　　　　 C. TTL　　　　　 D. Lost

项目 4

企业网组建

了解网络互联基本知识;掌握 IP 地址理论知识;了解 ARP、ICMP 协议;掌握 IP 协议、路由选择协议;能够解释 IP 地址数据报的格式、分片、重组。

熟练掌握计算机 IP 地址配置;能够运用 IP 地址理论进行 IP 地址规划、划分子网;能够熟练测试网络连通性;能够配置静态路由、动态路由。

A 企业根据自身发展需求,决定规划组建企业网络,并接入外网。目前有一座办公大楼、一座研发大楼,研发大楼内设有设计部和测试部。科为公司通过投标并中标。现在,科为公司要求工程师你来完成整个项目中的三个任务:①规划 IP 地址;②网络组建,测试网络连通性;③配置路由。整个网络的拓扑图简化后如图 4-1 所示。

图 4-1 网络拓扑图

任务 4.1 规划 IP 地址

任务 4.1.1 配置 IP 地址

一、任务描述

网络组建实施前,需要对网络 IP 地址进行规划。请画出 IP 地址规划表。

二、任务分析

IP 地址规划是企业网络组建中一项很重要的工作,接入层的主机、核心层的交换机、路由器、服务器以及 VLAN 间通信,需要相应的 IP 地址。IP 地址规划正确与否,对以后网络的日常运行与管理影响很大。

本任务中,有办公大楼、研发大楼两座楼宇,研发大楼内有设计部、测试部。在规划 IP 地址时,要考虑分配相应的 IP 地址。

在拓扑图中,办公大楼中的主机用一台 PC 示意。研发大楼中的设计部、测试部各用一台 PC 示意,但是 IP 地址分属于同一个网段中的不同子网,这将在下一个任务中计算。

三、知识准备

(一)网络互联

网络互联是指将两个以上的计算机网络,通过一定的方法,用一种或多种通信处理设备相互连接,构成更大的网络系统,实现相互通信、共享硬件和软件及数据。网络互联的形式有 LAN 与 LAN、LAN 与 WAN、WAN 与 WAN 的互联三种。

(二)IP 地址概念、作用与组成

1. IP 地址概念

IP 地址就是给每个连接在 Internet 上的主机分配的一个数字标识。IP 地址分为 IPv4 与 IPv6 两个版本。本项目使用 IPv4。

按照传输控制协议/网际协议(Transport Control Protocol/Internet Protocol,TCP/IP)规定,IP 地址用二进制来表示,长度 32 位,即 4 字节。为了方便记忆,通常把 IP 地址转换为十进制的形式,如 192.168.1.5。

需要特别强调的是,IP 地址也称为逻辑地址,属于网络层及其以上层使用的地址,不要与数据链路层、物理层使用的 MAC 地址混淆。IP 地址的规定参见 RFC 791。

2. IP 地址作用与分配

IP 地址用来标识 Internet 上的主机。每台联网的主机上都需要有 IP 地址,才能正常通信。如果把主机比作电话机,那么 IP 地址就相当于电话号码。两者作用相同,组成类似,且都需要申请,方可正式使用。

IP 地址是由分配域名和地址的互联网委员会(Internet Corporation for Assigned Names and Numbers,ICANN)分配的,下由 InterNIC 负责北美地区、RIPENIC 负责欧洲地区和 APNIC 负责亚太地区。中国互联网络信息中心(China Internet Network Information Center,CNNIC)负责我国 IP 地址的申请。网络内部的主机地址由本网络的系统管理员分

配。因此，IP 地址的唯一性与网络内主机 IP 地址的唯一性确保了 IP 地址的全球唯一性。

全球 IPv4 地址数已于 2011 年 2 月分配完毕，因而自 2011 年开始我国 IPv4 地址总数基本维持不变，截至 2013 年 6 月底，共计有 3.31 亿个。IP 拥有量的多少是区分制造与创造的最主要标志，一个国家拥有的 IP 太少，它的产业或者企业在国际分工中就只能扮演初级加工者的角色。

3. IP 地址组成

IP 地址由网络号和主机号两部分组成，类似于电话号码的区号与号码。可以用公式"IP 地址＝网络号＋主机号"来说明，如图 4-2 所示。

电话号码 | 区号＋号码
0523-81234567

IP 地址 | 网络号＋主机号
192.168.1.5

图 4-2　电话号码与 IP 地址对照

为了方便使用，IP 地址采用点分十进制（Dotted Decimal Notation）表示方法，如 IP 地址 192.168.1.5，如表 4-1 所示。

表 4-1　IP 地址组成

字节	第四字节	第三字节	第二字节	第一字节
二进制位	31～24 位	23～16 位	15～8 位	7～0 位
二进制数	11000000	10101000	00000001	00000101
十进制数	192	168	1	5
组成部分	网络号	网络号	网络号	主机号

注：同一个物理网段上的所有主机都使用同一个网络号，该网段上的每一台主机有一个主机号。也就是说，电话号码所在的同一个地区的区号都为 0523，该地区中有多个电话号码。表 4-1 中，数字 192.168.1 是网络号，数字 5 是该网络中的主机号。

（三）IP 地址分类

为适合不同容量的网络，1981 年，TCP/IP 规定 IP 地址分为五种类别，即 A～E 类。其中，A、B、C 三类由 Internet NIC 在全球范围内统一分配。

IP 地址分类的特征在第四字节。当将 IP 地址写成二进制形式时，A 类地址的第四字节的最左一位固定为 0，B 类地址的最左两位固定为 10，C 类地址的最左三位固定为 110，D 类地址最左四位固定为 1110，E 类地址最左五位固定为 11110，如图 4-3 所示。A、B、C 类是最常用的，都是单播，即一对一通信。D 类用于组播，即一对多通信，主要留给互联网体系结构委员会（Internet Architecture Board，IAB）使用。E 类保留以后用。

A 类	0	1+7=8 位，网络号			24 位主机号	
B 类	1	0	2+14=16 位，网络号		16 位主机号	
C 类	1	1	0	3+21=24 位，网络号		8 位主机号
D 类	1	1	1	0	组播地址	
E 类	1	1	1	1	0	保留

图 4-3　IP 地址的分类

当遇到一个 IP 地址时,必须转换成二进制,再按照图 4-3 所示进行判断该 IP 地址所属的类别,显然是不方便的。例如,IP 地址 192.168.1.1 的 192 的二进制为 11000000,最左三位是 110,所以 192.168.1.1 属于 C 类 IP 地址。

表 4-2 给出了每一种类型的第四字节的十进制表示范围,可以通过十进制直接判断,这就符合我们的习惯。例如,IP 地址 192.168.1.1 的 192 是在 192~223 范围内,所以 192.168.1.1 属于 C 类 IP 地址。

表 4-2 IP 地址分类

网络类别	第四字节十进制范围	最大网络数	每个网络中的最大主机数	举 例
A	1~126	$2^7 - 2 = 126$	$2^{24} - 2 = 16\ 777\ 214$	10.0.0.1
B	128~191	$2^{14} = 16\ 384$	$2^{16} - 2 = 65\ 534$	172.16.0.1
C	192~223	$2^{21} = 2\ 097\ 152$	$2^8 - 2 = 254$	192.168.1.1
D	224~239			224.1.1.1
E	240~255			240.1.1.1

注:A 类最大网络数减 2,因为第四字节的最左侧第一位固定为 0,当网络号为全 0 时(即二进制 00000000,十进制 0),IP 地址是保留地址,代表本网络。当网络号为全 1 时(即二进制 01111111,十进制 127),保留为本地软件环回测试(Loopback Test)本主机用。B~E 类没有这种情况,不需要减 2。

(四)特殊 IP 地址

特殊 IP 地址一般不使用,如表 4-3 所示。

表 4-3 特殊 IP 地址

IP 地址		使用场合		含 义
网络号	主机号	源地址	目的地址	
Any	全 0	√		网络地址。代表特定网络
Any	全 1		√	直接广播地址。指定网络广播
全 0	全 0	√	√	所有网络地址。路由器指定默认路由
全 1	全 1		√	有限广播地址。本网络广播(路由器不转发)
127	Any	√	√	环回地址。本地软件环回测试

1. 网络地址

当网络号正常、主机号为全 0 时,代表一个特定的网络,称为网络地址。例如,192.168.1.0,网络号为 192.168.1,符合规定,主机号为 0,该 IP 地址即为网络地址,代表这个网络。

2. 直接广播地址

当网络号正常、主机号全为 1 时,在指定网络广播,称为直接广播地址。主机可把 IP 数据报发送到网络号指定网络的所有主机上。这个地址在 IP 数据报中只能作为目的地址。例如,192.168.1.255,向该地址发送 IP 数据报时,192.168.1 网络上所有的主机都会接收到。

3. 有限广播地址

IP 地址的二进制数全为 1,即 255.255.255.255,用于定义整个互联网。但是,所有路由器都阻止这种分组转发,使这样的广播仅限于本网段。例如,当主机不知道本机的网络号时,只能采用有限广播方式,常见用于无盘工作站启动,从 IP 地址服务器获取 IP 地址。

4. 所有网络地址

IP 地址全为 0,即 0.0.0.0,代表所有主机。路由器用 0.0.0.0 地址指定默认路由。

还有一种常见用法,该 IP 地址在 IP 数据报中用作源 IP 地址。例如,DHCP 分配 IP 地址时,用户主机为了获得可用的 IP 地址,给 DHCP 服务器发送 IP 分组,源地址即为 0.0.0.0,目的地址为 255.255.255.255。

5. 环回地址

127.0.0.0~127.255.255.255 的 IP 地址称为环回地址(Loopback Address),主要用来测试网络协议是否正常工作。例如,使用 ping 127.1.1.1,就可以测试本地 TCP/IP 是否正确安装。

另外,可用于网络软件测试和本地进程间通信。例如,在浏览器里输入 127.0.0.1,就是客户进程用环回地址发送 IP 报文给同一台机器上的服务器进程,测试 Web 服务器 IIS 是否已启动。

把环回地址作为目的地址时,该数据包不会向网络上发送,而是直接返回给本机。主机上对应于 IP 地址 127.0.0.1 的接口称为环回接口(Loopback Interface)。

6. 其他特殊 IP 地址

224.0.0.1 特指所有主机,224.0.0.2 特指所有路由器。169.254.0.0/16 特指没有成功申请到 DHCP 服务器上 IP 地址时的地址。可能是 DHCP 服务器发生故障,或响应时间太长而超出了系统规定的时间,Windows 操作系统会为你的主机分配这样一个地址。

(五) 公网 IP 地址和私有 IP 地址

前面学习过,IP 地址由专门的机构管理,用户经过申请、批准后方可使用一个 IP 地址。这种 IP 地址可以在 Internet 上使用,称为公网 IP 地址或公用 IP 地址。公网 IP 地址是需要付费使用的。

如果一个局域网内部的主机需要使用 IP 地址,又没有申请,对于这一情况,TCP/IP 规定了一些 IP 地址可以满足这种需求,称为私有 IP 地址。私有 IP 地址不可以直接连接到 Internet。RFC 1918 规定的私有 IP 地址如下。

(1) 在 A 类地址中,私有 IP 地址为 10.0.0.0/8(IP 地址的斜线记法,在后面将要学习),私有 IP 地址范围为 10.0.0.1~10.255.255.254。

(2) 在 B 类地址中,私有 IP 地址为 172.16.0.0/12,私有 IP 地址范围为 172.16.0.1~172.31.255.254。

(3) 在 C 类地址中,私有 IP 地址为 192.168.0.0/16,私有 IP 地址范围为 192.168.0.1~192.168.255.254。

私有 IP 地址若要在 Internet 上使用,必须采用网络地址转换或者端口映射技术。

四、工具材料

- 在真实岗位中:PC、服务器、交换机、路由器等组成网络。
- 在虚拟实验中:VMware、操作系统或 Cisco Packet Tracer 软件。

五、任务实施

1. IP 地址规划

IP 地址规划的步骤如下。

（1）分析网络规模，包括相对独立的网段数量和每个网段中可能拥有的最大主机数。

（2）确定使用公网地址还是私有地址，并根据网络规模确定网络号类别。

（3）根据可用地址资源进行主机 IP 地址的分配。

注意：同一网络上所有主机的 IP 地址的网络号相同；同一路由器上每个连接具有不同的网络号。

根据本任务的学习，企业网络在内部可以使用私有 IP 地址，以节省费用。在连接到外网时，使用公网地址。在表 4-4 所列的 IP 地址规划中填写相应的 IP 地址，子网掩码部分可以暂时不予考虑，与子网划分一同在下一个任务中完成。

表 4-4 IP 地址规划

层级	设 备	IP 地址	子网掩码	默认网关	备 注
	REdge	210.29.233.1 172.16.1.1	255.255.255.0		内网边界路由器
	RInternet	210.29.233.2 192.168.4.1	255.255.255.0		外网模拟 Internet
核心层	Score	172.16.1.2	255.255.255.0		三层交换机
接入层	办公楼 PC1	192.168.1.10	255.255.255.0	192.168.1.1	Office
	设计部 PC2	192.168.2.66	255.255.255.192	192.168.2.65	Design,项目 5 完成
	测试部 PC3	192.168.2.130	255.255.255.192	192.168.2.129	Test,项目 5 完成
	外网 PC4	192.168.4.10	255.255.255.0	192.168.4.1	

相应地，企业网络拓扑图 IP 地址标注如图 4-4 所示。

2. IP 地址设置

以在 PC 上配置 IP 地址为例，其主要步骤如下。

（1）在"本地连接"网卡上双击，在弹出的对话框中选择"Internet 协议版本 4(TCP/IPv4)"选项，单击"属性"按钮，在弹出的对话框中进行本机网卡设置，如图 4-5 所示。

（2）选中"使用下面的 IP 地址"单选按钮，输入 IP 地址、子网掩码和默认网关。例如，PC1 中，分别为 192.168.1.10、255.255.255.0 和 192.168.1.1，如图 4-6 所示。

PC 上配置 IP 地址

（3）单击"确定"按钮。

六、检查评议

检查 IP 规划以及在设备上的配置。例如，在 PC 上，可使用 ipconfig 命令查看 IP 地址配置。

具体评价方式、评价内容及评价标准见附录。

图 4-4 企业网络拓扑图 IP 地址标注

图 4-5 本地连接属性

图 4-6 IPv4 属性

七、拓展提高

ARP/RARP 介绍如下。

1. ARP

IP 地址是逻辑地址,不能直接进行通信。在物理网络的链路上传送数据帧时,最终仍然依靠 MAC 地址,因为 IP 地址在物理网络中是不能被识别的。这就需要构建从 IP 地址到 MAC 地址的映射表,并且动态更新,地址解析协议(Address Resolution Protocol,ARP)

很好地解决了这个问题。

将同一局域网上的主机、路由器的 IP 地址解析成 MAC 地址的协议,称为 ARP 地址解析协议。ARP 是动态协议,解析过程是自动完成的,用户觉察不到。

每台主机有一专用的 ARP 高速缓存(Cache),存放所在局域网上的各主机、路由器的 IP 地址到 MAC 地址的映射表。当收到 ARP 应答时,主机就将获得的 IP 地址和 MAC 地址的对应关系作为一项添加到映射表中。当发送报文时,先在映射表中查找对应的项,获得对应的 MAC 地址,直接将报文发送出去。如果没有对应的项,再利用 ARP 解析,获得对应的 MAC 地址。参见 RFC 826。

2. RARP

从 MAC 地址向 IP 地址解析的协议,称为 RARP(Reverse Address Resolution Protocol,反向地址解析协议)。RARP 以与 ARP 相反的方式工作。

RARP 发出要反向解析的 MAC 地址,并希望返回其对应的 IP 地址,应答分组必须包括能够提供所需信息的 RARP 服务器发出的 IP 地址。虽然发送方发出的是广播信息,但 RARP 规定只有 RARP 服务器能产生应答,所以 LAN 上至少有一台 RARP 服务器。许多网络指定多台 RARP 服务器,既是为了平衡负载,也是为了作为出现问题时的备份。参见 RFC 903。

RARP 的典型应用是无盘工作站。无盘工作站先运行本身 ROM 中的文件传送代码,从 LAN 上其他主机下载操作系统和 TCP/IP 通信软件,再运行 ROM 中的 RARP,向 LAN 广播 RARP 请求分组(含自身的 MAC 地址)。RARP 服务器有一无盘工作站 MAC 地址到 IP 地址的映射表,当收到 RARP 请求分组后查此表,发回 RARP 响应分组(含 MAC 地址对应的 IP 地址),无盘工作站即获得所需的 IP 地址。

任务 4.1.2 划分子网

一、任务描述

根据企业实际要求,研发大楼网段为 192.168.2.0,设计部和测试部通过子网划分到两个子网中。

二、任务分析

使用一个网段为两个子网配置,一般需要将网段进行子网划分。子网划分是通过向 IP 地址的主机号借位表示子网编号,然后通过子网掩码进行识别。

三、知识准备

(一) 子网掩码

子网掩码(Subnet Mask)又叫网络掩码、地址掩码,它是用来指明一个 IP 地址中,哪些位标识主机所在的网络,以及哪些位标识主机的位掩码。子网掩码不能单独存在,它必须结合 IP 地址一起使用。

1985 年通过的 RFC 950 定义,子网掩码是一个 32 位的二进制数,其对应网络号的部分为 1,对应主机号的部分都为 0。RFC 文档虽然没有规定子网掩码中的 1 必须是连续的,但却极力推荐 1 连续写,以避免发生错误。

不同类别的网络有相应的子网掩码。A 类网络的默认子网掩码为 255.0.0.0,B 类网络的默认子网掩码为 255.255.0.0,C 类网络的默认子网掩码为 255.255.255.0,如图 4-7 所示。

	默认子网掩码	网络号	主机号	
A 类地址	255.0.0.0	11111111	00000000 00000000 00000000	
B 类地址	默认子网掩码	网络号		主机号
	255.255.0.0	11111111 11111111		00000000 00000000
C 类地址	默认子网掩码	网络号		主机号
	255.255.255.0	11111111 11111111 11111111		00000000

图 4-7　默认子网掩码十进制与二进制表示

子网掩码只有一个作用,就是告知主机或路由设备 IP 地址中哪些是网络号、哪些是主机号。例如,计算 IP 地址 192.168.1.5 的网络号时,默认子网掩码为 255.255.255.0,先将点分十进制转换为二进制,采用按位与运算,如图 4-8 所示。

```
              11000000 10101000 00000001 00000101
      按位与   11111111 11111111 11111111 00000000
      结果    11000000 10101000 00000001 00000000
```

图 4-8　按位与运算

将结果转换为点分十进制表示,为 192.168.1.0,即 192.168.1.5 所在网络的网络号。

(二) 子网划分

Internet 组织机构定义,同一网络中主机处于同一广播域。而在同一广播域中有太多节点时,网络会因为广播通信而饱和。为了避免这种情况,一些 IP 地址不能分配。

两级 IP 地址(网络号＋主机号)存在着:IP 地址空间的利用率不高;给每一个物理网络分配网络号时,使得路由表太大,增加路由寻址时间;两级 IP 地址不够灵活,不便于管理等缺陷。

解决的办法是,把 IP 网络分成更小的网络,每个子网由路由器界定,并分配一个新的子网网络地址。RFC 950 规定,子网地址通过借用 IP 地址的部分主机号创建,形成三级 IP 地址,即"IP 地址＝网络号＋子网号＋主机号",这种做法就称为子网划分(Subnetting)。

1. 子网划分方法

子网划分的基本方法是将 IP 地址的主机号,拿出一部分作为子网的标识,另一部分仍然作为主机号,如图 4-9 所示。

图 4-9　子网划分借位

2. 子网获取方法

由于子网的划分,IP 地址不能简单地区分网络号、子网号及主机号。TCP/IP 通过子网掩码和 IP 地址的与运算,获得区分 IP 地址的子网信息。

3. 子网划分步骤

为了便于学习,举例说明。某企业内部 IP 地址为 192.168.1.0,子网掩码为 255.255.255.0。由于业务需要,要求划分 4 个子网,每个子网容纳主机 30 台。子网划分步骤如下。

1)确定子网号借用的二进制位数

子网号从主机号借位。每借一位就会产生两个子网,即 2^1 个子网。去除子网地址为全 0、全 1 的子网,那么实际可用子网数为 $2^1-2=0$ 个。如果向主机号借两位,可得实际可用子网个数 $2^2-2=2<4$,不能满足需求。该企业选择向主机号借 3 位,可得实际子网个数 $2^3-2=6>4$,满足划分 4 个子网的需求。

注意:RFC950 标准协议规定,减去子网号分别是全 0、全 1 的两个子网。但是,随着技术的发展,本书后面学习的关于 CIDR 内容中,全 0 和全 1 的子网号是可用的,前提是路由器的路由选择软件必须支持。

2)确定新的子网掩码

默认子网掩码:11111111 11111111 11111111 **000**00000(255.255.255.0)。

新的子网掩码:11111111 11111111 11111111 **111**00000(255.255.255.<u>224</u>)。

3)确定每个子网拥有的主机数

子网划分确定后,主机位由原来的 8 位变为 5 位,每个子网拥有的主机数即为 $2^5-2=30$ 台。

注意:减去的两台主机为全 0 与全 1 的主机,因为主机号全 0 代表子网地址,主机号全 1 代表子网广播地址。

4)确定每个子网的 IP 范围

在子网 IP 中,网络号没有改变,子网号以二进制形式按序编号为 001~110,主机号二进制最小为 0 0001,最大为 1 1110,再按照字节转换为十进制数形式,就可以得到每个子网的 IP 地址范围,如表 4-5 所示。

表 4-5 子网 IP 地址范围

子网编号	网络号	子网号(二进制)	主机号范围(二进制)	子网号+主机号范围	子网地址	子网广播地址
第一个子网	192.168.1	001	0 0001~1 1110	33~62	192.168.1.32	192.168.1.63
第二个子网		010		65~94	192.168.1.64	192.168.1.95
第三个子网		011		97~126	192.168.1.96	192.168.1.127
第四个子网		100		129~158	192.168.1.128	192.168.1.159
第五个子网		101		161~190	192.168.1.160	192.168.1.191
第六个子网		110		193~222	192.168.1.192	192.168.1.223

(三)VLSM

1987 年 RFC 1009 指明,为了进一步提高 IP 地址资源的利用率,可以使用可变长子网掩码(Variable Length Subnet Mask,VLSM),即在一个网络中可以用不同的子网掩码划分出不同大小的子网。VLSM 需要路由器上无类别路由协议的支持,如 OSPF、RIPv2、EIGRP 协议。

(四)超网

超网(Supernetting)是子网划分的反面,把一些小网络组合成一个大网络,即超网。换句话说,超网是把一组连续的有类网络聚合成一个更大的网络。

超网和路由聚合(Route Aggregation)是同一过程的不同名称。路由聚合是为了缩小路由表的大小,加快路由转发的处理过程,减轻路由振荡给网络带来的影响,提高整个互联网的性能。1993 年 RFC 1517~1520 提出无类域间路由(Classless Inter-Domain Routing,CIDR)概念,消除了有类别 IP 地址和划分子网的概念,IP 地址采用斜线记法(Slash Notation)或 CIDR 记法,如 192.168.1.5/24 表示网络号 24 位,192.168.1.33/27 表示网络号 27 位。名词"子网掩码"不再使用,而使用"掩码"一词。较新的 CIDR 文档是 2006 年的 RFC 4632,旧的 RFC 1519 被列为"陈旧"。

总之,由上可以看出,IP 地址的编址方法是在不断发展的。①1981 年的分类 IP 地址,是基本编址方法;②1985 年的子网划分以及 1987 年的 VLSM,是对①的改进;③1993 年超网、无类编址得到推广应用,对原来不可使用的全 0、全 1 子网号也给予了支持。

四、工具材料

- 在真实岗位中:PC、服务器、交换机、路由器等组成网络。
- 在虚拟实验中:VMware、操作系统或 Cisco Packet Tracer 软件。

五、任务实施

本任务中,研发大楼内设有设计部和测试部,整座大楼内网络 IP 地址为 192.168.2.0,默认子网掩码为 255.255.255.0,需要将设计部和测试部划分在两个子网中。子网划分的步骤如下。

1. 确定子网号借用位数

选择向主机号借两位,可得实际子网个数 $2^2-2=2 \geqslant 2$,满足划分两个子网的需求。

2. 确定子网掩码

子网掩码:11111111 11111111 11111111 11000000(255.255.255.192)。

3. 确定每个子网拥有的主机数

主机位由原来 8 位变为 6 位,每个子网拥有的主机数即为 $2^6-2=62$(台)。

4. 确定每个子网的 IP 地址范围

子网号按序以二进制 01~10 编号,主机号二进制最小为 00 0001,最大为 11 1110,再按照字节转换为十进制数,得到每个子网的 IP 地址范围,如表 4-6 所示。

表 4-6 子网 IP 地址范围

子网编号	网络号	子网号 (二进制)	主机号范围 (二进制)	子网号+主机号范围	子网地址	子网广播地址
第一个子网	192.168.2	01	00 0001~11 1110	65~126	192.168.2.64	192.168.2.127
第二个子网		10		129~190	192.168.2.128	192.168.2.191

将第一个子网分配给设计部,第二个子网分配给测试部。在拓扑图中,设计部 PC2 具体配置如下:IP 地址为 192.168.2.66,子网掩码为 255.255.255.192,默认网关为 192.168.2.65。

测试部 PC3 具体配置如下:IP 地址为 192.168.2.130,子网掩码为 255.255.255.192,默认网关为 192.168.2.129。

六、检查评议

检查子网划分每个步骤的正确性。

具体评价方式、评价内容及评价标准见附录。

七、拓展提高

超网合并的知识如下。

企业申请 8 个 C 类网络地址,即 210.29.233.0/8~210.29.238.0/8,转换成二进制表示,如表 4-7 所示。

表 4-7 超网合并

网 络 地 址	二 进 制
210.29.233.0	11010010 00011101 11101**001** 00000000
210.29.234.0	11010010 00011101 11101**010** 00000000
210.29.235.0	11010010 00011101 11101**011** 00000000
210.29.236.0	11010010 00011101 11101**100** 00000000
210.29.237.0	11010010 00011101 11101**101** 00000000
210.29.238.0	11010010 00011101 11101**110** 00000000
相同网络号位	11010010 00011101 11101*

在二进制一列,从右到左找出相同的网络号 11010010 00011101 11101**000**,转换成十进制 210.29.232,超网的网络地址为 210.29.232.0,子网掩码为 255.255.248.0。

任务 4.2 配 置 路 由

任务 4.2.1 路由器的基本配置

一、任务描述

企业网内部建设已经初步完成,目前需要连接到外网,请在路由器上进行基本配置。

二、任务分析

一般地,LAN 要接入 WAN 需要路由器(Router)提供转接服务,路由器可以识别各种网络协议,确保连接的网络主机相互通信。路由器基本配置包括端口上的 IP 地址配置、DCE 与 DTE 的时钟频率配置等。

三、知识准备

(一)路由器

路由器是工作在网络层的设备,用来连接不同的网络,专门用来转发分组。路由器使用统一的 IP 协议,根据目的网络地址找出下一跳,直到该分组到达目的地为止。

路由器逻辑上由两部分构成,即路由选择部分和分组转发部分。路由选择部分根据路由协议建立路由表,并更新和维护。分组转发部分由交换结构、输入端口和输出端口组成,负责将从输入端口收到的分组通过输出端口转发出去。因此,路由器有两个基本功能,即路由选择和交换功能,路由把分组按照路由表从一个网络传送到另一个网络。

(二) 路由器分类

路由器按处理能力可分为高端路由器和中低端路由器。按结构可分为模块化路由器和非模块化路由器。按所处网络位置可分为核心路由器和接入路由器。按功能可分为通用路由器和专用路由器。按性能可分为线速路由器和非线速路由器。

通常,高端路由器是模块化结构和线速路由器,用作核心路由器。

(三) 路由器作用

路由器功能强大,是工作在网络层的设备,提供访问控制、优先级服务和负载平衡功能,还具有下列作用。

1. 连接异构网络

路由器有多种网络的接口(端口),如以太网口、令牌环口、FDDI 口、ATM 口、串行连接口、SDH 连接口、ISDN 连接口等。通过不同的接口,路由器可以连接异构网络,典型互联方式有 LAN-LAN、LAN-WAN 和 WAN-WAN 等。

路由器是互联网的核心设备,可以将 IP 分组封装到以太网的数据帧中,也可以从以太网的数据帧中解封出 IP 分组。

2. 实现网络的逻辑划分

路由器在物理上扩展网络,在逻辑上划分网络。路由器不同接口连接的网络一定不在同一网段。路由器连接的网络属于不同的冲突域,也属于不同的广播域,路由器可以隔离广播流量。

(四) DCE 与 DTE

数据通信设备或者数据电路端接设备(Data Circuit-terminating Equipment,DCE):大多数数据处理设备的数据传输能力是很有限的,直接将相隔很远的两个数据处理设备连接起来,是不能进行通信的。我们必须在数据处理设备和传输线路之间加上 DCE。DCE 及其相应的连接构成了网络终端的接口。它在 DTE 和传输线路之间提供信号变换和编码功能,负责网络物理链路的建立、保持和终止连接,并且提供了一个用于同步 DCE 设备和 DTE 设备之间数据传输的时钟信号。

数据终端设备(Data Terminal Equipment,DTE):是具有一定的数据处理能力、发送和接收数据能力的设备,位于用户端。DTE 通过 DCE 连接到数据网络上,并且通常使用 DCE 产生的时钟信号。

路由器就是 DTE 设备。DCE 设备是专用通信设备,如分组交换机。路由器提供 WAN 接口(Serial 高速同步串口),使用 V.35 线缆连接 WAN 接口链路。连接时一端为 DCE,另一端为 DTE。

EIA-232 是 DTE 与 DCE 之间的接口标准。

四、工具材料

- 在真实岗位中:PC、服务器、交换机、路由器等组成网络。
- 在虚拟实验中:VMware、操作系统或 Cisco Packet Tracer 软件。

五、任务实施

（一）路由器连接

在拓扑图 4-4 中，内网边界路由器 REdge 作为企业网的 DTE 设备，连接到外网。本任务拓扑图中，DCE 采用的是路由器 RInternet。为便于测试，DTE 与 DCE 间采用 V.35 线缆连接。

（二）路由器基本配置

1. REdge 基本配置

```
Router>enable                                    !进入特权状态
Router#configure terminal                        !进入全局设置状态
Router(config)#no ip domain-lookup               !配置工作环境，关闭路由器的域名查找，
                                                  当输错命令时不进行 DNS 解析
Router(config)#hostname REdge                    !路由器改名字为 REdge
REdge(config)#interface FastEthernet0/0          !进入快速以太网 0 模块 0 端口
REdge(config-if)#ip address 172.16.1.1  255.255.255.0
                                                 !为端口 Fa0/0 配置 IP 地址及掩码
REdge(config-if)#no shutdown                     !启用(激活)该端口
REdge(config-if)#exit                            !退出该端口配置
REdge(config)#interface serial2/0                !进入同步串口 2 模块 0 端口
REdge(config-if)#ip address 210.29.233.1  255.255.255.0
                                                 !为端口 Se2/0 配置 IP 地址及掩码
REdge(config-if)#no shutdown                     !启用(激活)该端口
REdge(config-if)#end                             !退出到特权模式
REdge#copy running-config startup-config         !把刚才的配置写入缓存，最后必须加该
                                                  句；否则整个配置无效
REdge#show running-config                        !显示所有配置信息
```

2. RInternet 基本配置（与 REdge 基本相同，作为 DCE，设置时钟频率）

```
Router>enable                                    !进入特权状态
Router#configure terminal                        !进入全局设置状态
Router(config)#no ip domain-lookup               !配置工作环境，关闭路由器的域名查找，
                                                  当输错命令时不进行 DNS 解析
Router(config)#hostname RInternet                !路由器改名字为 RInternet
RInternet(config)#interface FastEthernet0/0      !进入快速以太网 0 模块 0 端口
RInternet(config-if)#ip address 192.168.4.1  255.255.255.0
                                                 !为端口 Fa0/0 配置 IP 地址及掩码
RInternet(config-if)#no shutdown                 !启用(激活)该端口
RInternet(config-if)#exit                        !退出该端口配置
RInternet(config)#interface serial2/0            !进入同步串口 2 模块 0 端口
RInternet(config-if)#ip address 210.29.233.2  255.255.255.0
                                                 !为端口 Se2/0 配置 IP 地址及掩码
RInternet(config-if)#clock rate 64000            !设置时钟频率为 64000
RInternet(config-if)#no shutdown                 !启用(激活)该端口
RInternet(config-if)#end                         !退出到特权模式
RInternet#copy running-config startup-config     !把刚才的配置写入缓存中，最后必须加
                                                  该句；否则整个配置无效
RInternet#show running-config                    !显示所有配置信息
```

（三）核心交换机三层端口配置

```
SCore(config)#interface FastEthernet0/1           !进入端口
SCore(config-if)#no switchport                    !启用三层端口
SCore(config-if)#ip address 172.16.1.2  255.255.255.0
                                                  !配置IP
SCore(config-if)#no shutdown                      !激活
SCore(config)#interface vlan 1                    !配置SVI
SCore(config-if)#ip address 192.168.1.1  255.255.255.0
                                                  !IP地址及掩码
SCore(config-if)#no shutdown                      !激活
SCore(config-if)#end
```

（四）测试连通性

1. 在REdge上ping RInternet

```
REdge#ping 210.29.233.2                           !能够通信
```

2. 进入PC4

```
输入ping 192.168.4.1                               !能够通信
输入ping 210.29.233.2                              !能够通信
输入ping 210.29.233.1                              !Request timed out.超时
```

3. 进入PC1

```
输入ping 192.168.1.1                               !能够通信
输入ping 172.16.1.2                                !能够通信
输入ping 172.16.1.1                                !Request timed out.超时
输入ping 210.29.233.1                              !Reply from 192.168.1.1: Destination
                                                   host unreachable.不可达
```

注意：分析为什么不能够通信。

六、检查评议

具体评价方式、评价内容及评价标准见附录。

七、拓展提高

路由器硬件组成如下。

（1）中央处理器（CPU）：负责执行路由器操作系统的指令，并执行通过控制台（Console）和Telnet连接输入的用户命令。CPU的处理能力直接影响路由器的处理能力。

（2）随机存储器（RAM）：存储正在运行的配置或活动配置文件，进行报文缓存等；当大量数据流向同一端口时，RAM可以提供数据排队所需的空间；在设备操作期间，RAM还能提供保存路由器配置文件所需的存储空间。路由器断电后RAM中内容消失。

（3）闪存（Flash Memory）：是一种可擦写、可编程类型的ROM。它负责保存OS的映像和路由器的微码，只要时间允许，用户可以在闪存中存储多个OS映像。通过普通文件传输协议TFTP，可以将OS的映像加载到另一台路由器上。

（4）非易失性RAM（NVRAM）：路由器断电后，仍能保持其内容。路由器中没有软盘和硬盘，因此将配置文件保存在NVRAM中。

(5) 只读存储器(ROM)：存放路由器启动时首先使用的映像。ROM 中所包含的代码执行加电检测，并负责加载 OS 软件。

(6) 路由器接口。

① LAN 接口。LAN 接口类型，如 10Base-T、100Base-T 等。

② WAN 接口。路由器比其他设备的接口种类丰富，常见的有同步串口、异步串口、ISDN 接口、E1 接口。

③ Console 接口。Console 接口在配置过程中写为 interface line 0，该接口通过 Console 线与 PC 的串口相连。控制台串口需要设置一些参数，如波特率、奇偶校验等，建议保持默认值。

任务 4.2.2　配置静态路由

一、任务描述

为了能让企业内网中的 PC 访问外网，应进行相关路由配置。

二、任务分析

在基本配置完成后，企业网络中的 PC 访问外网，需要配置相应的路由。本任务采用静态路由配置的方法。

三、知识准备

（一）路由概述

路由是 WAN 数据包的寻址方式，是把信息从源主机通过网络传输到目的主机的行为，在该传输路径上，至少有一个中间节点，该行为发生在网络层。路由包括确定最佳路径和数据转发。

从用户角度看，在路由中，路由器从一个接口接收到数据报，根据数据报的目的 IP 地址进行定向，并转发到另一个接口。路由分为静态路由和动态路由。

（二）静态路由

静态路由是指由网络管理员手动配置路由表，并指定每条路径的路由信息，这些路径自身并不改变。当网络的拓扑结构或链路的状态发生变化时，网络管理员需要手动去修改。一般情况下，静态路由信息不会广播给其他的路由器。

静态路由的优点：简单、高效、可靠；网络安全保密性高。

静态路由一般适用于小型、拓扑相对稳定的网络环境，网络管理员了解网络的拓扑结构，便于设置正确的路由信息。静态路由的缺点：不能随着网络拓扑结构的改变自动做出调整，因此，不适用于大型、易变的网络。

（三）路由表

网络通过路由设备连接。当数据发送给另一网络的主机时，中间要经过若干的路由器。当路由器接收到数据时，首先解封出网络层 IP 数据报，解析出其网络号，并判断此数据报发往哪个方向，也就是确定下一个路由器。判断的依据就是路由表。

1. 路由表

路由表是指路由器等互联网网络设备上存储的表，该表中存有到达特定网络终端的路径，在某些情况下，还有一些与这些路径相关的度量参数（不同的协议存在差异）。

每个路由器中都保存着一张路由表。路由表中每条路由项都指明数据报到某个子网或某主机应通过路由器的哪个物理地址发送，然后就可以到达该路径的下一个路由器，或者不再经过别的路由器而传送到直接相连的网络中的目的主机。

路由表中的重要信息有信息类型、目的地/下一跳、路由选择度量标准、出站接口等。信息类型是指创建路由条目的路由选择协议的类型。目的地/下一跳是指路由器下一步要传送的地址，告知路由器到达目的地的最佳路径是把分组发送给哪一个路由器接口。当路由器收到一个分组时，它就检查其目标地址，尝试将此地址与其"下一跳"相联系。路由选择度量标准用来判别路由的好坏。出站接口是指数据被发送出去的接口。

在图 4-10 中，PC1 经过 R1 和 R2，与 PC2 相互发送数据。

图 4-10　路由表学习用拓扑图

在 R1、R2 上分别添加静态路由，路由表分别如图 4-11(a)和图 4-114-11(b)所示。

类型	R1 路由表 目的	下一跳
C	172.16.1.0	Fa0/0
C	210.29.233.0	Fa1/0
S	192.168.4.0	Fa1/0

(a)

类型	R2 路由表 目的	下一跳
C	192.168.4.0	Fa0/0
C	210.29.233.0	Fa1/0
S	172.16.1.0	Fa1/0

(b)

图 4-11　R1 与 R2 上路由表

(a) 手动添加去往 192.168.4.0，走路径 Fa1/0；(b) 手动添加去往 172.16.1.0，走路径 Fa1/0。

2. 路由的产生方式

路由表由一条条路由信息组成。路由的产生方式一般有三种，即直连路由、静态路由和动态路由协议学习产生的路由。

(1) 直连路由：接口配置 IP 地址，路由器自动产生该接口所在网段的路由信息。

(2) 静态路由：通过手工的方式配置，从而实现网段之间的连接。

(3) 动态路由协议学习产生的路由：运行动态路由协议，路由器之间自动相互学习产生路由信息。

3. 路由表中的默认路由

在路由选择过程中，如果路由表没有明确指明一条到达目的网络的路由信息，就会将数据报转发到默认路由指定的路由器。默认路由有助于缩小路由表的长度。默认路由采用 0.0.0.0 作为目的的网络，0.0.0.0 作为子网掩码，默认路由器的地址作为下一跳 IP 地址。

如果路由器中既有静态路由也有动态路由，静态路由优先级最高，当动态路由与静态路由发生冲突时，以静态路由为准。如果路由表中没有合适的路由，则通过默认路由将数据报传输出去。

4. 路由的分类

根据路由的目的地不同,路由可被划分为子网路由和主机路由。根据目的地与该路由器是否直接相连,路由又可划分为直连路由和间接路由。

(四) 路由表查看

1. 在路由器 REdge 中查看路由表

在图 4-4 所示的拓扑图中,查看路由器 REdge 中的路由表,如图 4-12 所示。

```
REdge#show ip route
```

```
Router1#show ip route
Codes: C - connected, S - static, I - IGRP, R - RIP, M - mobile, B - BGP
       D - EIGRP, EX - EIGRP external, O - OSPF, IA - OSPF inter area
       N1 - OSPF NSSA external type 1, N2 - OSPF NSSA external type 2
       E1 - OSPF external type 1, E2 - OSPF external type 2, E - EGP
       i - IS-IS, L1 - IS-IS level-1, L2 - IS-IS level-2, ia - IS-IS inter area
       * - candidate default, U - per-user static route, o - ODR
       P - periodic downloaded static route

Gateway of last resort is not set

     172.16.0.0/24 is subnetted, 1 subnets
C       172.16.1.0 is directly connected, FastEthernet0/0
C    210.29.233.0/24 is directly connected, Serial2/0
```

图 4-12 路由器中的路由表

图 4-12 中常见代码含义:C—connected 直连路由;S—static 静态路由;R—RIP,O—OSPF 为动态协议路由。

REdge 有两条直连路由:

C   172.16.1.0 is directly connected, FastEthernet0/0
C   210.29.233.0/24 is directly connected, Serial2/0

2. 在 PC1 中查看路由表

在 PC1 中查看路由表(见图 4-13)。

```
>netstat -r
```

```
PC>netstat -r
Route Table
===========================================================================
Interface List
0x1 ........................... PT TCP Loopback interface
0x2 ...00 16 6f 0d 88 ec ...... PT Ethernet interface
===========================================================================
===========================================================================
Active Routes:
Network Destination        Netmask          Gateway       Interface  Metric
          0.0.0.0          0.0.0.0      192.168.1.1   192.168.1.10       1
Default Gateway:       192.168.1.1
===========================================================================
Persistent Routes:
  None
```

图 4-13 在 PC1 中查看路由表

活动路由：

```
Network Destination    Netmask      Gateway        Interface      Metric
    0.0.0.0            0.0.0.0      192.168.1.1    192.168.1.10    1
```

这是一条默认路由。

（五）静态路由配置

在网络结构比较简单，一般到达某一网络所经过的路径唯一的情况下采用静态路由。

建立静态路由命令格式：

配置静态路由

`ip route [目的网络地址] [子网掩码] [下一跳 IP 地址/本地端口]`

在图 4-12 中，REdge 有两条直连路由。172.16.1.0 直接连接，下一跳为 FastEthernet0/0；210.29.233.0/24 直接连接，下一跳为 Serial2/0。如果欲与 192.168.4.0/24 连通，需要配置路由。配置命令如下：

```
REdge(config)#ip route 192.168.4.0 255.255.255.0 210.29.233.2
```

由于路由器 REdge 除了与路由器 RInternet 相连外，不再与其他路由器相连，所以也可以为它赋予一条默认路由以代替以上的静态路由。

```
REdge(config)#ip route 0.0.0.0 0.0.0.0 Serial 2/0
```

只要没有在路由表里找到去特定目的地址的路径，则数据均被路由到 Serial 2/0 相连接的相邻路由器。

四、工具材料

- 真实岗位：PC、服务器、交换机、路由器等组成网络。
- 虚拟实验：VMware、操作系统或 Cisco Packet Tracer 软件。

五、任务实施

在拓扑图 4-4 中，本任务继续完成连通配置。操作步骤如下。

（一）路由器基本配置

完成各个网络设备的 IP 地址设置，并保证连接的网络端口为 UP 状态。已在"任务 4.2.1 路由器的基本配置"中完成，本任务不再重复。

（二）在路由器上进行静态路由配置

1. REdge 的路由配置

```
REdge#configure terminal
REdge(config)#ip route 192.168.4.0 255.255.255.0 210.29.233.2
REdge(config)#ip route 192.168.1.0 255.255.255.0 172.16.1.2
REdge(config)#exit
REdge#show ip route                                          !验证路由表
     172.16.0.0/24 is subnetted, 1 subnets
C    172.16.1.0 is directly connected, FastEthernet0/0       !直连路由
S    192.168.1.0/24 [1/0] via 172.16.1.2                     !静态路由(管理距离 1)
```

```
S    192.168.4.0/24 [1/0] via 210.29.233.2        !静态路由(管理距离1)
C    210.29.233.0/24 is directly connected, Serial2/0    !直连路由
```

2. RInternet 的路由配置

```
RInternet#configure terminal
RInternet(config)#ip route 0.0.0.0 0.0.0.0 210.29.233.1
RInternet(config)#exit
RInternet#show ip route                          !验证路由表
C    192.168.4.0/24 is directly connected, FastEthernet0/0    !直连路由
C    210.29.233.0/24 is directly connected, Serial2/0    !直连路由
S*   0.0.0.0/0 [1/0] via 210.29.233.1            !默认路由
```

(三)在核心交换机上进行静态路由配置

```
SCore #configure terminal
SCore(config)#ip routing                         !在三层交换机上启用路由功能
SCore(config)#ip route 210.29.233.0 255.255.255.0 172.16.1.1
SCore(config)#ip route 192.168.4.0 255.255.255.0 172.16.1.1
```

(四)PC1 与 PC4 连通性测试

在 PC1 上 ping PC4：

```
PC>ping 192.168.4.10                             !连通
```

在 PC4 上 ping PC1：

```
PC>ping 192.168.1.10                             !连通
```

其他的连通性,配置的静态路由与此相似,不再重复。

六、检查评议

具体评价方式、评价内容及评价标准见附录。

七、拓展提高

(一)知识链接

度量值介绍如下。

为了衡量一条路径的优劣,刷新路由表时给每条路径生成一个数字,称为度量值(Metric)。度量值代表距离。它们用来在寻找路由时确定最优路由。度量值越小,说明该路径越好。度量值可以由路径的一个因素或多个因素决定,常见的因素如跳数、带宽、延迟、负载、可靠性、开销等。

每种路由算法在产生路由表时,会为每条通过网络的路径产生一个度量值。度量值的计算可以只考虑路径的一个特性,也可以综合多个特性产生。一些常用的度量值有以下几个。

(1) 跳数(Hop Count):报文要通过的路由器的台数。

(2) 带宽(Bandwidth):数据链路的容量。

(3) 时延(Delay):报文从源端传到目的端的时间。

(4) 负载(Load):网络资源或链路已被使用部分的大小。

(5) 可靠性(Reliability)：网络链路的差错率。
(6) 开销(Cost)：根据带宽、费用或其他一些由网络管理员指定的度量方法计算值。
(7) 滴答数(Ticks)：用 IBM PC 的时钟标记的数据链路的延时(大约 55ms 或 1/8s)。
(8) MTU：在一条路径上所有链接可接受的最大消息长度(单位为字节)。

(二) 技能链接

静态路由配置的两种命令格式。

格式一：ip route route［目的网络地址］［子网掩码］［下一跳 IP 地址］。

格式二：ip route route［目的网络地址］［子网掩码］［下一跳本地端口］。

例如，在 REdge 上，命令可写成：

格式一：REdge(config)♯ip route 192.168.4.0 255.255.255.0 210.29.233.2。

格式二：REdge(config)♯ip route 192.168.4.0 255.255.255.0 Serial2/0。

格式一中，210.29.233.2 是邻接路由器 RInternet 的端口 Serial2/0 的 IP 地址，格式二中 Serial2/0 是本地路由器 REdge 的本地端口。这两条命令功能是相同的。

任务 4.2.3　配置动态路由

一、任务描述

为了便于管理，企业网内部需要启用动态路由协议，请配置。

二、任务分析

上一个任务已经通过配置静态路由，使得网络能够进行通信，内网 PC1 能够 ping 通外网的 PC4。本任务要求通过动态路由协议实现此功能。

三、知识准备

由于静态路由自身的缺点，20 世纪 90 年代主要的路由算法都是动态路由算法，路由器通过分析收到的路由更新信息来适应网络环境的变化，并对路由表做相应的改变。

(一) 动态路由

由路由器按指定的协议格式在网络上广播和接收路由信息，通过路由器之间不断交换的路由信息动态地更新和确定路由表，并随时向附近的路由器广播，称为动态路由。

动态路由器通过检查其他路由器的信息，并根据开销、链接等情况自动决定每个数据包的最佳路径。动态路由方式仅需要手动配置第一条或最初少量路径，其他路径则由路由器自动配置。动态路由配置简单、灵活，成为目前主要的路由类型。

当网络拓扑结构或流量发生变化时，动态路由协议会自动调整路由信息，自行建立到达目标网络的最佳路径。常见的动态路由协议有 RIP、IGRP、EIGRP、OSPF、BGP 等。

(二) 自治系统

自治系统(Autonomous System,AS)就是处于一个管理机构控制之下的路由器和网络群组。它也可以是一个路由器直接连接到一个 LAN 上，同时也连到 Internet 上；它可以是一个由企业骨干网互联的多个局域网。在 AS 中的所有路由器必须相互连接，运行相同的路由协议，如 RIP、IGRP、EIGRP、OSPF，同时分配同一个 AS 编号。AS 间的链接使用外部路由协议，如 BGP。

可以将网络划分成多个 AS,每个 AS 是一个区域,AS 划分是一种逻辑划分。划分 AS 的主要目的在于方便网络管理,同时减少路由表的路径条目。

动态路由协议分为内部网关协议(Interior Gateway Protocol,IGP)和外部网关协议(Exterior Gateway Protocol,EGP)。AS 内部采用的路由协议称为内部网关协议,常用的有 RIP、OSPF 和 IS-IS;用于多个 AS 之间的路由协议称为外部网关协议,常用的有 BGP 和 BGP-4。

(三)动态路由协议的两种类型

1. 距离矢量路由协议

用于路由器间路径的建立,要求计算网络跳数。网络跳数,即发送端的路由器开始,到目标网络所在的路由器的数目(发送端到目标网络之间的路由器数目)。属于该类型的协议有 RIP、IGRP、EIGRP、BGP。

距离矢量路由协议(Distance Vector)要求每台路由器把它的整个路由表发送给与它直接连接的其他路由器。路由表中的每一条记录都包括目标逻辑地址、相应的网络接口和该条路由的矢量距离。当一个路由器从它的相邻处收到更新信息时,它会将更新信息与本身的路由表相比较。如果该路由器比较出一条新路由或是找到一条比当前路由更好的路由时,它会对路由表进行更新:将从该路由器到邻居之间的矢量距离与更新信息中的矢量距离相加作为新路由的矢量距离。

距离矢量路由协议,会按固定时间在路由器之间相互发送更新路径的广播包,将所有路由器的路径更新。

2. 链路状态路由协议

用于路由器间路径的建立,按照网络链路状态 LSA 进行网络路径的更新。链路状态(Link State)包括线路通信速度、线路繁忙程度、线路通信质量、衰减等,由此考虑选择网络路径。如果链路状态不佳,会考虑选择其他较好的线路。如果哪段或哪个网络状态欠佳,则只更新与该网络相关的路由中的路径,其他路由器及无关网络不予更新。属于该类型的协议有 EIGRP、OSPF、IS-IS。

(四)RIP 路由协议

1. RIP 路由协议概念

RIP 路由协议(Routing Information Protocol,RIP 路由信息协议)是路由器中最早的路由协议。通过 RIP 路由协议,可以到达网络中所有的路径。

RIP 路由协议是距离矢量路由协议,RIP 规定度量值的取值在 0~15,大于或等于 16 的跳数被定义为无穷大,即目的网络或主机不可达。RIP 路由协议在选择路径时,使用贝尔曼-福特算法确定最佳路径,到达目标网络的跳数最少,则认为网络路径最佳。当网络结构发生变化时,RIP 路由协议会自动进行路径更新,每隔 30s 就会向相邻路由器发送更新广播包。如果 180s 后路由器还没有收到更新广播包,则认为对方线路故障。如果 240s 后还未收到更新广播包,则从路由器中删除到对方路由器的路径。RIP 通过 UDP 协议的 520 端口来进行报文交换。

RIP 路由协议有两个版本,即版本 1 与版本 2,两个版本功能类似,但版本 2 支持 CIDR

与 VLSM。RIPv1 参见 RFC 1058。在 RFC 1388 中提出了改进的 RIPv2,并在 RFC 1723 和 RFC 2453 中进行了修订。

2. 路由环路

距离矢量路由协议容易产生路由循环,而使信息永远不能到达目的地。RIP 协议也会产生。为了减少路由环路,采取以下四个机制。

1)水平分割(Split Horizon)

思想:如果一条路由信息是从 X 端口学习到的,那么不在 X 端口再次发送这条路由。这是保证不产生路由环路的最基本机制。

2)毒化逆转(Poison Reverse)

思想:如果一条路由信息无效后,并不立即从路由表中删除,而是将这条信息的度量值设置为 16,即不可达,再将它广播出去。该机制可立即清除相邻路由器之间的任何环路。

3)触发更新(Trigger Update)

思想:路由器一旦察觉到网络变化,就尽快甚至是立即发送更新报文,而不等待 30s 更新周期结束。相邻路由器也立即应答一个更新报文,不必等到下一个更新周期。这样网络拓扑的变化会最快地传播,从而减少路由环路的可能。

4)抑制计时(Holddown Timer)

思想:一条路由信息无效后,在一定时间内不再接收同一目的地址的路由更新。当一条链路频繁启停时,抑制计时减少了路由的浮动,增加了网络的稳定性。

3. RIP 网络协议配置

(1)路由器基本配置。为所有路由器的接口配置 IP 地址、子网掩码及时钟频率,并激活。

(2)在全局模式下,进行 RIP 路由协议配置模式:Router RIP。

(3)在 RIP 路由协议配置模式下,将 RIP 路由协议版本更改为 Version 2(默认 Version 1)。

(4)在 RIP 路由协议配置模式下,为路由器指出当前路由器所在的各网络。路由器在多少个网络,就添加多少条 network 命令。格式:network 网络地址。

四、工具材料

- 在真实岗位中:PC、服务器、交换机、路由器等组成网络。
- 在虚拟实验中:VMware、操作系统或 Cisco Packet Tracer 软件。

五、任务实施

在拓扑图 4-4 中,本任务采用动态路由协议 RIP 继续完成连通配置。操作步骤如下。

(一)路由器基本配置

完成各个网络设备的 IP 地址设置,并保证连接的网络端口为 UP 状态。已在任务 4.2.1 中完成,本任务不再重复。

(二)在路由器上进行动态路由配置

1. REdge 的路由配置

```
REdge#configure terminal
REdge(config)#router rip                              !激活 RIP 协议
REdge(config-router)#version 2                        !指定 RIP 版本 2
```

```
REdge(config-router)#network 172.16.0.0                    !发布直连网段
REdge(config-router)#network 210.29.233.0                  !发布直连网段
REdge(config-router)#end
REdge#show ip route                                        !验证路由表
     172.16.0.0/24 is subnetted, 1 subnets
C    172.16.1.0 is directly connected, FastEthernet0/0     !直连路由
R    192.168.1.0/24 [120/1] via 172.16.1.2, 00:00:20, FastEthernet0/0
                                                           !RIP 路由
R    192.168.4.0/24 [120/1] via 210.29.233.2, 00:00:22, Serial2/0  !RIP 路由
C    210.29.233.0/24 is directly connected, Serial2/0      !直连路由
```

2. RInternet 的路由配置

```
RInternet#configure terminal
RInternet(config)#router rip
RInternet(config-router)#version 2
RInternet(config-router)#network 192.168.4.0
RInternet(config-router)#network 210.29.233.0
RInternet(config-router)#exit
RInternet(config)#ip route 0.0.0.0 0.0.0.0 210.29.233.1
RInternet(config)#exit
RInternet#show ip route                                    !验证路由表
R    172.16.0.0/16 [120/1] via 210.29.233.1, 00:00:00, Serial2/0  !RIP 路由
R    192.168.1.0/24 [120/2] via 210.29.233.1, 00:00:02, Serial2/0
C    192.168.4.0/24 is directly connected, FastEthernet0/0 !直连路由
C    210.29.233.0/24 is directly connected, Serial2/0      !直连路由
S*   0.0.0.0/0 [1/0] via 210.29.233.1                      !默认路由
```

（三）在核心交换机上进行动态路由配置

```
SCore #configure terminal
SCore(config)#ip routing                                   !在三层交换机上启
                                                            用路由功能
SCore (config)#router rip
SCore (config-router)#version 2
SCore (config-router)#network 172.16.1.0
SCore (config-router)#network 192.168.1.0
SCore (config-router)#end
SCore #show ip route
     172.16.0.0/24 is subnetted, 1 subnets
C    172.16.1.0 is directly connected, FastEthernet0/1
C    192.168.1.0/24 is directly connected, Vlan10
R    192.168.4.0/24 [120/2] via 172.16.1.1, 00:00:17, FastEthernet0/1
R    210.29.233.0/24 [120/1] via 172.16.1.1, 00:00:17, FastEthernet0/1
```

配置动态路由

（四）PC1 与 PC4 连通性测试

在 PC1 上 ping PC4：

```
PC>ping 192.168.4.10                                       !连通
```

在 PC4 上 ping PC1：

```
PC>ping 192.168.1.10                                              !连通
```

其他连通性，配置的动态路由与此相似，不再重复。

（五）从 PC1 跟踪到 PC4

在主机 PC1 上观察路由：

```
PC>tracert 192.168.4.10
Tracing route to 192.168.4.10 over a maximum of 30 hops:
  1   0 ms      0 ms      0 ms      192.168.1.1
  2   0 ms      0 ms      0 ms      172.16.1.1
  3   32 ms     16 ms     31 ms     210.29.233.2
  4   0 ms      31 ms     32 ms     192.168.4.10
Trace complete.
```

（六）RIP 诊断

1. 在 REdge 下查看 RIP 路由广播信息

```
REdge#debug ip rip
    RIP protocol debugging is on
    REdge#RIP: received v2 update from 172.16.1.2 on FastEthernet0/0
        192.168.1.0/24 via 0.0.0.0 in 1 hops
    RIP: received v2 update from 210.29.233.2 on Serial2/0
        192.168.4.0/24 via 0.0.0.0 in 1 hops
    RIP: sending   v2 update to 224.0.0.9 via FastEthernet0/0 (172.16.1.1)
    RIP: build update entries
        192.168.4.0/24 via 0.0.0.0, metric 2, tag 0
        210.29.233.0/24 via 0.0.0.0, metric 1, tag 0
    ...
REdge#no debug ip rip
    RIP protocol debugging is off
```

2. 在 R2 下查看 RIP 路由广播信息

```
R2#debug ip rip
    RIP protocol debugging is on
    RInternet#RIP: sending   v2 update to 224.0.0.9 via FastEthernet0/0 (192.168.4.1)
    RIP: build update entries
        172.16.0.0/16 via 0.0.0.0, metric 2, tag 0
        192.168.1.0/24 via 0.0.0.0, metric 3, tag 0
        210.29.233.0/24 via 0.0.0.0, metric 1, tag 0
    RIP: sending   v2 update to 224.0.0.9 via Serial2/0 (210.29.233.2)
    RIP: build update entries
        192.168.4.0/24 via 0.0.0.0, metric 1, tag 0
    ...
R2#no debug ip rip
    RIP protocol debugging is off
```

六、检查评议

具体评价方式、评价内容及评价标准见附录。

七、拓展提高

（一）IGRP 路由协议

IGRP 路由协议（内部网关路由协议）是内部路由协议，同时也是距离矢量路由协议。IGRP 路由协议完全由 Cisco 公司开发，仅限于 Cisco 公司的路由器使用。

与 RIP 路由协议相比，IGRP 路由协议最多支持 255 跳，可支持大型网络。IGRP 路由协议选择最佳路径，从网络路径的带宽、衰减、延迟以及通信质量等综合考虑。IGRP 路由协议不支持 CIDR 与 VLSM。

IGRP 路由协议在进行路径更新时，路由器每隔 90s 向相邻的路由器发送广播，告知当前路由器的接口及所在网络；如果 270s 仍未收到更新广播，则标识该接口所连接的路径不可用；如果 280s 仍未收到更新广播，则将路径禁用；如果 630s 仍未收到更新广播，则将该路径删除。

IGRP 路由协议配置，自治系统号必须向 CNNIC 申请才行；否则网络不允许接入。

（二）EIGRP 路由协议

EIGRP（增强型内部网关路由协议）是在原 IGRP 路由协议基础上升级，支持 CIDR 与 VLSM。EIGRP 路由协议既是距离矢量路由协议，又是链路状态路由协议，同时具备两种路由协议特点。EIGRP 路由协议完全由 Cisco 公司开发，仅限于 Cisco 公司的路由器使用。

EIGRP 路由协议最多支持的路由跳数为 110 跳。若想在网络中选择最佳路径，需要通过网络路径的链路速度、衰减、延迟以及通信质量等进行综合考虑。

EIGRP 路由协议将网络结构发生变化的部分，通告相邻路由器，其他正常的路径将不发生变化。与 IGRP、RIP 路由协议相比，EIGRP 路由协议节省网络带宽，占用的路由器资源较少。

（三）OSPF 路由协议

1. OSPF 路由协议基本思想

OSPF（Open Shortest Path First，开放式最短路径优先协议）是链路状态路由协议。OSPF 路由协议是由 IETF（Internet 工程任务组）开发，解决了非 Cisco 路由器之间的路径选择。不同品牌路由器的连接，应选择 OSPF。

OSPF 路由协议基本思想：互联网上的每个路由器周期性地向其他路由器广播自己与相邻路由器的连接关系，以使各个路由器可以画出一张互联网拓扑图。利用拓扑图和最短路径优先算法，路由器就可以计算出自己到达各个网络的最短路径。

根据拓扑图，路由器按照最短路径优先算法计算出以本路由器为根的 SPF 树，它描述了该路由器到达每个网络的路径和距离。通过 SPF 树，路由器就可以生成自己的路由表。

OSPF 是从 RIP 路由协议升级而来。RIP 路由协议向网络广播整个路由表，OSPF 向网络广播部分路由表，即仅更新所发生的网络结构部分。OSPF 路由协议支持可变长型子网掩码 VLSM 以及 CIDR。

OSPF 路由协议在选择最佳路径时,需结合线路的带宽、延迟、衰减、通信质量等综合考虑。OSPFv2 参见 RFC 2328。

2．OSPF 路由协议特点

(1) 链路状态路由选择算法与距离矢量路由选择算法有很大区别,前者需要了解整个互联网的拓扑结构图,利用拓扑结构图得到 SPF 树,再由 SPF 树生成路由表;而后者不需要了解整个互联网的拓扑结构,通过相邻的路由器即可了解到达每个网络的可能路径。

随着网络规模的不断扩大,网络中交换的路由信息量会成倍增加,路由表的计算也更为复杂,为了解决这个问题,OSPF 主要采用了分层和指派路由器的方法。

(2) OSPF 具有收敛速度快、占用网络资源少、支持服务类型选路、提供负载均衡和身份认证等优点,适合于在规模庞大、环境复杂的互联网中使用。

(3) OSPF 支持基于接口的报文验证,支持到同一目的地址的多条等值路由,OSPF 发现的路由可以根据不同的类型而有不同的优先级。

3．OSPF 路由协议配置

在配置 OSPF 路由协议时,应将 OSPF 路由协议所在的路由器,均配置在相同的自治系统内,自治系统编号为 0,即表示网络为主干。

路由器基本配置完成后,在全局模式下,输入命令进入 OSPF 路由协议配置模式:

router ospf 进程号

进程号可以任意,主要用于标识 OSPF 路由协议工作进程,不同路由器的进程可以不同。

用命令 network 指定路由器各接口所在网络:

network 接口所在的网络号 子网掩码通配符 area 所在自治系统号

如果接口所用 IP 是经过子网划分,则应添加上子网划分后的网络号。子网掩码通配符主要用于确定所给定的 IP 地址的网络号,通配符可以理解成将子网掩码的二进制各位全部求反,或者是将 255.255.255.255 减去子网掩码可得到对应的通配符。area 所在自治系统号将所有路由器的 OSPF 路由协议,统一设定为自治系统 0 中,表示所有路由器均工作在主干上,如 network 210.29.234.32 0.0.0.31 area 0。

任务 4.3 测试网络连通性

任务 4.3.1 捕获 ICMP 报文

一、任务描述

企业网组建过程中,网络是否正常运行,需要利用 ICMP 测试网络的连通性。

二、任务分析

TCP/IP 参考模式的网络层是无连接、不可靠的,因此,网络层就可能出现网络故障。

使用 ICMP,可以发现和检测网络中的故障,帮助改善网络的性能。

ICMP 有自己的报文,通过捕获报文,分析报文类型和代码,可以得出网络通不通、主机是否可达、路由是否可用等有用的网络状态信息。本任务借助网络命令和网络工具,捕获 ICMP 报文,测试网络连通性。

三、知识准备

ICMP(Internet Control Message Protocol,因特网控制报文协议)是 TCP/IP 参考模型网络层的无连接协议,用于传输出错报告控制信息,对于网络正常运行具有极其重要的意义。

(一)ICMP 主要功能

ICMP 的主要功能包括在主机、路由器之间传递控制信息,如报告错误、交换受限控制和状态信息等。当 IP 数据报无法到达目标、当 IP 路由器无法按当前的传输速率转发数据报、当路由器能够引导主机在更短路由上发送等情况发生时,路由器会自动发送 ICMP 报文。参见 RFC 792。

收到 ICMP 报文的源主机会分析 ICMP 报文的首部和数据,从而得知网络具体事件,确认 IP 数据报是否送达目的地,了解 IP 数据报被丢弃的具体原因等。上层协议使用自己的差错控制程序来判断通信是否正确。

从此角度看,ICMP 协议的目的是为了当网络出现问题时返回控制信息,虽然 ICMP 报文本身不含用户数据,但是对于用户数据的正常传递起着重要的作用。

注意:ICMP 协议属于网络层,为 IP 协议服务,但却使用 IP 协议作为底层支持。实际上,ICMP 协议是 IP 协议的一部分,每种 IP 模块都需要实现 ICMP 协议。ICMP 报文被封装在 IP 数据报中,作为 IP 数据报的数据被传输。

(二)ICMP 报文一般格式

ICMP 报文一方面作为 IP 数据报的数据;另一方面 ICMP 报文本身也有自身相应的格式,如图 4-14 所示。

图 4-14 ICMP 报文一般格式

ICMP 报文的前 4 字节是统一的格式,共有 3 个字段,包括类型(1 字节)、代码(1 字节)和校验和(2 字节)。校验和字段检验整个 ICMP 报文。

接着的 4 字节内容与 ICMP 类型有关。数据字段的长度又取决于 ICMP 的类型。

(三)ICMP 报文大类、类型和代码

ICMP 报文分为两个大类,即 ICMP 询问报文和 ICMP 差错报告报文。每一大类又分为多个类型。ICMP 报文类型与字段值对应关系如表 4-8 所示。

表 4-8 ICMP 报文类型与字段值对应关系

ICMP 报文大类	类型值	代码值	描述
询问报文	8/0	0	回显请求(Ping 请求)/回显应答(Ping 应答)
	10/9	0	路由器请求/路由器通告
	13/14	0	时间戳请求/时间戳应答
	17/18	0	地址掩码请求/地址掩码应答
差错报告报文	3	0	网络不可达
		1	主机不可达
		2	协议不可达
		3	端口不可达
		4	需要分片但设置位不分片
		5	源路由失败
		6	目的网络未知
		7	目的主机未知
		9	目的网络被强制禁止
		10	目的主机被强制禁止
		11	由于服务类型 TOS,网络不可达
		12	由于服务类型 TOS,主机不可达
		13	由于过滤,通信被强制禁止
		14	主机越权
		15	优先中止生效
	4	0	源站抑制
	5	0	对网络重定向
		1	对主机重定向
		2	对服务类型和网络重定向
		3	对服务类型和主机重定向
	11	0	传输期间生存时间为 0
		1	在数据报组装期间生存时间为 0
	12	0	坏的 IP 首部(包括各种差错)
		1	缺少必需的选项

(四) ICMP 询问报文格式

ICMP 询问报文有四种,分为回显请求和应答(type=8/0)、路由器请求和通告(type=10/9)、时间戳请求和应答(type=13/14)、地址掩码请求和应答(type=17/18)。各种询问报文长度不尽相同。例如,回显请求和应答报文长度都为 40 字节,路由器请求和通告报文长度分别为 8 字节、(8+8 倍数)字节,时间戳请求和应答报文长度都为 20 字节,地址掩码请求和应答报文长度都为 24 字节。详细询问报文格式如图 4-15~图 4-19 所示。

类型：8/0	代码：0	校验和
标识符		序号
由请求报文发送；由应答报文重复		

图 4-15　ICMP 回显请求和应答报文格式

类型：10	代码：0	校验和
未使用（全 0）		

图 4-16　ICMP 路由器请求报文格式

类型：9	代码：0	校验和
地址数	地址项长度：2	生存时间/s
路由器地址 1		
优先级 1		
路由器地址 2		
优先级 2		
⋮		

图 4-17　ICMP 路由器通告报文格式

类型：13/14	代码：0	校验和
标识符		序号
原始时间戳		
接收时间戳		
发送时间戳		

图 4-18　ICMP 时间戳请求和应答报文格式

类型：17/18	代码：0	校验和
标识符		序号
地址掩码		

图 4-19　ICMP 地址掩码请求和应答报文格式

（五）ICMP 差错报告报文格式

ICMP 差错报告报文有五种，分为目的不可达（type＝3）、源站抑制（type＝4）、改变路由（type＝5）、时间超过（type＝11）和参数问题（type＝12）。出现这些差错时，路由器或主机将向源站发送相应差错报告报文。详细差错报告报文格式如图 4-20 至图 4-24 所示。

类型：3	代码：0～15	校验和
未使用（全 0）		
收到的 IP 数据报的首部及其数据的前 8 字节		

图 4-20　ICMP 目的不可达差错报告报文格式

类型：4	代码：0	校验和
未使用（全 0）		
收到的 IP 数据报的首部及其数据的前 8 字节		

图 4-21　ICMP 源站抑制差错报告报文格式

类型：5	代码：0～3	校验和
目标路由器 IP 地址		
收到的 IP 数据报的首部及其数据的前 8 字节		

图 4-22　ICMP 改变路由差错报告报文格式

类型：11	代码：0 或 1	校验和
未使用（全 0）		
收到的 IP 数据报的首部及其数据的前 8 字节		

图 4-23　ICMP 超时差错报告报文格式

类型：12	代码：0 或 1	校验和
指针	未使用（全 0）	
收到的 IP 数据报的首部及其数据的前 8 字节		

图 4-24　ICMP 参数问题差错报告报文格式

数据字段需要说明。在 ICMP 差错报告报文形成过程中，截取收到的 IP 数据报的首部和数据字段的前 8 字节，作为 ICMP 差错报告报文的数据字段内容。形成新的 ICMP 差错报文全长 36 字节（ICMP 前 8 字节＋IP 数据报首部 20 字节＋IP 数据报数据字段前 8 字节），如图 4-25 所示。

图 4-25　ICMP 差错报告报文形成过程

截取 IP 数据报的数据字段的前 8 字节的目的，是为了获取传输层 TCP/UDP 端口号，以及传输层报文的 TCP 发送序号，对源站通知高层协议有用。

IP 数据报将在任务 4.3.2 中学习。

注意：目标主机不可达差错报告报文（type＝3）中，网络不可达（code＝0）、主机不可达（code＝1）、需要分片但设置位不分片（code＝4）和源路由失败（code＝5）由网关发送，而协议不可用（code＝2）和端口不可达（code＝3）由主机发送。

（六）运用 ICMP 协议测试网络连通性

1. Ping 命令的原理

ICMP 协议中的回显请求报文（type＝8）是由主机向一个特定的目的主机发出的询问。收到此报文的设备必须给源主机发送 ICMP 回显应答报文（type＝0）。这种询问报文可以测试目的站是否可达以及相关状态信息。

在应用层有一个常用的服务叫 PING（Packet InterNet Groper，因特网包探索器），它是利用 ICMP 回显请求和应答报文，测试两台主机之间的连通性。PING 是应用层直接使用网络层 ICMP 的一个例子，没有通过传输层的 TCP 或 UDP。

Windows 操作系统提供了相应的 Ping 命令，使用时对大小写没有要求。目的主机必须返回 ICMP 回显应答消息给源主机，如果源主机在一定时间内收到应答，表明主机可达。

Ping 命令除了测试特定主机是否可达外，还能测出这台主机的往返时间，以表明到达主机的距离。

2. Ping 命令涉及的数据

Ping 命令涉及较多的数据，具体如下。

1）ID（Identifier）字段

Ping 命令把 ICMP 回显请求报文中的 ID 字段设置成发送进程的 ID 号。这样，即使在同一台主机上同时运行多个 Ping 命令实例,Ping 命令也可以识别出 ICMP 回显应答报文。

2) 序列号(Sequence Number)字段

从 0 开始,每发送一次新的回显请求就加 1。Ping 命令显示返回的每个分组的序列号,可以查看有没有分组丢失、失序或重复。

3) 往返时间计算

Ping 命令通过在 ICMP 报文数据段中存放发送请求的时间值来计算往返时间。当应答返回时,用当前时间减去存放在 ICMP 报文中的时间值,即往返时间。

4) TTL 字段

当返回 ICMP 回显应答报文时,显示序列号和 TTL。TTL 包含在 IP 首部的生存时间字段中。

3. Ping 命令常用参数

用户可以在 Ping 命令中指定不同参数,如 ICMP 报文长度、发送的 ICMP 报文个数、等待应答的超时时间等,设备根据参数来构造并发送 ICMP 报文,进行 Ping 测试。

Ping 命令格式:

```
ping [-t] [-a] [-n count] [-l size] [-f] [-i TTL] [-v TOS]
     [-r count] [-s count] [[-j host-list] | [-k host-list]]
     [-w timeout] target_name
```

Ping 命令常用参数及解释如表 4-9 所示。

表 4-9 Ping 命令常用参数及解释

参　　数	解　　释
-t	连续对指定主机执行 Ping 命令,直到被 Ctrl+C 中断
-a	把地址解析为计算机 NetBIOS 名
-n count	发送回显请求报文的个数
-l size	发送回显请求报文的大小
-f	在报文中设置"不要分片"标志
-i TTL	TTL 值,指定到达对方经过的路由器数
-v TOS	服务的类型
-r count	指定要记录路由的跳数
-s count	指定当使用-r 参数时,用于每一跳路由的时间
-j host-list	按主机列表指定松散源路由
-k host-list	按主机列表指定严格源路由
-w timeout	指定超时间隔,单位为 ms,默认为 1000

表 4-9 中使用较多的参数为-t、-n、-w。

4. Ping 命令常见返回差错原因

Ping 命令的回显信息中包括目的地址、ICMP 报文长度、序号、TTL 值以及往返时间。

序号是包含在回显应答报文（type＝0）中的可变参数字段。从返回的报文中可以看到一些差错信息，差错产生的原因各不相同。

1) Request timed out

此差错信息可能的原因：对方已关机，或者错误设置 IP 地址，或者对方与自己不在同一网段内，通过路由也无法找到对方，或者对方确实存在，但设置了 ICMP 数据包过滤（如防火墙设置）。

用带参数-a 的 Ping 命令探测对方，如果能得到对方的 NetBIOS 名称，则说明对方是存在的，只是有防火墙设置；如果得不到，多半是对方不存在或关机，或不在同一网段内。

2) Destination host unreachable

此差错信息可能的原因：对方与自己不在同一网段内，而自己又未设置默认的路由，或者网络上根本没有这个地址。

注意：如果所经过的路由器的路由表中具有到达目标的路由，而目标因为其他原因不可到达，这时会出现 Request timed out；如果路由表中没有到达目标的路由，就会出现 Destination host unreachable。

3) Ping 127.0.0.1 不通

127.0.0.1 是本地循环地址，如果本地地址无法 Ping 通，则表明本地主机 TCP/IP 协议不能正常工作。

另外，no rout to host 表示网卡工作不正常；transmit failed，error code：10043 表示网卡驱动不正常。

四、工具材料

- 在真实岗位中：PC、服务器、交换机、路由器等组成网络。
- 在虚拟实验中：VMware、操作系统或 Cisco Packet Tracer 软件。

五、任务实施

组建网络后，捕获 ICMP 报文，测试网络连通性。操作步骤如下。

1. 组建网络

对本项目中图 4-4 所示的拓扑图进行简化，用一台 laptop 代替左侧多层交换机，右侧 PC4 用 loopback 0 代替，形成捕获 ICMP 报文的拓扑图，如图 4-26 所示。依据简化的拓扑图，组建好网络。

图 4-26　测试网络连通性的拓扑图

2. 规划 IP 地址

网络 IP 地址规划如表 4-10 所示。

表 4-10 网络 IP 地址规划

设 备	IP 地址	子网掩码	默认网关	备 注
R1	210.29.233.1 172.16.1.1	255.255.255.252 255.255.255.0		内网边界路由器
R2	210.29.233.2	255.255.255.252		外网路由器模拟 Internet
laptop	172.16.1.2	255.255.255.0	172.16.1.1	内网中的主机
loopback 0	192.168.4.10	255.255.255.0		模拟 Internet 中的主机

按照 IP 地址规划表,在图 4-26 上进行 IP 地址标注。

注意:R1 与 R2 之间的端口 IP 地址是经过子网划分的。

3. 配置路由器 IP 地址

1) 配置内网边界路由器 R1 的 IP 地址

参见任务 4.2.1 的基本配置。

2) 配置外网路由器 R2 的 IP 地址

参见任务 4.2.1 的基本配置。需要说明的是,loopback 0 接口的配置如下:

```
R2(config)#interface loopback 0                !启用 loopback0 接口,模拟真实接口
R2(config-if)#ip address 192.168.4.10 255.255.255.0  !配置 IP 地址
R2(config-if)#no shutdown                      !激活端口
R2(config-if)#exit                             !返回上一层
```

4. 配置 laptop 的 IP 相关信息

在 laptop 上配置 IP 地址、子网掩码、默认网关等相关信息。具体步骤不再赘述。

5. 测试网络的连通性

(1) 从 laptop 计算机 Ping 路由器 R1 的端口 FastEthernet 0/0,两台计算机(设备)间通信正常,如图 4-27 所示。

PC>ping 172.16.1.1

捕获 ICMP 报文

图 4-27 两台主机(设备)间通信正常

捕获 ICMP 请求报文，type＝8，code＝0。ICMP 报文如图 4-28 所示。

0	8	16	31 Bits
TYPE: 0x8	CODE: 0x0	CHECKSUM	
ID: 0x2		SEQ NUMBER: 1	

图 4-28　捕获的 ICMP 请求报文(1)

捕获 ICMP 应答报文，type＝0，code＝0。ICMP 报文如图 4-29 所示。

0	8	16	31 Bits
TYPE: 0x0	CODE: 0x0	CHECKSUM	
ID: 0x2		SEQ NUMBER: 1	

图 4-29　捕获的 ICMP 应答报文

(2) 从 laptop 计算机 Ping 路由器 R2 的端口 FastEthernet 1/0，通信超时，如图 4-30 所示。

```
PC>ping 210.29.233.2
```

```
Command Prompt
PC>ping 210.29.233.2

Pinging 210.29.233.2 with 32 bytes of data:

Request timed out.
Request timed out.
Request timed out.
Request timed out.

Ping statistics for 210.29.233.2:
    Packets: Sent = 4, Received = 0, Lost = 4 (100% loss),
```

图 4-30　两台主机(设备)间通信超时

捕获 ICMP 请求报文，type＝8，code＝0。ICMP 报文如图 4-31 所示。

0	8	16	31 Bits
TYPE: 0x8	CODE: 0x0	CHECKSUM	
ID: 0x5		SEQ NUMBER: 15	

图 4-31　捕获的 ICMP 请求报文(2)

捕获 ICMP 应答报文，type＝0，code＝0。ICMP 报文如图 4-32 所示。

0	8	16	31 Bits
TYPE: 0x0	CODE: 0x0	CHECKSUM	
ID: 0x5		SEQ NUMBER: 15	

图 4-32　捕获的 ICMP 应答报文(超时)

(3) 从 laptop 计算机 Ping 路由器 R2 的 loopback 0 端口，主机不可达，如图 4-33 所示。

```
PC>ping 192.168.4.10
```

```
Command Prompt
PC>ping 192.168.4.10

Pinging 192.168.4.10 with 32 bytes of data:

Reply from 172.16.1.1: Destination host unreachable.
Reply from 172.16.1.1: Destination host unreachable.
Reply from 172.16.1.1: Destination host unreachable.
Reply from 172.16.1.1: Destination host unreachable.

Ping statistics for 192.168.4.10:
    Packets: Sent = 4, Received = 0, Lost = 4 (100% loss),
```

图 4-33　两台主机(设备)间不可达

捕获 ICMP 请求报文，type＝8，code＝0。ICMP 报文如图 4-34 所示。

0	8	16	31　Bits
TYPE: 0x8	CODE: 0x0	CHECKSUM	
ID: 0x8		SEQ NUMBER: 25	

图 4-34　捕获的 ICMP 请求报文(3)

捕获 ICMP 差错报告报文，type＝3，code＝1。ICMP 报文如图 4-35 所示。

0	8	16	31　Bits
TYPE: 0x3	CODE: 0x1	CHECKSUM	
ID: 0x8		SEQ NUMBER: 0	

图 4-35　捕获的 ICMP 差错报告报文(主机不可达)

六、检查评议

具体评价方式、评价内容及评价标准见附录。

七、拓展提高

(一) 知识链接

Tracert 跟踪路由原理如下所述。

Tracert 命令是 ICMP 的另一个典型应用。Tracert 命令用 IP 数据报中生存时间(TTL)字段和 ICMP 错误报告报文来确定由源主机到目的主机所经过的路由，并显示到达每个节点(路由器)的时间。

Tracert 命令功能同 Ping 类似，但因为 Ping 命令受到 IP 数据报首部的限制(IP 数据报首部字段最多只能放 9 个 IP 地址)，Ping 不能完全记录所经过的路由器，所以才会引入 Tracert 命令。Tracert 命令所获得的信息要比 Ping 命令详细，它把报文所走的全部路径、节点的 IP 以及花费的时间都显示出来。Tracert 命令更适用于大型网络。

1) Tracert 跟踪路由过程

Tracert 基于 IP 数据报首部中的 TTL 值来逐跳跟踪报文的转发路径。跟踪过程如下。

(1) 为了跟踪到达某特定目的地址的路径，源主机的 Tracert 命令发送一个 TTL 是 1 的 IP 数据报到目的主机，当路径上的第一个路由器收到这个数据报时，它将 TTL 减 1。此时，TTL 变为 0，即 TTL 超时，于是，该路由器将此数据报丢掉，并向源端发送 TTL 超时报文(ICMP type=11)，报文中携带时间戳，包括源主机 IP 地址、内容及路由器的 IP 地址。源主机收到报文后，便知道该路由器存在于这条路径上。

（2）Tracert 再发送第二个 IP 数据报，TTL 置为 2，如上所述，发现第二个路由器。

（3）Tracert 依次将发送的 IP 数据报的 TTL 加 1，来发现下一个路由器。这个重复的动作一直持续到某个数据报抵达目的主机。

当数据报到达目的主机后，该主机则不会返回 TTL 超时报文，而是返回 ICMP 回显应答报文，故可判断到达目的主机。

2）Tracert 的作用

（1）Tracert 可以发现网络路由故障。

（2）Tracert 可以检测网络丢包状态。

（3）Tracert 根据返回报文中的时间戳计算往返时间，是检测网络时延的有效手段。

（4）Tracert 等待应答（ICMP TTL 超时报文）有固定时间，如果超时了，则会显示一行 * 号，表明在规定时间内，此路径上该设备不能发出 ICMP TTL 超时报文的应答。

（二）技能链接

1. Tracert 命令使用

Tracert 命令格式：

tracert [-d] [-h maximum_hops] [-j host-list] [-w timeout] target_name

Tracert 命令常用参数及解释如表 4-11 所示。

表 4-11　Tracert 命令常用参数及解释

参　　数	解　　释
-d	防止将中间路由器的 IP 地址解析为名称，可加速显示结果
-h maximum_hops	在搜索目的主机的路径中指定跃点的最大数。默认值为 30 跳
-j host-list	指定请求报文沿主机列表中松散源路由发送。IP 数据报首部中的"松散源路由"选项最大数为 9
-w timeout	指定等待"ICMP 超时"报文或"回显应答"报文的时间（单位:ms）。如果超时未收到报文，则显示 *。默认的超时时间为 4000(4s)

Tracert 通过计算 ICMP 报文经过的节点来确定主机与目标之间的网络距离。

注意：在 Linux 中 Traceroute 是可以选择数据包类型的，-i、-u 和-t 分别代表 ICMP、UDP、TCP 数据包类型。而在 Windows 中 Tracert 用的是 ICMP 数据包。

2. Pathping 命令使用

Pathping 命令合并了 ping 和 Tracert 命令的功能，它能够实现路由跟踪，并为路径中的每个路由器和链路提供网络延迟和数据包丢失信息，以及其他信息。Pathping 先显示中间通过的路由器（类似于 Tracert 命令得到的信息），然后对每个中间路由器（节点）发送一定数量的 Ping 包，通过统计它们对 Ping 包应答的数据包来分析通信质量。

总之，Pathping 命令在一段时间内将数据包发送到路径上的每个路由器，然后根据从每个跳点返回的数据包计算结果。由于命令显示数据包在任何给定路由器或链接上丢失的程度,因此可以很容易地确定可能导致网络问题的路由器或链接。

Pathping 命令格式:

```
pathping [-g host-list][-h maximum_hops][-i address][-n]
        [-p period][-q num_queries][-w timeout][-P][-R][-T]
        [-4][-6] target_name
```

Pathping 命令常用参数及解释如表 4-12 所示。

表 4-12　Pathping 命令常用参数及解释

参　　数	解　　释
-g host-list	指定请求报文沿主机列表中松散源路由发送
-h maximum_hops	在搜索目的主机的路径中指定跳点的最大数。默认值为 30 跳
-i address	使用指定的源地址
-n	不解析地址为主机名
-p period	两个 Ping 间等待时间
-q num_queries	每跳询问数
-w timeout	指定等待"ICMP 超时"报文或"回显应答"报文的时间(单位:ms)
-P	测试 RSVP 路径连接
-R	测试每个跳点是否支持 RSVP
-T	使用第二层优先级标记测试到每个跳点连通性
-4	强制使用 IPv4
-6	强制使用 IPv6

任务 4.3.2　分析 IP 数据报

一、任务描述

企业网连通后,分析 IP 数据报,查看 IP 数据报格式,为企业网络组建服务。

二、任务分析

在网络层,分析 IP 数据报需要捕获网络中的 IP 数据报,再分析数据报的格式、内容。IP 数据报格式包括 IP 数据报的版本、首部长度、服务类型、数据报总长度、数据报标识、分段标志、分段偏移值、生存时间、上层协议类型、首部校验和、源 IP 地址和目的 IP 地址等。

三、知识准备

(一) IP 协议

在 TCP/IP 模型中,网络层上有多种协议,其中,IP 协议是最重要的协议之一。与 IP 协议配套使用的还有四个协议,如 ARP 协议、RARP 协议、ICMP 协议和因特网组管理协议 (Internet Group Management Protocol,IGMP)。在网络层上,IP 协议处于中间,IP 使用 ARP 和 RARP 协议;ARP 和 RARP 协议位置处于下方,靠近下一层;ICMP 和 IGMP 使用

IP 协议、ICMP 和 IGMP 位置处于上方，靠近上层传输层。IP 协议的规定参见 RFC 791。

（二）IP 协议作用

IP 协议用来使互联的计算机网络能够通信，是互联网的核心协议，定义了用以实现面向无连接服务的网络层分组格式，其中包括 IP 寻址方式。不同网络技术（如不同的 LAN 技术、不同的 WAN 技术）的主要区别在于数据链路层和物理层。IP 协议能够将不同的网络技术在 TCP/IP 的网络层统一在 IP 协议之下，以统一的 IP 分组传输，提供了对异构网络互联的支持。TCP/IP 体系中的网络层也称为网际层（Internet Layer）或 IP 层。

（三）IP 数据报

IP 协议控制传输的协议单元称为 IP 数据报（IP Datagram，IP 数据报、IP 包或 IP 分组）。IP 协议屏蔽了下层各种物理子网的差异，能够向上层提供统一格式的 IP 数据报。IP 数据报采用数据报分组传输的方式，提供的服务是无连接方式。

IP 数据报的格式能够说明 IP 协议具有什么功能。IPv4 数据报由报头和数据两部分组成，其中，数据是高层需要传输的数据，而报头是为了正确传输高层数据而增加的控制信息。报头的前一部分长度固定，共 20 字节，是所有 IP 数据报必须具有的。在首部固定部分的后面是可选字段，长度是可变的。

在 TCP/IP 标准中，各种数据格式常常以 32 位（即 4 字节）为单位来描述，如图 4-36 所示。

图 4-36 IPv4 数据报格式

首部各字段的含义如下。

1. 固定部分

（1）版本：占 4 位，是指 IP 协议的版本。通信双方使用的 IP 协议版本必须一致。目前广泛使用的 IP 协议版本号为 4（即 IPv4）。IPv6 目前还处于起步阶段。

(2) 首部长度：占 4 位，可表示的最大数值是 15 个单位。1 个单位是 32 位(4 字节)，图 4-36 中占 1 行。因此，当 IP 的首部长度为 1111 时(即十进制 15)，首部长度最大值为 60 字节。当 IP 分组的首部长度不是 4 字节的整数倍时，必须在最后的填充字段加 0 凑足。因此，数据部分永远以 4 字节的整数倍开始，以便于实现 IP 协议。首部长度限制为 60 字节的缺点是有时不够用。但这样做的目的是希望用户尽量减少开销。

最常用的首部长度是 20 字节(即首部长度为 0101)，图 4-36 中占 5 行，不使用任何选项。

(3) 服务类型(Type Of Service,TOS)：占 8 位，用来获得更好的服务。1998 年 IETF 把这个字段改名为区分服务 DS(Differentiated Services)。3 位长度的优先级表示 8 种，4 个标志位 D、T、R 和 C 分别表示要求更低的时延、更高的吞吐量、更高的可靠性和选择更小的路由代价。通常文件传输更注重可靠性，数字声音或图像传输更注重时延。

(4) 总长度：总长度是指首部与数据之和的长度，单位为字节。因为总长度字段为 16 位，所以数据报的最大长度为 $2^{16}-1=65\ 535B$(即 64KB)。

在 IP 层下面的每一种数据链路层都有自己的帧格式，帧格式中的数据字段的最大长度称为最大传送单元(Maximum Transfer Unit,MTU)。当一个数据报封装成链路层的帧时，此数据报的总长度不得超过数据链路层的 MTU 值。以太网中，实际使用的数据报长度很少超过 1500B，有时还被限制在 576B。如果长的数据报分片，此时总长度是指分片后每片的总长度。

(5) 标识(Identification)：占 16 位。IP 软件在存储器中维持一个计数器，每产生一个数据报，计数器就加 1，并将此值赋予标识字段。但这个"标识"并不是序号，因为 IP 是无连接的服务，数据报不存在按序接收的问题。当数据报由于长度超过网络的 MTU 而必须分片时，这个标识字段的值就被复制到所有分片后的数据报的标识字段中。相同的标识字段的值使各分片能正确地重组为原数据报。

(6) 标志（Flag）：占 3 位，但目前只有两位有意义。

标志字段中间的一位记为 DF(Don't Fragment)。只有当 DF＝0 时才允许分片。

标志字段中的最低位记为 MF(More Fragment)。MF＝1 表示后面"还有分片"的数据报。MF＝0 表示若干数据报片中的最后一个。

(7) 片偏移：占 13 位。长分组在分片后，某片在原分组中的相对位置。即相对用户数据字段的起点，该片从何处开始。片偏移以 8 字节为偏移单位。即每个分片的长度一定是 8 字节(64 位)的整数倍。

(8) 生存时间(Time To Live,TTL)：占 8 位，表明数据报在网络中的寿命。由发出数据报的源点设置这个字段。其目的是防止无法交付的数据报无休止地在因特网中漫游，而消耗网络资源。最初的设计是以 s 作为 TTL 的单位，现改为可通过的路由器数的最大值。每通过一个路由器，TTL 值减 1。当 TTL 值为 0 时，就丢弃该数据报。

(9) 协议：占 8 位，协议字段指出此数据报携带的数据是使用何种协议，如 TCP、UDP 或 ICMP 等，以使目的主机的 IP 层知道应将数据部分上交给哪个处理过程。常用的协议和相应的协议字段值如表 4-13 所示。

表 4-13 常用协议和相应的协议字段值

协议名	ICMP	IGMP	TCP	EGP	IGP	UDP	IPv6	OSPF
协议字段值	1	2	6	8	9	17	41	89

（10）首部校验和：占 16 位,只校验数据报的首部,不包括数据部分。这是因为数据报每经过一个路由器,都要重新计算首部校验和（一些字段,如生存时间、标志、片偏移等都可能发生变化）。不校验数据部分可减少计算的工作量。该字段采用累加求补再取其结果补码的校验方法。若数据报正确到达,则校验和为 0。若不为 0,则丢弃该数据报。

（11）源地址：占 32 位。

（12）目的地址：占 32 位。

2. 可变部分

IP 首部的可变部分就是一个可选字段,支持排错、测量以及安全等措施。此字段的长度可变,占 1～40 字节,取决于所选择的项目。但最后需用全 0 的填充字段补齐成为 4 字节的整数倍。

增加首部的可变部分是为了增加 IP 数据报的功能,但是,IP 数据报的首部长度可变,会增加每一个路由器处理数据报的开销。实际上可变部分很少使用,因此 IPv6 的 IP 数据报中已取消。

四、工具材料

- 在真实岗位中：PC、服务器、交换机、路由器等组成网络。
- 在虚拟实验中：VMware、操作系统或 Cisco Packet Tracer 软件。

五、任务实施

1. 捕获 PDU

根据本项目中图 4-4 所示的拓扑图,从内网 PC1(192.168.1.10)上,Ping 外网中的 PC4(192.168.4.10)。

在 Cisco Packet Tracer 软件中,切换到模拟工作模式,将 Filters 只勾选 ICMP 协议。然后在 PC1 上 Ping PC4,单击 Capture/Forward 按钮,得到图 4-37 所示的模拟面板。可以看到事件列表。

2. 接收和发送 PDU 信息

（1）在图 4-37 所示的事件列表中,核心交换机右侧为信息 Info,单击此处,显示图 4-38 所示的核心交换机上的 PDU 信息。

在图 4-38 中,当前设备为 Score,即核心交换机,源设备为 PC1,目的设备为 192.168.4.10。左侧列为进入端口 Fa0/2 各层 In Layers,右侧列为输出端口 Fa0/1 各层 Out Layers。

图 4-37 带有事件列表的模拟面板

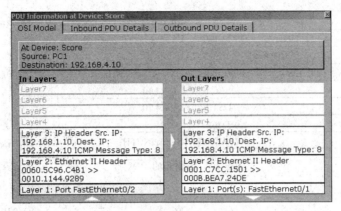

图 4-38 核心交换机上的 PDU 信息

（2）在进入端口 Fa0/2 各层 In Layers 列中，从下层向上层传输数据。最下层为物理层 Layer1，端口 Fa0/2 接收帧。

数据链路层 Layer2，从多层 MAC 表中查找帧源 MAC 地址。帧目的 MAC 地址匹配活动 VLAN 接口的 MAC 地址。帧目的 MAC 地址匹配接收端口 MAC 地址、广播地址或多播地址。设备解封来自以太网帧的 PDU。

分析 IP 数据报

网络层 Layer3 设备在路由表中查找目的 IP 地址。

（3）经过三层交换机，在输出端口 Fa0/1 各层 Out Layers 列中，从上层向下层传输数据。

网络层 Layer3 中，路由表中找到一条到目的 IP 地址的路由条目。目的网络会通过 172.16.1.1 到达。设备将分组中 TTL 减 1。

数据链路层 Layer2 下一跳 IP 地址是一个单播，ARP 进程在 ARP 表中查找它。下一跳 IP 地址在 ARP 表中，ARP 进程把帧的目的 MAC 地址设置到表中发现的条目中。设备封装 PDU 到一个以太网帧中。

物理层 Layer1 的 Fa0/1 端口发送帧。

（4）比较。

① In Layers 列和 Out Layers 列的网络层中的源 IP 地址、目的 IP 地址以及协议类型没有发生变化。

② In Layers 列和 Out Layers 列的数据链路层中的源 MAC 地址、目的 MAC 地址发生了变化。

③ In Layers 列和 Out Layers 列的物理层中的两个端口不同，一个是 Fa0/2，另一个是 Fa0/1。

3. 分析捕获的 IP 数据报

切换到 Inbound PDU Details 选项卡，可以查看到 IP 报文。图 4-39 是核心交换机接收到的不同层的 PDU 信息。

切换到 Outbound PDU Details 选项卡，可以查看到 IP 报文。图 4-40 是核心交换机发送出的不同层的 PDU 信息。

```
IP
0        4        8              16  19                      31 Bits
|   4   | IHL  |  DSCP: 0x0    |        TL: 128              |
|       ID: 0x40              | 0x0  |        0x0            |
|  TTL: 128   | PRO: 0x1      |        CHKSUM               |
|            SRC IP: 192.168.1.10                            |
|            DST IP: 192.168.4.10                            |
|         OPT: 0x0             |        0x0                  |
|            DATA(VARIABLE LENGTH)                           |
```

图 4-39　接收到的 PDU 信息

```
IP
0        4        8              16  19                      31 Bits
|   4   | IHL  |  DSCP: 0x0    |        TL: 128              |
|       ID: 0x40              | 0x0  |        0x0            |
|  TTL: 127   | PRO: 0x1      |        CHKSUM               |
|            SRC IP: 192.168.1.10                            |
|            DST IP: 192.168.4.10                            |
|         OPT: 0x0             |        0x0                  |
|            DATA(VARIABLE LENGTH)                           |
```

图 4-40　发送出的 PDU 信息

在图 4-39 和图 4-40 中,两个 IP 报文内容基本相同,各个字段值,如 IP 数据报的版本 4,首部长度为固定值,数据报总长度为 128 字节,数据报标识 9,没有分段及分段偏移值为 0,协议类型为 1(ICMP 协议),源 IP 地址为 192.168.1.10,目的 IP 地址为 192.168.4.10,没有可变部分等。但生存时间 TTL 减 1,由 128 变为 127。

六、检查评议

具体评价方式、评价内容及评价标准见附录。

七、拓展提高

IP 数据报的封装、分片与重组叙述如下。

1. IP 数据报的封装

IP 数据报在互联网上传输,要跨越多个网络,所以 IP 数据报最终也要封装成帧传输。在项目 1 的表 1-3 中,显示了网络层的 IP 数据报封装进数据链路层的数据帧的过程。

在互联网上,当源主机向目的主机发送数据时,中间网络需要重新封装 IP 数据报。源主机、中间路由器、目的主机在内存中只保留整个 IP 数据报,没有附加帧头信息。只有在物理网络时才会被封装进一个合适的帧中进行传输。在整个互联网的传输过程中,帧头并没有累加,目的主机接收到的 IP 数据报与源主机发送时是一样的。

2. IP 数据报的分片

不同网络的数据链路层是不一样的,都有自己的数据帧格式,MTU 也不同,如表 4-14 所示。当 IP 数据报被封装进数据链路层的数据帧中时,IP 数据报的总长度不能超过 MTU 值。也就是说,一个 IP 数据报的长度不大于一个网络的 MTU 时,才能在这个网络中传输。

表 4-14　不同数据链路层协议的 MTU 值

协　议	MTU 值	协　议	MTU 值
Hyperchannel	65535	以太网	1500
令牌环(16Mb/s)	17914	X.25	576
令牌环(4Mb/s)	4464	PPP	296
FDDI	4352		

当路由器连接两个不同协议的网络时,两个网络的 MTU 值可能不同,从一个网络上接收的 IP 数据报不一定能在另一个网络上发送,如从以太网接收发送到 X.25 网。此时,MTU 1500＞576,所以,路由器必须把 IP 数据报分成多个较小的部分,即分片。每个分片像正常的 IP 数据报独立路由选择,到达目的主机。

3. IP 数据报的重组

目的主机将接收到的所有分片,根据数据报的标识、偏移、标志等字段,重新组装成完整的原始 IP 数据报的过程,称为 IP 数据报的重组。IP 数据报的重组不是在路由器上,而是在最终的目的主机上。

项 目 回 顾

本项目涉及网络层的相关知识和技能。通过组建企业网,对逻辑地址、子网划分、测试网络连通性、路由等进行了详细的学习。网络层最重要的协议是 IP 协议,本项目分析了 IP 数据报的格式,并学习了网络层另一个常用协议——ICMP。

路由及配置是本项目的另一个重要知识和技能。没有路由,互联网是不能正常通信的。静态路由是学习的基础,动态路由中 RIP 同样是基础,OSPF 在目前应用的路由协议中占有相当重要的地位,是需要进一步学习的内容。

职业资格度量

一、选择题

(1、2 锐捷网络"2011 校园招聘绿色通道"技术考试)

1. RIP 路由协议是距离矢量路由协议,那么其通过(　　)协议和(　　)端口来进行报文交换。

　　A. TCP、89　　　　B. UDP、89　　　　C. UDP、520　　　　D. TCP、520

2. 在路由表中 0.0.0.0 代表(　　)。

　　A. 静态路由　　　B. 动态路由　　　C. 默认路由　　　D. RIP 路由

3. 下列关于 OSPF 协议的说法,错误的是(　　)。(华为 3Com 认证题)

　　A. OSPF 支持基于接口的报文验证

　　B. OSPF 支持到同一目的地址的多条等值路由

　　C. OSPF 是一个基于链路状态算法的边界网关路由协议

D. OSPF 发现的路由可以根据不同的类型而有不同的优先级

4. 网络管理员使用 RIP 路由协议在 AS 内实施路由。下列(　　)两项是该协议的特征。(选二,2012 年 CCNA)

A. 使用贝尔曼-福特算法确定最佳路径

B. 显示确切的网络拓扑图

C. 可以使大型网络快速收敛

D. 定期将完整的路由表发送给所有连接的设备

E. 在复杂网络和分层设计网络中很有用

5. 下面(　　)正确描述了路由协议。

A. 允许数据包在主机间传送的一种协议

B. 定义数据包中域的格式和用法的一种方式

C. 通过执行一个算法来完成路由选择的一种协议

D. 指定 MAC 地址和 IP 地址捆绑的方式和时间的一种协议

6. 路由信息中不包含以下(　　)。

A. 源地址　　　B. 下一跳　　　C. 目标网络　　　D. 路由权值

7. 一路由器去往同一目的地有多条路由,则决定最佳路由的因素有(　　)。(选二)

A. 路由的优先级　　　　　　B. 路由的发布者

C. 路由的 Metirc 值　　　　　D. 路由的生存时间

8. 在 RIP 协议中,计算 Metric 值的参数是(　　)。

A. MTU　　　B. 时延　　　C. 带宽　　　D. 路由跳数

9. 以下(　　)路由表项要由网络管理员手动配置。

A. 静态路由　　　　　　　　B. 直接路由

C. 动态路由　　　　　　　　D. 以上说法都不正确

10. RIP 协议是基于(　　)。

A. UDP　　　B. TCP　　　C. ICMP　　　D. Raw IP

11. 在 RIP 中 Metric 等于(　　)为不可达。

A. 8　　　B. 10　　　C. 15　　　D. 16

12. 已知某台路由器的路由表中有以下两个表项:

```
Destination/Mast protocol preferen Metric Nexthop/Interface
9.0.0.0/8        OSPF      10        50     1.1.1.1/Serial0
9.1.0.0/16       RIP       100       5      2.2.2.2/Ethernet0
```

如果该路由器要转发目的为 9.1.4.5 的报文,则下列说法中正确的是(　　)。

A. 选择第一项,因为 OSPF 协议的优先级高

B. 选择第二项,因为 RIP 协议的花费值(Metric)小

C. 选择第二项,因为出口是 Ethternet0,比 Serial0 速度快

D. 选择第二项,因为该路由项对于目的地址 9.1.4.5 来说,是更精确的匹配

13. 静态路由的缺点是(　　)。

A. 管理简单　　　　　　　　B. 自动更新路由

C. 提高网络安全性　　　　　D. 节省带宽

(14～17 CCNA 认证考试)

14. Your junior network administrator wants to know what the default subnet mask is for a Class C IP address. What do you tell him? ( )

  A. 255.0.0.0   B. 255.255.0.0
  C. 255.255.255.0   D. 255.255.255.255

15. You are designing a network, which needs to support 55 users. You don't plan to extend the segment beyond the current number of users. Which subnet mask would best meet your needs? ( )

  A. 255.255.0.0   B. 255.255.255.0
  C. 255.255.255.192   D. 255.255.255.160

16. Which of the following IP addresses is not a public IP address that can be routed over the Internet? ( )

  A. 2.3.4.5   B. 11.12.13.14
  C. 165.23.224.2   D. 172.31.45.34
  E. 203.33.45.22

17. Which of the following prompts indicates your router is in Privileged EXEC mode? ( )

  A. Router＞ B. Router＃ C. Router& D. Router＄

18. DHCP 服务器给 PC1 分配 IP 地址时，默认网关地址是 202.117.110.65/27，则 PC1 的地址可能是( )。(2017 年网络工程师上半年卷)

  A. 202.117.110.94   B. 202.117.110.95
  C. 202.117.110.96   D. 202.117.110.97

19. IPv4 的 D 类地址是组播地址，224.0.0.1 表示( )构成的组播组。(2017 年网络工程师下半年卷)

  A. DHCP 服务器   B. RIPv2 路由器
  C. 本地子网中的所有主机   D. OSPF 路由器

20. 以下地址中用于组播的是( )。(2018 年网络工程师上半年卷)

  A. 10.1.205.0   B. 192.168.0.7
  C. 202.105.107.1   D. 224.1.210.5

21. 以下 IP 地址中，既能作为目的地址又能作为源地址，且以该地址为目的地址的报文在 Internet 上通过路由器进行转发的是( )。(2018 年网络工程师下半年卷)

  A. 0.0.0.0   B. 127.0.0.1
  C. 100.10.255.255/16   D. 202.117.112.5/24

22. 下列关于私有地址个数和地址的描述，正确的是( )。(2018 年网络工程师下半年卷)

  A. A 类有 10 个：10.0.0.0～10.9.0.0
  B. B 类有 16 个：172.0.0.0～172.15.0.0
  C. B 类有 16 个：169.0.0.0～169.15.0.0
  D. C 类有 256 个：192.168.0.0～192.168.255.0

23. 把 IP 网络划分成子网的好处是（　　）。(2018 年网络工程师下半年卷)
    A. 减小冲突域的大小　　　　　　　B. 减小广播域的大小
    C. 增加可用主机的数量　　　　　　D. 减轻路由器的负担

24. 某主机接口的 IP 地址为 192.16.7.131/26，则该 IP 地址所在网络的广播地址是（　　）。(2018 年网络工程师下半年卷)
    A. 192.16.7.255　　　　　　　　　B. 192.16.7.129
    C. 192.16.7.191　　　　　　　　　D. 192.16.7.252

25. 某单位 IP 地址需求数如表 4-15 所示，给定地址 192.168.1.0/24，按照可变长子网掩码的设计思想，部门 3 的子网掩码为（　　）。(2017 年网络工程师上半年卷)

表 4-15　IP 地址规划

二级单位名称	IP 地址需求数	二级单位名称	IP 地址需求数
部门 1	100	部门 4	10
部门 2	50	部门 5	10
部门 3	30		

    A. 255.255.255.128　　　　　　　B. 255.255.255.192
    C. 255.255.255.224　　　　　　　D. 255.255.255.240

26. 某公司网络的地址是 192.168.192.0/20，要把该网络分成 32 个子网，则对应的子网掩码应该是（　1　），每个子网可分配的主机地址数是（　2　）。(2018 年网络工程师上半年卷)
    (1) A. 255.255.252.0　　　　　　B. 255.255.254.0
        C. 255.255.255.0　　　　　　D. 255.255.255.128
    (2) A. 62　　　B. 126　　　C. 254　　　D. 510

27. 使用 CIDR 技术把 4 个 C 类网络 110.217.128.0/22、110.217.132.0/22、110.217.136.0/22 和 110.217.140.0/22 汇聚成一个超网，得到的地址是（　　）。(2018 年网络工程师上半年卷)
    A. 110.217.128.0/18　　　　　　B. 110.217.128.0/19
    C. 110.217.128.0/20　　　　　　D. 110.217.128.0/21

28. 下面的地址中，可以分配给某台主机接口的地址是（　　）。(2017 年网络工程师下半年卷)
    A. 224.0.0.23　　　　　　　　　B. 220.168.124.127/30
    C. 61.10.191.255/18　　　　　　D. 192.114.207.78/27

29. 在 Windows 中，以下命令运行结果中不出现网关 IP 地址的是（　　）。(2017 年网络工程师下半年卷)
    A. arp　　　B. ipconfig　　　C. netstat　　　D. tracert

30. 网络管理员调试网络，使用（　　）命令来持续查看网络连通性。(2018 年网络工程师上半年卷)
    A. Ping 目标地址 -g　　　　　　B. Ping 目标地址 -t
    C. Ping 目标地址 -r　　　　　　D. Ping 目标地址 -a

31. 某客户端可以 Ping 通同一网段内的部分计算机,原因可能是(　　)。(2018 年网络工程师上半年卷)
    A. 本机 TCP/IP 协议不能正常工作　　B. 本机 DNS 服务器地址设置错误
    C. 本机网络接口故障　　D. 网络中存在访问过滤
32. 当站点收到"在数据包组装期间生存时间为 0"的 ICMP 报文,说明是(　　)。(2017 年网络工程师下半年卷)
    A. 回声请求没得到响应　　B. IP 数据报目的网络不可达
    C. 因为拥塞丢弃报文　　D. 因 IP 数据报部分分片丢失,无法组装
33. IP 数据报首部中 IHL(Internet 首部长度)字段的最小值为(　　)。(2018 年网络工程师下半年卷)
    A. 5　　B. 20　　C. 32　　D. 128
34. 为了防止 IP 数据报在网络中无限制转发,IPv4 首部中通过(　　)字段加以控制。(2017 年网络工程师上半年卷)
    A. URG　　B. Offset　　C. More　　D. TTL
35. IP 数据报经过 MTU 较小的网络时需要分片。假设一个大小为 1500 的报文分为两个较小报文,其中一个报文的大小为 800B,则另一个报文的大小至少为(　　)B。(2017 年网络工程师下半年卷)
    A. 700　　B. 720　　C. 740　　D. 800
36. ARP 协议数据单元封装在(　　)中传送。(2018 年网络工程师下半年卷)
    A. IP 分组　　B. 以太帧　　C. TCP 段　　D. ICMP 报文
37. 若主机 hostA 的 MAC 地址为 aa-aa-aa-aa-aa-aa,主机 hostB 的 MAC 地址为 bb-bb-bb-bb-bb-bb。由 hostA 发出的查询 hostB 的 MAC 地址的帧格式如图 4-41 所示,则此帧中的目标 MAC 地址为(　1　),ARP 报文中的目标 MAC 地址为(　2　)。(2018 年网络工程师上半年卷)

| 目标 MAC 地址 | 源 MAC 地址 | 协议类型 | ARP 报文 | CRC |

图 4-41　帧格式

    (1) A. aa-aa-aa-aa-aa-aa　　B. bb-bb-bb-bb-bb-bb
        C. 00-00-00-00-00-00　　D. ff-ff-ff-ff-ff-ff
    (2) A. aa-aa-aa-aa-aa-aa　　B. bb-bb-bb-bb-bb-bb
        C. 00-00-00-00-00-00　　D. ff-ff-ff-ff-ff-ff
38. 路由器的(　　)通过光纤连接广域网。(2018 年网络工程师下半年卷)
    A. SFP 端口　　B. 同步串行口
    C. Console 接口　　D. AUX 端口
39. 下面关于路由器的描述中,正确的是(　　)。(2018 年网络工程师上半年卷)
    A. 路由器中串口与以太口必须是成对的
    B. 路由器中串口与以太口的 IP 地址必须在同一网段
    C. 路由器的串口之间通常是点对点连接
    D. 路由器的以太口之间必须是点对点连接

40. 在 Windows 中执行 route print 命令后得到某主机的路由信息如图 4-42 所示,则该主机的 IP 地址为(1),子网掩码为(2),默认网关为(3)。(2018 年网络工程师下半年卷)

```
Active Routes :
Network Destination   Netmask            Gageway           Interface         Metric
0.0.0.0               0.0.0.0            102.217.115.254   102.217.115.132   20
127.0.0.0             255.0.0.0          127.0.0.1         127.0.0.1         1
102.217.115.128       255.255.255.128    102.217.115.132   102.217.115.132   20
102.217.115.132       255.255.255.255    127.0.0.1         127.0.0.1         20
102.217.115.255       255.255.255.255    102.217.115.132   102.217.115.132   20
224.0.0.0             224.0.0.0          102.217.115.132   102.217.115.132   20
255.255.255.255       255.255.255.255    102.217.115.132   102.217.115.132   1
255.255.255.255       255.255.255.255    102.217.115.132   2                 1
Default Gateway :     102.217.115.254
```

图 4-42 主机的路由信息

(1) A. 102.217.115.132   B. 102.217.115.254
     C. 127.0.0.1   D. 224.0.0.1
(2) A. 255.0.0.0   B. 255.255.255.0
     C. 255.255.255.128   D. 255.255.255.255
(3) A. 102.217.115.132   B. 102.217.115.254
     C. 127.0.0.1   D. 224.0.0.1

41. RIPv2 对 RIPv1 协议的改进之一为路由器有选择地将路由表中的信息发送给邻居,而不是发送整个路由表。具体地说,一条路由信息不会被发送给该信息的来源,这种方案称为(1),其作用是(2)。(2017 年网络工程师上半年卷)

(1) A. 反向毒化   B. 乒乓反弹
     C. 水平分割法   D. 垂直划分法
(2) A. 支持 CIDR   B. 解决路由环路
     C. 扩大最大跳步数   D. 不使用广播方式更新报文

42. 在 RIP 协议中,默认( )s 更新一次路由。(2018 年网络工程师上半年卷)
     A. 30   B. 60   C. 90   D. 100

43. 以下关于 OSPF 的描述中,错误的是( )。(2018 年网络工程师上半年卷)
     A. 根据链路状态法计算最佳路由
     B. 用于自治系统内的内部网关协议
     C. 采用 Dijkstra 算法进行路由计算
     D. OSPF 网络中用区域 1 来表示主干网段

44. 下列关于 OSPF 协议的说法中,错误的是( )。(2018 年网络工程师下半年卷)
     A. OSPF 的每个区域(Area)运行路由选择算法的一个实例
     B. OSPF 采用 Dijkstra 算法计算最佳路由
     C. OSPF 路由器向各个活动端口组播 Hello 分组来发现邻居路由器
     D. OSPF 协议默认的路由更新周期为 30s

45. 以下关于 OSPF 路由协议的描述中,错误的是( )。(2017 年网络工程师下半年卷)
     A. 采用 Dijkstra 算法计算到达各个目标的最短通路
     B. 计算并得出整个网络的拓扑视图

C. 向整个网络中每一个路由器发送链路代价信息

D. 定期向邻居发送 Keepalive 报文表明存在

46. OSPF 协议把网络划分成四种区域（Area），其中（　　）不接收本地自治系统以外的路由信息，对自治系统以外的目标采用默认路由 0.0.0.0。（2017 年网络工程师上半年卷）

A. 分支区域　　　B. 标准区域　　　C. 主干区域　　　D. 存根区域

二、判断题

1. RIP 版本 1 是一种有类路由选择协议。　　　　　　　　　　　　（　　）
2. 在 OSPF 中，以太网接口的网络类型只能为 broadcast。　　　　（　　）
3. 路由聚合可以减轻路由振荡给网络带来的影响。　　　　　　　　（　　）
4. OSPF 从 RIP 升级过来，是距离矢量路由协议。　　　　　　　　（　　）
5. 802.1Q 以太网帧要比普通的以太网帧多 4 字节。　　　　　　　（　　）

三、实践题

1. 完成(1)～(3)。（2011 年 3 月计算机等级考试四级网络工程师）

(1) 如图 4-43 和表 4-16 所示，填写路由器 R_G 的路由表项①～④。

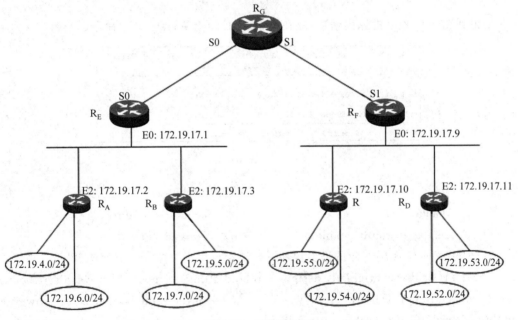

图 4-43　网络拓扑图

表 4-16　实践题用表

目的网络	输出端口
172.19.63.192/30	S0（直接连接）
172.19.63.188/30	S1（直接连接）
①	S0
②	S1
③	S0
④	S1

(2) 请写出路由器 R_G 和路由器 R_E 的 S0 口的 IP 地址。

(3) 如果将 172.19.52.128/26 划分为三个子网,其中前两个子网分别能容纳 10 台主机,第三个子网能容纳 20 台主机。请写出子网掩码及可用的 IP 地址段(注:请按子网顺序号分配网络地址)。

2. 某网络拓扑结构如图 4-44 所示。(2017 年网络工程师下半年卷)

图 4-44　网络拓扑结构

要得到图 4-45 所示的输出信息,应在设备(1)上执行(2)命令。

```
IP ADDRESS      MAC ADDRESS       EXPIRE(M) TYPE    INTERFACE      VPN-INSTANCE
                                  VLAN/CEVLAN PVC
------------------------------------------------------------------
10.1.1.2        00e0-fc37-4bc7              I-      GE0/0/0
10.1.1.1        00e0-fcf6-04d5 20           D-0     GE0/0/0
192.168.100.1   00e0-fc37-4bc8              I-      GE0/0/1
192.168.100.100 5489-98b1-211c 17           D-0     GE0/0/1
------------------------------------------------------------------
Total:4     Dynamic:2      Static:0   Interface:2
```

图 4-45　输出信息

(1) A. R1　　　　　　B. R2　　　　　　C. R3　　　　　　D. R4

(2) A. display arp　　　　　　　　　B. display rip 1 route

　　C. display ip routing-table　　　D. display mac

3. 试题(1)~(5)(2018 年网络工程师下半年卷)

The TTL field was originally designed to hold a time stamp, which was decremented by each visited router. The datagram was (1) when the value became zero. However, for this scheme, all the machines must have synchronized clocks and must know how long it takes for a datagram to go from one machine to another. Today, this field is used mostly to control the (2) number of hops (routers) visited by the datagram. When a source host sends the datagram, it (3) a number in this field. Each router that processes the datagram decrements this number by 1. If this value, after being decremented, is zero, the router discards the datagram. This field is needed because routing tables in the Internet can become corrupted. A datagram may travel between two or more routers for a long time without ever getting delivered to the (4). This field limits the (5) of a datagram.

(1) A. received　　　B. discarded　　　C. rejected　　　D. tansferred

(2) A. maximum　　　B. minimum　　　C. exact　　　D. certain
(3) A. controls　　　B. transmits　　　C. stores　　　D. receives
(4) A. switch　　　B. router　　　C. source host　　　D. destination host
(5) A. lifetime　　　B. moving time　　　C. receiving time　　　D. transmitting time

4. 试题(1)～(5)(2017年网络工程师下半年卷)

Routing in circuit-switching networks has traditionally involved a static routing strategy with the use of (　1　) paths to respond to increased load. Modern routing strategies provide more adaptive and flexible approaches. The routing function of a packet-switching network attempts to find the least-cost route through the network, with cost based on the number of (　2　), expected delay, or other metrics in virtually all packet-switching networks, some sort f adaptive routing technique is used. Adaptive routing algorithms typically rely on the (　3　) information about traffic conditions among nodes. In most cases, adaptive strategies depend on status information that is (　4　) at one place but used at another. There is a tradeoff here tween the quality of the information and the amount of (　5　). The exchanged information itself a load on the constituent networks, causing a performance degradation.

(1) A. only　　　B. single　　　C. alternate　　　D. series
(2) A. hops　　　B. sites　　　C. members　　　D. points
(3) A. exchange　　　B. transportation　　　C. reception　　　D. transmission
(4) A. rejected　　　B. collected　　　C. discarded　　　D. transmitted
(5) A. packets　　　B. information　　　C. data　　　D. overhead

项目 5

局域网组建

熟悉局域网参考模型;了解数据链路层标准、设备和物理层标准、设备;掌握以太网以及交换机基础知识;掌握虚拟局域网 VLAN 基础知识。

掌握双绞线制作;能够熟练配置对等网络、共享网络资源;能够组建办公室网络;掌握交换机的简单配置、VLAN 基本配置、跨交换机 VLAN 配置、VLAN 间通信。

某企业新增办公室,需要建立办公室局域网。本项目有三个任务需要完成:①组建最小网;②组建对等网;③组建办公室网。本项目的简化网络拓扑结构参见图 5-1。

图 5-1　网络拓扑结构

任务 5.1 组建最小网

任务 5.1.1 制作双绞线

一、任务描述

本任务采用双绞线作为传输介质,需要进行双绞线制作。

二、任务分析

用两台主机组建最小网络,双绞线是连接网络设备的常用传输介质。本任务制作交叉双绞线。

本任务计划如下。

(1) 准备制作工具和材料。
(2) 制作交叉线。
(3) 连通性测试。

三、知识准备

(一) IEEE 802 标准

IEEE 802 标准委员会(LAN/MAN Standards Committee、LMSC 局域网/城域网标准委员会),成立于 1980 年 2 月,致力于研究局域网和城域网等,提出了 IEEE 802 标准。如图 5-2 所示。美国国家标准协会(ANSI)把 IEEE 802 标准作为美国国家标准。ISO 接收 IEEE 802.1~802.6 为国际标准 ISO 8802-1~8802-6。

OSI	IEEE 802 标准							
高层	802.10LAN 安全标准							
数据链路层	802.1 体系结构、网络管理、网络互联和性能测量等							
	802.2 逻辑链路控制子层(LLC)							
	802.3 CSMA/CD	802.4 TokenBus	802.5 TokenRing	802.6 DQDB MAN	802.7 宽带技术	802.8 FDDI	802.11 CSMA/CA WLAN	…
物理层	物理规范	物理规范	物理规范	物理规范	物理规范	物理规范	物理规范	…

图 5-2 IEEE 802 主要标准关系

在图 5-2 中,802.1 中包括 802.1d(生成树协议 Spanning Tree)、802.1q(虚拟局域网 Virtual LANs;VLAN)、802.1w(快速生成树协议 RSTP)等。

802.3 中包括 802.3i(10Base-T 以太网 Ethernet)、802.3u(100Base-T 快速以太网 Fast Ethernet)、802.3z(1000Base-X 光纤和短距离铜缆千兆以太网 Gigabit Ethernet)、802.3ab(1000Base-T 五类双绞线较长距离千兆以太网)、802.3ae(10GBase-X)等。

802.11 中包括 802.11b(WiFi)、802.11a 和 802.11g 等。

广泛使用的局域网结构主要有以太网(Ethernet)、令牌总线(Token Bus)和令牌环(Token Ring)三种,光纤分布数据接口(FDDI)作为这三种网的骨干网。

IEEE 802 定义了网卡如何访问传输介质(如光缆、双绞线、无线等),以及如何在传输介质上传输数据的方法,还定义了传输信息的网络设备之间连接建立、维护和拆除的途径。遵循 IEEE 802 标准的产品包括网卡、桥接器、路由器以及其他一些用来建立局域网的组件。

(二) LAN 参考模型

IEEE 802 标准定义了 LAN 的物理层和数据链路层。数据链路层分为两个子层,分别是逻辑链路控制(Logical Link Control,LLC)子层和介质访问控制(Media Access Control,MAC)子层,如图 5-3 所示。LAN 参考模型中没有网络层及以上各层,因为 LAN 是一种通信网,只涉及有关的通信功能,另外,LAN 基本上采用共享信道的技术,可以不设立单独的网络层。不同局域网技术的区别主要在 OSI 的下两层,当不同的 LAN 需要互联时,可以在网络层借助已有的通用网络层协议,如 IP 协议等。

图 5-3 LAN 参考模型与 OSI 参考模型对照

1. 数据链路层

数据链路层中的 LLC 子层与硬件无关。主要功能:建立和释放数据链路层的逻辑连接;提供与上层的接口(即服务访问点);给 LLC 帧加上序号;流量控制,差错控制。

数据链路层中的 MAC 子层提供 LLC 和物理层的接口,负责解决与介质接入有关的问题和在物理层的基础上进行无差错通信。MAC 子层的主要功能:发送时将上层交下来的数据封装成帧进行发送,接收时对帧进行解封,将数据交给上层;实现和维护 MAC 协议;进行比特差错检查与寻址。

不同的局域网,MAC 子层不同,LLC 子层相同。分层将硬件与软件的实现有效地分离。例如,硬件制造商可以在网卡中提供不同的功能和相应的驱动程序,以支持各种不同的局域网(如以太网、令牌环网等),在软件设计上则无须考虑具体的局域网技术。

1) MAC 子层

MAC 子层位于数据链路层的下边、靠近物理层,除了把物理层的比特流组建成帧,再通过帧尾部的错误校验信息进行错误检测外,还提供对共享介质的访问,即处理 LAN 中各节点对共享通信介质的争用问题,不同类型的 LAN 通常使用不同的介质访问控制协议。常用的介质访问控制协议有三种,包括以太网的 CSMA/CD(Carrier Sense Multiple Access with Collision Detection,带冲突检测的载波侦听多路访问协议)方法、令牌环(Token Ring)访问控制方法和令牌总线(Token Bus)访问控制方法。

MAC 子层分配单独的局域网地址,称为 MAC 地址(或物理地址)。MAC 子层将目标主机的物理地址添加到数据帧上,当此数据帧传递到对端的 MAC 子层后,它检查该地址是否与自己的地址相匹配。如果帧中的地址与自己的地址不匹配,就将这一帧丢弃;如果相匹配,就将它发送到上一层。

在网络中,任何一个节点(计算机、路由器、交换机等)都有自己唯一的 MAC 地址,以在网络中唯一地标识自己,网络中没有两个拥有相同物理地址的节点。大多数 MAC 地址是由设备制造厂商建在硬件内部或网卡内的。在一个以太网中,每个节点都有一个内嵌的以太网地址。该地址是一个 6 字节的二进制串,通常写成十六进制数,每两位为一组,如 00-E0-FC-50-BC-44。以太网地址由 IEEE 负责分配。由两部分组成:地址的前 3 字节代表厂商代码,如华为 3Com 产品 MAC 地址前 3 字节为 0x00E0FC,Cisco 产品为 0x010042,后 3 字节由厂商自行分配。必须保证世界上的每个以太网设备都有唯一的内嵌地址。MAC 地址用于标识本地网络上的系统。

2) LLC 子层

LLC 子层位于 MAC 子层上方、靠近网络层,负责屏蔽 MAC 子层的不同实现,向网络层提供一致的服务。该服务通过 LLC 子层与网络层之间的逻辑接口(Service Access Point,SAP,服务访问点)实现。

LLC 子层与 MAC 子层的分开,使得 IEEE 802 标准具有可扩充性,有利于接纳新的介质访问控制方法和新的局域网技术,同时也不会使局域网技术的发展或变革影响到网络层。

2. 物理层

物理层包括物理介质、物理介质连接设备(PMA)、连接单元(AUI)和物理收发信号格式(PS)。物理层与 OSI 参考模型的物理层功能差不多,主要涉及物理链路上原始比特流的传输和接收;定义物理层机械的、电气的、规程的和功能的特性,如信号的传输与接收、进行同步用的前同步码的产生和删除等以及物理连接的建立、维护、拆除等。

物理层还规定了使用的信号编码、传输介质、拓扑结构和传输速率。例如,信号编码可以采用曼彻斯特编码,传输介质可以采用有线、无线传输介质;拓扑结构则支持总线结构、星状结构、环状结构、树状结构和网状结构等,可提供多种不同的数据传输率。

(三) 网络传输介质

网络传输介质是网络中传输数据、连接网络站点的实体。传输介质分为有线和无线两种。常见的有线传输介质有双绞线、同轴电缆、光纤等。

1. 双绞线(Twisted-Pair Cable)

将一对以上的线封装在一个绝缘外套中,为了降低信号的干扰程度,每一对线由两根绝缘铜导线相互扭绕而成,称为双绞线。双绞线分为屏蔽双绞线(Shielded Twisted Pair,STP)和非屏蔽双绞线(Unshielded Twisted Pair,UTP)。STP 可以防止电磁信号干扰及电磁信号泄漏,但是成本要比 UTP 高,且线径要略粗。

1) 双绞线制作标准

双绞线制作线序有 EIA/TIA 568A 和 EIA/TIA 568B 两种标准。标准规定的铜线排列顺序(线序)如表 5-1 所示。

表 5-1 标准规定的铜线排列顺序(线序)

EIA/TIA 568A 标准	白绿	绿	白橙	蓝	白蓝	橙	白棕	棕	(从左起)
EIA/TIA 568B 标准	白橙	橙	白绿	蓝	白蓝	绿	白棕	棕	(从左起)

如果不按标准连接,有时也可能通,但线路内线间干扰大,传输信号出错率升高,从而影响网络整体性能。

2) 两种网线

(1) 直通线。如果双绞线两端都按照相同标准连接水晶头,就是直通线。主要用于计算机—交换机(或集线器)、路由器—交换机等设备连接。

(2) 交叉线。如果双绞线一端按照EIA/TIA 568A标准连接水晶头,另一端按照EIA/TIA 568B标准连接水晶头,就是交叉线(1—3、2—6交叉接法)。主要用于同种设备直接连接,如计算机—计算机、交换机—交换机、计算机—路由器等连接。

工程中,直通线比较常见。双绞线一般用于星状网的布线连接。最大双绞线长度为100m,如果增大网络的距离,可用中继器延长。最多可安装4个中继器,连5个网段,最大传输距离可达500m。

2. 同轴电缆

由一根空心的外圆柱导体和一根位于中心轴线的内导线组成,内导线和圆柱导体及外界之间用绝缘材料隔开。按直径的不同,可分为粗缆和细缆两种。

粗缆传输距离长,性能好;但成本高,网络安装、维护困难。一般用于大型局域网的干线,连接时两端需终接器。

根据传输频带的不同,同轴电缆可分为基带和宽带两种。基带同轴电缆传输数字信号,信号占整个信道,同一时间内能传送一种信号。宽带同轴电缆可传送不同频率的信号。

3. 光纤

光纤是由一组光导纤维组成的、用来传播光束的、细小而柔韧的传输介质。应用光学原理,由光发送机产生光束,将电信号变为光信号,再把光信号导入光纤,在另一端由光接收机接收光纤上传来的光信号,并把它变为电信号,经解码后再处理。与其他传输介质比较,光纤的电磁绝缘性能好、信号衰减小、频带宽、传输速度快、传输距离大。主要用于要求传输距离较长、布线条件特殊的主干网连接。

光纤分为单模光纤和多模光纤。单模光纤由激光作光源,仅有一条光通路,传输距离长,可达2km以上。多模光纤由二极管发光,低速短距离,只能传输2km以内。

四、工具材料

- 在真实岗位中:压线钳、测线仪、水晶头、双绞线。
- 在虚拟实验中:双绞线制作模拟软件。

五、任务实施

(一) 准备工具和材料

制作网线用到的双绞线、水晶头、压线钳和测试仪如图5-4所示。

(二) 制作网线步骤

制作网线的详细步骤如下。

(1) 取线。用RJ-45压线钳的切线槽口剪裁适当长度的双绞线,如图5-5所示。

(2) 理线。用RJ-45压线钳的剥线口将双绞线一端的外层保护壳剥下约1.5cm(太长接头容易松动,太短接头的金属刀口不能与芯线完全接触),注意不要伤到里面的芯线。

将4对芯线呈扇形分开,按照EIA/TIA 568B标准,从左至右整理线序并拢直,使8根芯线平行排列。整理完毕用斜口钳将芯线顶端剪齐,如图5-6所示。

双绞线　　　　　水晶头　　　　　压线钳　　　　　测线仪

图 5-4　材料与工具

图 5-5　剪裁、剥线

图 5-6　排序、理线

（3）插线。将水晶头有弹片的一侧向下放置,然后将排好线序的双绞线水平插入水晶头的线槽中。注意导线顶端应插到底,确保水晶头中的金属刀口与导线接触良好,如图 5-7 所示。

图 5-7　插线

(4) 压线。确认导线的线序正确且到位后,将水晶头放入压线钳的 RJ-45 夹槽中,再用力压紧,使水晶头夹紧在双绞线上。至此,网线一端的水晶头就压制好了。

(5) 同理,按照标准 EIA/TIA 568A,制作双绞线的另一端接头。注意,交叉线两端接头的线序不同。

(6) 测试。使用测线仪来测试制作的网线是否连通。防止存在断路导致无法通信,或短路损坏网卡或集线器。如果是直通线,测线仪两端面板指示灯按照 1~8 顺序闪亮,表示网线连通,初步测试成功;如果是交叉线,测线仪一端面板指示灯按照 1~8 顺序闪亮,另一端面板指示灯按照 3、6、1、4、5、2、7、8 顺序闪亮,如图 5-8 所示。

六、检查评议

通过测线仪或连接计算机来测试网络连通性。
具体评价方式、评价内容及评价标准见附录。

图 5-8 测线

七、拓展提高

(一) 知识链接

1. IEEE 802 协议

IEEE 802 协议一览表见表 5-2。

表 5-2 IEEE 802 协议一览表

协议	协议内容	备注
802.1	局域网概述、体系结构、网络管理和性能测量等	802.1A 局域网体系结构 802.1d 生成树协议 STP 802.1p 通用注册协议 GRP 802.1q 虚拟局域网 VLAN 802.1w 快速生成树协议 RSTP 802.1s 多生成树协议 MSTP 802.1x 基于端口的访问控制 PBNAC 802.1g 远程 MAC 桥 802.1v 按协议和端口划分 VLAN 802.1B 寻址、网络互联与网络管理
802.2	逻辑链路控制子层(LLC)的定义	
802.3	以太网介质访问控制协议 (CSMA/CD) 及物理层技术规范	802.3i 10Base-T 访问控制方法与物理层规范 802.3u 100Base-T 访问控制方法与物理层规范 802.3ab 1000Base-T 访问控制方法与物理层规范 802.3x 全双工以太网数据链路层的流控方法 802.3z 1000Base-SX 和 1000Base-LX 访问控制方法与物理层规范
802.4	令牌总线网(Token-Bus)的介质访问控制协议及物理层技术规范	
802.5	令牌环网(Token-Ring)的介质访问控制协议及物理层技术规范	

续表

协议	协议内容	备 注
802.6	城域网介质访问控制协议 DQDB（Distributed Queue Dual Bus，分布式队列双总线）及物理层技术规范	
802.7	宽带局域网访问控制方法与物理层技术规范	
802.8	FDDI 访问控制方法与物理层技术规范	
802.9	综合语音数据局域网（IVD LAN）介质访问控制协议及物理层技术规范	
802.10	网络安全技术咨询组，定义网络互操作的认证和加密方法	
802.11	无线局域网（WLAN）的介质访问控制协议及物理层技术规范	802.11a，物理层补充（54Mb/s，工作在 5GHz） 802.11b，物理层补充（11Mb/s，工作在 2.4GHz） 802.11g，物理层补充（54Mb/s，工作在 2.4GHz）
802.12	100VG-AnyLAN 按需优先的介质访问控制协议与物理层技术规范	
802.13	有线电视基本未使用，该工作组已解散	
802.14	采用线缆调制解调器（Cable Modem）的交互式电视介质访问控制协议及网络层技术规范	协调混合光纤同轴（HFC）网络的前端和用户站点间数据通信的协议
802.15	低速无线个域网（Wireless Personal Area Networks，WPAN）技术规范	802.15.1/1a 蓝牙技术 802.15.4 Zigbee
802.16	宽带无线 MAN 标准（WiMAX）	
802.17	弹性分组环（Resilient Packet Ring，RPR）工作组，制定了单性分组环网访问控制协议及有关标准	广域网、大型园区网技术
802.18	宽带无线局域网技术咨询组（Radio Regulatory）	
802.19	多重虚拟局域网共存（Coexistence）技术咨询组	
802.20	移动宽带无线接入（Mobile Broadband Wireless Access，MBWA）工作组，制定宽带无线接入网的解决	
802.21	介质独立切换（Media Independent Handover）	
802.22	无线区域网（Wireless Regional Area Networks）	
802.23	紧急服务工作组（Emergency Service Work Group）	

2. 市面双绞线优劣

好的双绞线都为铜线，且铜径较粗，两根铜线的扭合较密，扭矩较小。市面上有些劣质双绞线，线径很细，甚至是铁线，而且两根线很松地扭在一起。如果用在低速以太网问题不是很大，但在高速以太网如 100Mb/s 中，很容易出现数据丢包、网页打不开，甚至是网络连接不通等问题。

3. UTP 分类

市面上按照传输速率，UTP 可分为以下几种。

1 类(CAT 1)：用于电话通信，不适合数据传输。

2 类(CAT 2)：用于传输数据，最大数据传输速率为 4Mb/s。

3 类(CAT 3)：用于 10Base-T 以太网。

4 类(CAT 4)：用于令牌环网，最大数据传输速率为 16Mb/s。

5 类(CAT 5)：用于宽带以太网，数据最大传输速率为 100Mb/s。

超 5 类(CAT 5E)：主要用于千兆位以太网(1000Mb/s)。

6 类(CAT 6)：提供两倍于超 5 类的带宽，最适用于传输速率高于 1Gb/s 的应用。

（二）技能链接

1. 施工工具

光纤熔接机、光纤工具箱（开缆工具、光纤切割刀、光纤剥离钳、凯弗拉线剪刀、斜口剪、螺丝批、酒精棉等）、起子。

光纤配线架、ST 光纤尾纤、ST 耦合器、多模光缆、热缩套管。

2. 施工总体步骤

(1) 光缆穿进机柜。

(2) 光缆标号。

(3) 确认终端盒最终装在机柜位置。

(4) 开缆并固定。

(5) 固定耦合器。

(6) 裁尾纤并通光试验。

(7) 熔接。

(8) 盘纤。

(9) 标注。

(10) 测试。

3. 光纤熔接步骤

(1) 开缆。将光纤保护层去掉。

(2) 清洁。用纸巾蘸上酒精，擦拭清洁每一小根光纤。

(3) 套接。给需要熔接的两根光纤各自套上光纤热缩套管。

(4) 熔接。将两端剥去外皮，露出玻璃丝的光纤固定在光纤熔接器中。按 SET 键熔接。

(5) 包装。将套好光纤热缩套管的光纤放到加热器中，按 HEAT 键加热。

(6) 固定。把熔接好的光纤固定在光纤收容箱中。

任务 5.1.2 连通两台计算机

一、任务描述

将两台主机有线连接,能够进行通信。

二、任务分析

两台主机通过网卡,采用有线的方式连通,组建最小网络。本任务采用交叉双绞线进行连接。

三、知识准备

(一) 数据帧

数据帧是数据链路层的协议数据单元,包括帧头、数据、帧尾三部分。其中,帧头和帧尾包含控制信息,如同步信息、地址信息、差错控制信息等;数据部分则包含网络层传下来的数据,如 IP 数据报。

在发送端,数据链路层把网络层传下来的数据封装成帧;在接收端,数据链路层把收到的帧解封,取出数据上传给网络层。不同的数据链路层协议对应着不同的帧,所以,帧有多种,如 PPP 帧、MAC 帧等,格式也不尽相同。

Ethernet 以太网帧格式:目的 MAC 地址(DMAC,6 字节)+源 MAC 地址(SMAC,6 字节)+上层协议类型(Type,2 字节)+数据字段(DATA,46~1500 字节)+校验(FCS,4 字节)。整个帧长度 64~1518 字节,如图 5-9 所示。上层协议类型 0x800 为 IP 协议,0x806 为 ARP 协议。

图 5-9 以太网帧格式

(二) 停止等待协议

停止等待协议(Stop and Wait)是数据链路层最简单的协议,是数据链路层各种协议的基础。停止等待协议通过双方的数据收发,达到相互通信的目的。

当接收方收到一个正确的数据帧后,便会向发送方发送一个确认帧 ACK,表示发送的数据正确接收。当发送方收到确认帧 ACK 后,才能发送一个新的数据帧,这样就实现了接收方对发送方的流量控制。

由于通信线路质量等各方面的影响,数据帧从发送方到接收方传输的过程中,可能会出现差错。为了保证数据的正确性和完整性,接收方在收到数据后,会用一定的方法对接收到的数据进行差错检验。当接收方发现收到的数据出现差错时,就会向发送方发送一个否认帧 NAK。发送方会根据接收方发来的信息做出相应的操作。采用这样有效的检错机制,数据链路层可以对网络层提供可靠的传输服务。

(三) 自动重传请求 ARQ 协议

自动重传请求 ARQ(Automatic Repeat-reQuest)是数据链路层的错误纠正协议之一。它包括停止等待 ARQ 协议和连续 ARQ 协议、错误侦测(Error Detection)、正面确认(Positive Acknowledgment)、逾时重传(Retransmission after Timeout)与负面确认继以重传(Negative Acknowledgment and Retransmission)等机制。

ARQ 通过接收方请求发送方重传出错的数据报文来恢复出错的报文,是通信中处理信道所致差错的方法之一,有时也被称为后向纠错(Backward Error Correction,BEC);另外一个方法是信道纠错编码。

传统自动重传请求分为三种,即停等式(Stop-and-wait)ARQ、回退 n 帧(Go-back-n)ARQ 以及选择重传(Selective Repeat)ARQ。后两种协议又合称为连续 ARQ 协议,是滑动窗口技术与请求重发技术的结合。当窗口尺寸开到足够大时,帧在线路上可以连续地流动。三者的区别在于对出错的数据报文的处理机制不同,复杂性递增,效率也递增。

1. 停等式 ARQ

在停等式 ARQ 中,发送方发送完成数据帧后,等待接收方的状态报告。如果发送成功,发送方发送后续的帧;否则重传该帧。停等式 ARQ,发送窗口和接收窗口大小均为 1。发送方每发送一帧,必须停下来等待接收方确认 ACK 返回,仅当接收方确认正确接收后,再继续发送下一帧。该方法所需要的缓冲存储空间最小,缺点是信道效率很低,传输速率低。图 5-10 中 2 号帧、5 号帧重传。

图 5-10 停等式 ARQ 协议

2. 回退 n 帧 ARQ

在回退 n 帧 ARQ 中,当发送方接收到某帧出错状态报告后,发送方将重传该帧及其后的 n 帧。发送窗口大于 1,接收窗口等于 1,发送方可连续发送。这种方式提高了信道的利用率,但有待确认的帧越多,可能退回重发的帧也越多。图 5-11 中 2 号帧出错,重传 2 号帧及其后的所有帧。

图 5-11 回退 n 帧 ARQ 协议

3. 选择重传 ARQ

在选择重传 ARQ 中,当发送方接收到某帧出错状态报告后,发送方只重传该错误帧。

发送窗口和接收窗口都大于1。发送方缓存错误帧之后发送的帧,与回退 n 帧 ARQ 协议相比,减少了出错帧之后正确帧都要重传的开销。在图 5-12 中,仅重传发生错误的 2 号帧、6 号帧。

图 5-12 选择重传 ARQ 协议

4. 混合 ARQ

在混合 ARQ 中,数据帧传送到接收方之后,即使出错也不会被丢弃。接收方指示发送方重传出错帧的部分或者全部信息,将再次收到的帧信息与上次收到的帧信息进行合并,以恢复帧信息。

四、工具材料

- 在真实岗位中:双绞线、PC 两台、网卡(或已安装在 PC 中)。
- 在虚拟实验中:VMware、操作系统或 Cisco Packet Tracer 软件。

五、任务实施

组建最小网络的步骤如下。

1. 网卡安装

通过"计算机管理"→"设备管理器"查看,检查网卡是否安装。如果没有,需要安装网卡。

2. 驱动程序检查

检查网卡驱动程序是否安装正确,如果没有则需要安装网卡驱动程序。

3. 交叉线连接

准备一根交叉线,连接两台 PC 网卡。

4. 设置连接

查看网络连接。打开 Windows 7,选择"控制面板"→"网络和 Internet"→"网络和共享中心"→"更改适配器设置"命令,查看"网络连接",如图 5-13 所示。

5. 网络参数配置

配置 PC1 网络参数:IP 192.168.122.10,子网掩码 255.255.255.0。
配置 PC2 网络参数:IP 192.168.122.20,子网掩码 255.255.255.0。

6. 连通性测试

用 Ping 命令测试两台 PC 是否连通。

图 5-13　网络连接

在 PC1 上 ping PC2：

>ping 192.168.122.20

在 PC2 上 ping PC1：

>ping 192.168.122.10

六、检查评议

检查两台 PC 是否连通。

具体评价方式、评价内容及评价标准见附录。

七、拓展提高

1. 链路概念

链路(Link)是指从一个节点到相邻节点的一段无源的物理线路段，中间没有任何其他的交换节点。

2. 数据链路概念

数据链路(Data Link)是指当需要在一条线路上传送数据时，除了必须有一条物理线路外，还必须有必要的规程来控制这些数据的传输。

任务 5.2　组建对等网

任务 5.2.1　简单配置交换机

一、任务描述

公司业务需要组建对等网，实现用户联网，用户可以自主管理本机上的资源，以方便办公。

二、任务分析

公司组建对等网，采用交换机作为中心设备，连接网络各个组成部分，形成对等网。本任务计划如下。

（1）根据需求分析，绘制网络拓扑结构，如图 5-1 所示。

（2）根据网络拓扑结构，用双绞线连接交换机和计算机。

(3) 进行交换机的基本配置。

三、知识准备

(一) 以太网

以太网(Ethernet)是由 Xerox 公司于 1972 年创建,并由 Xerox、Intel 和 DEC 公司联合开发的基带局域网规范,是现有 LAN 最通用的通信协议。以太网采用 CSMA/CD 协议,并以 10Mb/s 的速率运行在多种类型的电缆上。采用以太网协议的网络称为以太网。IEEE 802.3 标准建立在以太网基础上,不严格地讲,许多人把符合 IEEE 802.3 标准的 LAN 也称为以太网。以太网应用广泛,包括传统以太网(10Mb/s)、快速以太网(100Mb/s)、千兆位以太网(Gb/s)和 10G(10Gb/s)以太网。

在以太网发展过程中,由于 Internet 发展迅速,而 TCP/IP 模型常选用的 LAN 是以太网,并非 IEEE 802.3,所以,IEEE 802.2 标准规定的 LLC 作用不大。很多厂家的网卡就只有 MAC 协议,而没有 LLC 协议。

1. 传统以太网

开始以太网只有 10Mb/s 的吞吐量,使用的是 CSMA/CD 访问控制方法,称为传统以太网。以太网可以使用粗同轴电缆、细同轴电缆、非屏蔽双绞线等多种传输介质进行连接。在 IEEE 802.3 标准中,为不同的传输介质制定了不同的物理层标准。例如,10Base-T,其中 10 表示传输速率 10Mb/s;T 表示双绞线单段网线长度(基准单位是 100m);Base 表示基带传输。

2. 快速以太网

在 1993 年 10 月以前,10Mb/s 以上数据流量的 LAN 应用,只有光纤分布式数据接口(FDDI)可供选择,但它基于 100Mb/s 光缆、价格非常昂贵。1993 年 IEEE 802 对 100Mb/s 以太网的各种标准,如 100Base-TX、100Base-T4、MⅡ、中继器、全双工等标准进行了研究。1995 年 3 月 IEEE 发布了 IEEE 802.3u 100Base-T 快速以太网标准(Fast Ethernet)。

快速以太网与原来在 100Mb/s 带宽下工作的 FDDI 相比,具有许多优点,主要体现在快速以太网技术可以有效地保障用户在布线基础实施上的投资,支持 3、4、5 类双绞线以及光纤的连接,能有效地利用现有的设施。快速以太网的不足仍是基于 CSMA/CD 技术,当网络负载较重时,会造成效率的降低,当然这可以使用交换技术来弥补。100Mb/s 快速以太网标准又分为 100Base-TX、100Base-FX、100Base-T4。

3. 千兆位以太网

千兆位以太网是一种高速以太网,其最大优点是继承了传统以太网技术价格便宜的优点。千兆位技术采用了与 10M 以太网相同的帧格式、帧结构、网络协议、全/半双工工作方式、流控模式及布线系统。由于该技术不改变传统以太网的桌面应用、操作系统,因此可与 10M 或 100M 的以太网很好地配合工作。升级到千兆位以太网不必改变网络应用程序、网管部件和网络操作系统,能够最大限度地保护投资。此外,IEEE 标准将支持最大距离为 550m 的多模光纤、最大距离为 70km 的单模光纤和最大距离为 100m 的铜轴电缆。千兆位以太网填补了 802.3 以太网、快速以太网标准的不足。

4. 万兆位以太网

万兆位以太网规范包含在 IEEE 802.3 标准的补充标准 IEEE 802.3ae 中,它扩展了 IEEE 802.3 协议和 MAC 规范,支持 10Gb/s 的传输速率。此外,通过 WAN 接口子层 (WAN Interface Sublayer,WIS),万兆位以太网也能被调整为较低的传输速率,如 9.584640Gb/s(OC-192),允许万兆位以太网设备与同步光纤网络(Synchronous Optical Network,SONET)STS-192c 传输格式相兼容。万兆位以太网技术的 LAN 与 MAN、WAN 无缝连接,为接入和维护提供了很好的支持。

(二)介质访问控制

介质访问控制(Medium Access Control,MAC)是指当 LAN 中共用信道的使用产生竞争时,如何分配信道的使用权。LAN 中广泛采用的两种介质访问控制方法:一种是争用型介质访问控制,又称随机型的介质访问控制协议,如 CSMA/CD 方式;另一种是确定型介质访问控制,又称有序的介质访问控制协议,如 Token(令牌)方式。

1. CSMA/CD

CSMA/CD 是 IEEE 802.3 中 MAC 子层的协议,广泛应用于 LAN。在网络上,工作站发送数据之前,需要确认总线上是否有数据正在传输。若有(称总线为忙),则不发送数据;若无(称总线为闲),方可发送数据。

CSMA/CD 工作原理如下。

(1) 先听后发。当一个站点想要发送数据时,它检测网络查看是否有其他站点正在传输,即侦听信道是否空闲。如果信道忙,则等待;如果信道空闲,则站点发送数据。

(2) 边发边听。在发送数据的同时,站点继续侦听网络,确信没有其他站点在同时传输数据,才继续传输数据。如果两个或多个站点同时发送数据,就会产生冲突。若无冲突则继续发送,直到发完全部数据。

(3) 冲突停发。若有冲突,则立即停止发送数据,但是要发送一个加强冲突的 JAM(阻塞)信号(连续的二进制 01010101 或 10101010,十六进制为 55 或 AA),以便使网络上所有工作站都知道网上发生了冲突。

(4) 随机再发。根据退避算法,等待一个随机时间,回到(1),再重新发送数据。

CSMA/CD 控制方式的优点:原理简单,技术易实现,网络中工作站处于平等地位,不需集中控制,不提供优先级控制。但在网络负载增大时,发送时间增长,发送效率急剧下降。

2. 令牌访问控制

令牌访问控制方法可分为令牌总线访问控制和令牌环访问控制两类,分别在 IEEE 802.4 和 IEEE 802.5 中定义。令牌总线访问控制目前较少采用。

令牌环访问控制工作原理如下。

令牌是一种短帧,拥有令牌的站点才有权发送信息。网络中只有一个令牌(单令牌策略),网络中的站点要求发送数据,首先必须获得空令牌。然后,将它改为忙令牌,数据附在其后一起发送出去。此时,环内其他站点没有获得空令牌,不能发送数据。环上站点依次接收、移位数据,并进行检测。如果与本站地址相同,表明本站是目的站,则接收数据,接收完成后,设置相应标记,并继续将令牌和数据传输下去。

令牌和数据在环上循环一周后,回到发送站,发送站检测到相应标记后,将数据移去。

将忙令牌改回空令牌,传送给下一站点,供后续站发送帧。

令牌环访问控制的优点:站点两次获得令牌之间的最大时间间隔是确定的,网络重负载时吞吐率高和传输延迟小,因此,令牌环适合于远距离、重负载、实时要求严格的应用环境,如生产过程控制领域。

(三) 以太网的工作原理

1. 采用 CSMA/CD 机制

以太网采用 CSMA/CD 机制,站点都可以看到在网络中传送的所有信息,所以说以太网是一种广播网络。

当以太网中的一台主机传输数据时,如果发现冲突,则执行退避算法,随机等待一段时间后。若未发现冲突,则发送成功。再次发送数据之前,必须在最近一次发送后,等待 $9.6\mu s$(以 10Mb/s 为例)。

2. 冲突域

冲突是指在同一网段上,同一时刻,只能有一个信号在发送,当两个信号相互干扰时发生冲突。冲突域是指可能发生冲突的网段范围。

冲突域基于物理层。冲突会阻止正常帧的发送,因此,冲突域大会导致一连串的冲突,最终导致信号传送失败。

3. 广播域

除了单播外,广播是一种主要的信息传送方式,是指一台主机同时向网段中所有主机发送信息。此时,广播地址(目的 MAC 地址)为 0xFFFFFF FFFFFF。广播域是指广播信息能够到达的网段范围。广播域是一个逻辑组,该组内的所有主机都会收到同样的广播信息。

广播域基于数据链路层。通常一个 LAN 就是一个广播域。广播方式会占用大量的资源。因此,需要限制广播域的大小。

4. 网络设备中的冲突域和广播域

集线器所有端口都在同一个广播域、冲突域内。交换机所有端口都在同一个广播域内,但每一个端口就是一个冲突域。路由器每个端口属于不同的广播域。

不同的网络设备对降低冲突域和广播域所起的作用不同。中继器和集线器可以放大信号,但是它不区分有效信号与无效信号,因此,会扩大冲突域。网桥、交换机和路由器不会传递干扰和无效帧,因此,可以降低冲突域。

路由器和三层交换机不传递广播数据包,所以可以降低广播域;其他设备传递广播数据包,所以扩展了广播域。

(四) 以太网重要设备——交换机

1. 交换机工作原理

交换就是将分组(或帧)从一个端口移到另一个端口的过程。如果在数据链路层,就要用到交换机或网桥,如果在网络层,就要用到路由器或三层交换机。

交换机根据收到数据帧中的源 MAC 地址,建立该地址同交换机端口的映射,并将其写入 MAC 地址表中。交换机将数据帧中的目的 MAC 地址,同已建立的 MAC 地址表进行比较,以决定由哪个端口进行转发。如果数据帧中的目的 MAC 地址不在 MAC 地址表中,则向所有端口转发,这一过程称为泛洪(Flood)。广播帧和组播帧向所有的端口转发,如图 5-14 所示。

图 5-14 交换机工作原理

目前的交换机都支持全双工。全双工的好处在于迟延小、速度快。

2. 交换机主要功能

交换机的主要功能包括自主学习、转发/过滤和消除回路的功能。

(1) 自主学习。以太网交换机了解每一端口相连设备的 MAC 地址,并将地址同相应的端口映射起来,存放在交换机缓存中的 MAC 地址表中。

(2) 转发/过滤。当一个数据帧的目的地址在 MAC 地址表中有映射时,它被转发到连接目的节点的端口而不是所有端口(如果该数据帧为广播/组播帧则转发至所有端口)。

(3) 消除回路。当交换网络有一个冗余回路时,以太网交换机通过生成树协议避免回路的产生,同时允许存在后备路径。

此外,交换机还具有物理编址、网络拓扑结构、错误校验、帧序列以及流控、支持 VLAN、链路汇聚,甚至有的还具有防火墙的功能。

3. 交换机的交换方式

1) 直通式

直通式是指当端口收到一个数据帧时,就检查帧头,一旦检测到目的地址,就把数据帧直接传送到相应端口,不管帧有没有出错。这种方式不需要等数据帧接收完就开始转发,交换速度快,延迟非常小。不足之处是,缺乏错误检测能力,有可能将出错的数据帧转发出去。也不提供缓存,不能将不同速率的端口直接接通,而且容易丢包。

2) 存储转发式

存储转发方式是计算机网络领域运用最为广泛的方式。先将数据帧完整接收下来,经过 CRC 检查,如果数据帧没有错误,则根据目的地址转发。这种方式提供错误检测能力,改善了网络性能。支持不同速率端口的转发,保持高速端口与低速端口间协同工作。不足之处是,传输延时较大,需要较大的缓存容量。

3) 无碎片转发

无碎片转发是前两种方式的改进。如果帧小于 64B,则丢弃该帧;如果帧大于 64B,则在接收数据帧的前 64B 后,再发送出去。这种方式可保证碎片不在网络中传播,提高了网络效率,它的数据处理速度介于直通式和存储转发式之间。不足之处是,不提供数据校验功能。

(五)交换式以太网

交换式以太网是以以太网交换机为基础构成,数据链路层的帧为数据交换单位的网络。允许多对节点同时通信,每个节点可以独占传输通道和带宽,不会与其他节点发送的帧产生冲突。交换机每个端口都是一个冲突域,从根本上解决了共享以太网中节点冲突的问题。通过局域网交换机支持端口之间的多个并发连接,接入交换机的每个节点都可以使用全部的带宽,而不是各个节点共享带宽。因此,交换式以太网增加了网络带宽,改善了局域网性能与服务质量。

四、工具材料

- 在真实岗位中:交换机。
- 在虚拟实验中:VMware、操作系统或 Cisco Packet Tracer 软件。

五、任务实施

(一)连接交换机

按照拓扑图,制作双绞线,并将交换机与各计算机相连。

(二)交换机配置

1. 交换机命令行模式

交换机命令行模式主要有用户模式、特权模式、全局模式、端口模式等几种。如表 5-3 所示。表中列出了各种模式的提示符以及进入该模式的命令。

表 5-3 交换机命令行模式的进入与退出

模 式	模式提示符	进入左列模式的命令	备注
用户模式	Switch>	交换机加电	
特权模式	Switch#	enable	
全局模式	Switch(config)#	configure terminal	
端口模式	Switch(config-if)#	interface fastEthernet 0/1	

返回上一级模式可用 exit 命令。在端口模式下使用 Ctrl+Z 组合键或 end 命令,返回全局模式

(1)用户模式。

对交换机操作的权限很小,可进行简单的测试,显示软硬件版本等。

```
Switch>                              !用户模式提示符
```

(2)特权模式。

对交换机操作的权限加大,可进行配置文件的管理、查看交换机信息、进行网络测试和调试等,有配置和监视权力,是进入其他配置模式的前提。

```
Switch>enable                        !进入特权模式的命令
Switch#                              !特权模式提示符
```

（3）全局模式。

该模式下可配置交换机的全局性参数，如主机名、登录信息等内容。

```
Switch#configure terminal              !进入全局模式的命令
Switch(config)#                        !全局模式提示符
```

（4）端口模式。

该模式可对交换机的端口进行参数配置。

```
Switch(config)#interface  FasteEhernet 0/1    !进入快速以太网端口 Fa0/1 的命令
Switch(config-if)#                     !端口模式提示符
```

2. 交换机基本配置命令

（1）获得帮助。

```
Switch>?                               !在任何模式下输入？可获得帮助
  Exec commands:
  …
  enable Turn on privileged commands
  exit Exit from the EXEC
  ping Send echo messages
  show Show running system information
  telnet Open a telnet connection
  …
switch#cop?                            !显示当前模式下所有以 cop 开头的命令
  configure connect copy
```

（2）交换机名称配置。

交换机命令行模式

```
Switch>enable
Switch#configure terminal
Switch(config)# hostname SW1           !交换机名字配置
为 SW1
SW1(config)#                           !注意提示符发生了变化
```

（3）配置密码。

```
①enable password 密码                   !配置明文密码
Switch(config)#enable password cisco   !明文密码
Switch(config)#exit
Switch#show running-config
…
enable password cisco                  !显示明文密码
②enable secret 密码                     !配置密文密码
Switch(config)#enable secret cisco     !密文密码
Switch#show running-config
…
enable secret 5 $1$mERr$hx5rVt7rPNoS4wqbXKX7m0  !显示密文密码
```

注意：当同时配置明文密码和密文密码时，只有密文密码起作用。

(4) 保存交换机的配置。

```
SW1#copy running-config startup-config          !保存交换机配置,等同 write memory
```

(5) 命令自动补全。

交换机支持自动补全功能,在输入命令时按住 Tab 键,可实现自动补全功能。

```
Switch#conf                                     !按下 Tab 键可自动补全 configure
```

3. 根据拓扑图设置名称和密码

分别为两台交换机配置名称 SW1 和 SW2,分别配置明文密码 12345 和密文密码 123456,通过 show 命令查看配置,并保存配置。

```
Switch>                                         !用户模式
Switch>enable                                   !进入特权模式
Switch#configure terminal                       !进入全局模式
Switch(config)#hostname SW1                     !为交换机命名
SW1(config)#enable password 12345               !配置明文密码
SW1(config)#enable secret 123456                !配置密文密码
SW1(config)#exit                                !返回特权模式
SW1#show running-config                         !查看当前配置
    hostname SW1
    enable secret 5 $1$mERr$H7PDxl7VYMqaD3id4jJVK/
    enable password 12345
SW1#copy running-config startup-config          !保存当前配置
```

同理,配置第二台交换机。

六、检查评议

具体评价方式、评价内容及评价标准见附录。

七、拓展提高

1. 以太网数据帧最小为 64B

以太网是无连接、不可靠的服务,采用尽力传输的机制。以太网不可靠,意味着主机不知道对方是否收到自己发出的数据包。如果以太网发生冲突,发出的数据包发生错误,会进行重传。

以太网不是面向连接的,因为连接会降低效率。对于重传机制,越底层,速度越快,以太网的重传是微秒级,传输层的重传,如 TCP 的重传达到毫秒级,应用层的重传达到秒级,所以以太网对于错误采用重传机制。

为了保证以太网的重传,网络上 A 主机必须保证收到 B 主机发出的冲突信号时,数据帧没有发送完。A 主机和 B 主机之间的距离,即信号在 A 和 B 之间传输的来回时间,必须控制在一定范围之内。在一个冲突域内,最远的两台主机之间的来回时间小于 512 位时,所谓位时就是传输一个比特需要的时间,即一个冲突域的直径。

因为 512 位时就是 64B 的传输时间,所以数据帧不小于 64B,才能保证当冲突信号到达 A 主机时,A 主机的数据帧还没有传完。

总之,最小数据帧的设计原因和以太网电缆长度有关,为的是让两个相距最远的站点能够感知到双方的数据发生了冲突;最远两端数据的往返时间就是争用期,以太网的争用期是 $51.2\mu s$,正好发送 64B 数据。

2. 共享工作模式

集线器(Hub)是一种物理层共享设备,用于信号的放大和连接多个终端,集线器本身不能识别目的地址。如果 LAN 用集线器连接,当 LAN 内的 A 主机给 B 主机传输数据时,数据帧以广播方式传输,由每台主机通过验证数据帧头的地址信息来确定是否接收。在这种工作方式下,同一时刻网络上只能传输一组数据帧的通信,如果发生冲突必须重传,这种方式共享网络带宽,称为共享工作模式。目前,组建以太网 LAN 时,集线器已经被交换机取代。

3. 交换机分类

交换机分类的标准不同,常见几种分类方法如下。

(1) 按照应用的网络分类,交换机可分为广域网交换机和局域网交换机。广域网交换机主要应用于电信领域,提供通信用的基础平台。而局域网交换机则应用于局域网络,用于连接终端设备,如 PC 及网络打印机等。

(2) 按照支持的局域网标准分类,交换机可分为以太网交换机、FDDI 交换机(光纤分布式数据接口)、ATM 交换机(异步传输模式)和令牌环交换机。同一台交换机可能提供多种类型的端口,支持不同速率、不同介质标准。

(3) 按照工作的层次分类,交换机可分为工作在数据链路层的二层交换机、工作在网络层的第三层交换机和工作在传输层的第四层交换机和多层交换机。

第二层交换机依据数据帧中的目 MAC 地址进行数据帧的线速交换。它仅能依据 MAC 地址完成数据帧的交换。不具有路由功能,但具有 VLAN 功能。

第三层交换机是具有路由功能的二层交换机,依据数据包中的目的 IP 地址,进行路径选择和快速的数据包交换。它可以实现不同逻辑子网、不同 VLAN 之间的通信。

(4) 按照以太网传输速率分类,交换机可分为以太网交换机、快速以太网交换机、千兆位以太网交换机和万兆位以太网交换机等。

(5) 按照应用规模分类,交换机可分为企业级交换机、部门级交换机和工作组级交换机等。一般地,企业级交换机都是机架式,部门级交换机可以是机架式(插槽数较少),也可以是固定配置式,而工作组级交换机为固定配置式(功能较为简单)。

企业级交换机用作骨干交换机时,支持 500 个信息点以上大型企业网;部门级交换机支持 300 个信息点以下中型企业网;工作组级交换机支持 100 个信息点以内 LAN。

任务 5.2.2 共享资源

一、任务描述

组建对等网的目的是进行资源共享。请在计算机上实现资源共享。

二、任务分析

在对等网上的资源共享,包括硬件资源、软件资源和数据。实现资源共享主要是通过软件配置的方式。在对等网上常见的有打印机共享、文件夹共享等。本任务重点实现文件夹共享。

本任务计划如下。

(1) 同步工作组。

(2) 更改 Windows 相关设置。

(3) 设置共享对象。

(4) 设置防火墙和启用来宾账户。

(5) 查看共享文件。

三、知识准备

(一) 对等网

对等网也称为工作组,属于一种小型网络。在对等网中,每台主机是独立系统,无主从之分,既可以作为服务器,也可以作为客户机,能够实现网络上资源共享,如打印机共享、文件夹共享等。对等网管理简单,主机的数量通常不超过 10 台,适合家庭和小型办公网络。超过 10 台,网络的性能会有所降低。

(二) 对等网拓扑结构

对等网拓扑结构常用总线结构和星状结构,星状结构尤为普及。星状结构网络以交换机为中心,介质使用双绞线,呈放射状连接各台主机。由于交换机上有许多指示灯,遇到故障时很容易发现出故障的主机,而且一台主机或线路出现问题不影响其他主机,网络的可靠性大大增强。另外,如果要增加主机,只需连接到交换机上即可,方便扩充网络。

(三) 对等网通信协议

当 Windows 安装网卡时,默认地安装和配置了以下网络项目,包括 Microsoft 网络客户端、Microsoft 网络的文件和打印机共享、Internet 协议(TCP/IP)。

NetBEUI(NetBIOS Enhanced User Interface,NetBIOS 增强型用户接口;NetBIOS,Network Basic Input/Output System 网络基本输入/输出系统)协议与 TCP/IP 协议都可以用于连接局域网。

1. 互联网通信协议 TCP/IP

TCP/IP 协议是对等网推荐使用的协议。如果要连接到 Internet,就要安装 TCP/IP 协议。TCP/IP 协议包括上百种功能的协议,如远程登录、文件传输和电子邮件等。默认TCP/IP 协议在安装过程中自动配置网络。

2. 局域网通信协议 NetBIOS

尽管 TCP/IP 是最流行的网络协议,但 TCP/IP 协议在局域网中的通信效率并不高,使用它在浏览网上邻居中的计算机时,经常会出现不能正常浏览的现象,NetBEUI 协议能解决这个问题。

NetBEUI 网络通信协议适合小型局域网,是 Windows 所支持的通信协议中速度最快的一种。NetBIOS 给程序提供了请求低层服务的统一命令集,这些服务是管理名称、执行会话和在网络节点之间发送数据报所必需的。

理论上,对等网只需安装 NetBEUI 协议。NetBEUI 协议没有附加网络地址和 IP 数据报头,帧中唯一的地址是数据链路层 MAC 地址(标识主机)。NetBEUI 协议是一种短小精悍、通信效率高、占用内存较少的广播型协议,安装后不需要进行设置(需要计算机名称,在网上邻居中出现),特别适合于在网络邻居中传送数据。

但是,因为NetBEUI自身缺乏路由和网络层寻址功能,而不会成为企业网的主要协议,因此适用于只有单个网络的200台以内主机的小工作组环境。所以,现在系统中使用越来越少。

(四)共享资源

共享资源是指网络用户把拥有的硬件、软件和数据资源通过网络分享给别的网络用户。

对等网没有特定的主机作为服务器。当要使用网中的某种资源时它就是客户端,当它为网络的其他用户提供某种资源时,就成为服务器。在对等网络中可以通过共享的方法很方便地使用网络资源。

1. 在共享网络资源中组件的功能

(1) Microsoft 网络客户端组件:允许主机访问 Microsoft 网络上的资源。默认的名称服务通过 Windows 定位程序提供。

(2) Microsoft 网络的文件和打印机共享组件:允许网络上的其他主机通过 Microsoft 网络访问本机资源。默认情况下将安装并启用该组件。每个使用 TCP/IP 的连接都会启用该组件,这样才能共享本地文件夹。

2. 文件夹共享设置方法

方法一:选中文件夹,选择"工具"→"文件夹选项"→"查看"→"使用简单文件夹共享"命令。用户只能以 Guest 账户的身份访问共享文件夹。

方法二:选择"控制面板"→"管理工具"→"计算机管理"→"文件夹共享"→"共享"命令,然后在右键菜单中选择"新建共享"命令即可。

方法三:右击共享的文件夹,通过"共享和安全"命令即可设置共享。

3. 共享权限

Windows 的文件目录共享给其他主机的共享权限分为以下几种。

(1) 只共享。可复制文件,不能移动或修改文件。

(2) 安全共享。可对共享文件进行读、写、修改等操作。

(3) 指定共享。可以给指定的用户共享,其他用户不能共享。

4. 本机(客户端)访问网上共享资源

在对等网上,本机作为客户端访问其他主机上的共享资源的方法如下。

(1) 通过本机的搜索功能访问网上共享资源。

(2) 通过映射网络驱动器访问网上共享资源。

(3) 通过计算机名或 IP 地址访问,如\\192.168.1.10 或 \\computername。

(4) 通过网上邻居查找工作组计算机访问。

四、工具材料

- 在真实岗位中:两台 PC(Windows 7 操作系统)、网线、交换机等。
- 在虚拟实验中:VMware、操作系统。

五、任务实施

在 Windows 7 中,配置共享文件。

1. 同步工作组

同一工作组名称应一致。更改计算机的工作组、计算机名等信息,右击"计算机",选择快捷菜单中的"属性"命令,如图 5-15 所示。

图 5-15 计算机系统属性

若相关信息需要更改,在"计算机名"选项卡中,单击"更改"按钮,输入合适的计算机名、工作组名后,单击"确定"按钮(默认工作组为 WorkGroup),如图 5-16 所示。完成后,重启系统更改生效。

2. 更改 Windows 7 的相关设置

依次选择"控制面板"→"网络和 Internet"→"网络和共享中心"命令,单击"更改高级共享设置"按钮,如图 5-17 所示。

选中"启用网络发现""启用文件和打印机共享""启用共享以便可以访问网络的用户可以读取和写入公用文件夹中的文件"单选按钮,在"密码保护的共享"区域则选中"关闭密码保护共享"单选按钮,如图 5-18 所示。

图 5-16 计算机名设置

注意:媒体流最好也打开。另外,在"家庭组连接"部分,建议选中"允许 Windows 管理家庭组连接(推荐)"单选按钮。

3. 设置共享对象

右击准备共享的文件夹,选择快捷菜单中的"属性"命令,在弹出的对话框中选择"共享"选项卡,单击"高级共享"按钮,如图 5-19 所示。

图 5-17 网络和共享中心

图 5-18 网络发现

图 5-19 共享文件属性

在弹出的"高级共享"对话框中勾选"共享此文件夹"复选框,单击"应用"按钮,再单击"确定"按钮退出,如图 5-20 所示。

图 5-20 "高级共享"对话框

如果某文件夹被设置为共享,则它的所有子文件夹将默认被设置为共享。

在图 5-18 中已经关闭密码保护共享,所以现在要对共享文件夹的安全权限作一些更改。右击将要共享的文件夹,选择快捷菜单中的"属性"命令,打开弹出的对话框中的"安全"选项卡,依次单击"编辑""添加"按钮,如图 5-21 所示。

图 5-21 安全设置

输入 Everyone 后,单击"确定"按钮退出,如图 5-22 所示。

选中 Everyone,在"Everyone 的权限"选择栏内勾选将要赋予 Everyone 的相应权限,如图 5-23 所示。

图 5-22 选择用户或组

图 5-23 权限设置

4. 设置防火墙和启用来宾账户

打开"控制面板"→"系统和安全"→"Windows 防火墙",检查防火墙设置,确保"文件和打印机共享"复选框是勾选状态,如图 5-24 所示。

图 5-24 Windows 防火墙设置

打开"控制面板"→"用户账户和家庭安全"→"用户账户"→"管理账户"→"启用来宾账户",单击"启用"按钮,如图 5-25 所示。

图 5-25　启用来宾账户

5. 查看共享文件

依次打开"控制面板"→"网络和 Internet"→"查看网络计算机和设备",设置相应的"计算机/设备名称"即可。

六、检查评议

实现两台或多台计算机之间的资源共享。

具体评价方式、评价内容及评价标准见附录。

七、拓展提高

Windows 7 操作系统中设置带账号、密码的共享文件夹。

在共享文件夹时,希望让自己允许的人看到,而不让其他人看到,因此需要给共享文件夹设置账号、密码。具体步骤如下。

(1) 右击共享的文件夹,在弹出的快捷菜单中选择"属性"命令,打开弹出的对话框的"共享"选项卡,单击"高级共享"按钮。

(2) 进入"高级共享"对话框,勾选"共享此文件夹"复选框,设置"将同时共享的用户数量限制为",然后单击"权限"按钮设置权限。

(3) 进入"share test 的权限"对话框,默认的权限用户 Everyone,删除它,单击"添加"按钮来添加已有的用户。

(4) 进入"添加"对话框,单击"高级"按钮,在"高级"界面中单击"立即查找"按钮,在搜索结果中找到已建立的用户并选择它,然后单击"确定"按钮。

(5) 返回到"share test 的权限"对话框,给该用户设置不同的权限,单击"应用"按钮,再单击"确定"按钮。

(6) 依次单击"确定"按钮返回,在"共享属性"中可看到共享的网络路径等属性。共享设置完成。

任务 5.3　组建办公室网

任务 5.3.1　VLAN 基本配置

一、任务描述

公司在组建对等网的基础上,为有效地实现办公室网络的安全性,要求对交换机进行

VLAN 基本配置。

二、任务分析

公司组建的网络拓扑结构如图 5-1 所示。同一台交换机上，既连接销售部办公室的 PC，又连接财务部办公室的 PC。要满足办公室网络的安全性，采用了 VLAN 划分的方法。

本任务中，在同一台交换机上进行 VLAN 划分，重点在于完成 VLAN 基本配置。

本任务计划如下。

(1) 创建 VLAN。

(2) 将交换机端口划分到相应 VLAN。

(3) 测试和保存配置。

三、知识准备

(一) VLAN 概念

IEEE 802.1Q 中定义了 VLAN(Virtual Local Area Network，虚拟局域网)。VLAN 是由一些 LAN 网段构成的与物理位置无关的逻辑组，而这些网段具有某些共同的需求。每个 VLAN 的帧都有一个明确的标识符，指明发送帧的主机属于哪一个 VLAN。

同一 VLAN 的主机可以位于不同物理网段上，在功能和操作上与传统 LAN 基本相同。VLAN 以交换式局域网为基础，是 LAN 给用户提供的一种服务，不是一种新型 LAN。

VLAN 是交换式局域网的灵魂，对网络用户和资源提供了有效、灵活和简便的管理手段，对网络也提供了极高的可扩展性和移动性。

(二) VLAN 的优点

1. 限制网络广播风暴

一般交换机不能过滤局域网广播报文，因此，在大型交换式局域网环境中造成广播流量拥塞，对网络带宽造成了极大的浪费。用户不得已用路由器分割他们的网络，此时路由器的作用是广播的"防火墙"。

VLAN 可以有效地用于控制广播流量，使得广播流量仅在 VLAN 内被复制，而不是整台交换机，从而提供了类似路由器的广播"防火墙"功能。VLAN 是一个逻辑广播域，能缩小广播范围，可以控制广播风暴的产生。

2. 增强网络安全性

由于配置了 VLAN 后，一个 VLAN 的数据帧不会发送到另一个 VLAN，因此，一个 VLAN 的网络上收不到另一个 VLAN 的数据帧，确保 VLAN 的信息不会被其他 VLAN 的用户窃听，从而实现了网络安全性。

3. 提高性能

VLAN 将第二层网络划分为多个逻辑工作组(广播域)，减少了网络上不必要的流量，提高了性能。

4. 降低成本

VLAN 使得成本高昂的网络升级需求减少，现有带宽和上行链路的利用率更高，因此可节约成本。

5. 简化网络管理

网络管理员能借助 VLAN 技术管理整个网络。例如,公司针对一个项目临时组建由各部门人员组成的工作组,使用 VLAN,网络管理员不需要特别构建一个网段。当项目结束后,虚拟工作组又可以随之消失。

（三）VLAN 的划分

VLAN 划分有根据端口划分、根据 MAC 地址划分、根据网络层划分、根据 IP 组播划分、基于组合策略划分。

1. 根据端口划分 VLAN

根据交换机的端口来划分 VLAN,被设定的端口都在同一个广播域中。如图 5-26 所示,交换机上的端口被划分成"工程部""市场部""销售部"三个 VLAN。这样可以允许 VLAN 内部各端口之间的通信。

图 5-26　根据端口划分 VLAN

根据交换机的端口来划分 VLAN,配置过程简单,是最常用的一种方式。但是,这种方式不允许多个 VLAN 共享一个物理网段或交换机端口,而且,如果某一用户从一个端口所在的 VLAN 移动到另一个端口所在的 VLAN,网络管理者需要重新进行配置,这对于拥有众多移动用户的网络来说是难以实现的。

2. 根据 MAC 地址划分 VLAN

根据每台主机的 MAC 地址来划分,将主机分配到各个 VLAN 中。其最大优点是当用户物理位置移动时,VLAN 不用重新配置。所以,根据 MAC 地址的划分方法是基于用户的 VLAN。

缺点是初始化时,所有的用户都必须进行配置,如果有成百上千用户,则配置工作量大。而且,也导致交换机执行效率降低,因为在每一台交换机的端口都可能存在很多个 VLAN 组的成员,无法限制广播包。另外,如果用户的网卡更换,VLAN 就必须重新配置。

3. 根据网络层划分 VLAN

根据每台主机的网络层地址或协议类型(如果支持多协议)划分。例如,根据 IP 地址划分,需要查看每个数据包的 IP 地址,但不是路由,没有 RIP、OSPF 等路由协议,而是根据生成树算法进行桥交换。

优点是用户的物理位置改变了,不需要重新配置 VLAN,而且可以根据协议类型来划分 VLAN,这对网络管理者来说很重要。还有,这种方法不需要附加的帧标签来识别

VLAN,减少了网络的通信量。

缺点是效率低,因为检查每一个数据包的网络层地址是很费时的(相对于前面两种方法)。一般的交换机芯片都可以自动检查网络上的数据帧头,但要让芯片能检查 IP 帧头,就需要更高的技术,同时也更费时。

4. 根据 IP 组播划分 VLAN

IP 组播实际上也是一种 VLAN 的定义,即认为一个组播组就是一个 VLAN。这种划分的方法将 VLAN 扩大到广域网,具有更大的灵活性,而且也很容易通过路由器进行扩展。当然,这种方法不适合局域网,主要是效率不高,对于局域网的组播,有二层组播协议 GMRP。

5. 基于组合策略划分 VLAN

上述各种 VLAN 划分方式的组合,目前很少采用。

四、工具材料

- 在真实岗位中:交换机 VLAN 划分。
- 在虚拟实验中:Packet Tracer。

五、任务实施

1. VLAN 的基本配置命令

(1) 创建 VLAN:

```
switch(config)#VLAN 10                          !创建 VLAN 10
switch(config-VLAN)#name FinanceDepartment      !为 VLAN 10 命名
```

(2) 删除 VLAN:

```
switch(config)#no VLAN 10                       !删除 VLAN 10
```

(3) 将端口加入 VLAN 中:

```
switch(config-if)#switchport access VLAN 10     !将端口加入 VLAN 10
```

(4) 将端口从 VLAN 中删除:

```
switch(config-if)#no switchport access VLAN 10  !将端口从 VLAN 10 中删除
```

(5) 查看所有 VLAN 的摘要信息:

```
switch#show VLAN brief
```

2. 根据拓扑图为两台交换机配置 VLAN 10 和 VLAN 20

分别把 FastEthernet0/1 和 FastEthernet0/10 端口加到 VLAN 10 和 VLAN 20 中,通过 show vlan 命令查看 VLAN 信息,并保存配置。

```
SW1>                        !用户模式
SW1>enable                  !进入特权模式
Password:                   !输入密码
SW1#configure terminal      !进入全局模式
```

```
SW1(config)#VLAN 10                              !创建 VLAN 10
SW1(config-VLAN)#name SalesDepartment            !VLAN 10 命名
SW1(config-VLAN)#exit                            !返回全局模式
                                                 !此时,可以返回到特权模式查看,VLAN
                                                  10 是否创建好了

SW1(config)#interface FastEthernet 0/1           !进入快速以太网 0/1 口
SW1(config-if)#switchport access VLAN 10         !把端口加入 VLAN 10 中
                                                 !此时,可以返回到特权模式查看,Fa0/1
                                                  端口是否划到 VLAN 10 中

SW1(config)#VLAN 20                              !创建 VLAN 20
SW1(config-VLAN)#name  FinanceDepartment         !VLAN 20 命名
SW1(config-VLAN)#exit                            !返回全局模式
SW1(config)#interface fastEthernet 0/10          !进入 Fa0/10 口
SW1(config-if)#switchport access VLAN 20         !把端口加入 VLAN 20 中
```

回到特权模式,查看 VLAN 及端口信息:

```
SW1#show vlan brief                              !查看 VLAN 信息
   VLAN Name                        Status    Ports
   ---- ---------------------------- --------- -------------------------------
   1    default                      active    Fa0/2, Fa0/3, Fa0/4, Fa0/5
                                               Fa0/6, Fa0/7, Fa0/8, Fa0/9
                                               Fa0/11, Fa0/12, Fa0/13, Fa0/14
                                               Fa0/15, Fa0/16, Fa0/17, Fa0/18
                                               Fa0/19, Fa0/20, Fa0/21, Fa0/22
                                               Fa0/23, Fa0/24
   10   SalesDepartment              active    Fa0/1
   20   FinanceDepartment            active    Fa0/10
   1002 fddi-default                 active
   1003 token-ring-default           active
   1004 fddinet-default              active
   1005 trnet-default                active
SW1#write                                        !保存配置
```

同理,进行第二台交换机的配置。

六、检查评议

具体评价方式、评价内容及评价标准见附录。

七、拓展提高

(一)知识链接

1. 静态 VLAN 与动态 VLAN

前面学习了 VLAN 的划分方式,划分出的 VLAN 可以概括为两种,即静态 VLAN 与动态 VLAN。如果 VLAN 是事先设定的,且使用中不可改变的,称为静态 VLAN。如果 VLAN 在使用中可根据所连的计算机动态改变设定的,称为动态 VLAN。

1) 静态 VLAN

静态 VLAN 又称为基于端口的 VLAN(Port Based VLAN)。明确指定各端口属于哪个 VLAN。

VLAN 基本命令

由于需要一个个端口地指定,因此当网络中的计算机数目超过一定数字(如数百台)时,设定工作量会增大。并且计算机每次变更所连端口,都必须同时更改该端口所属 VLAN 的设定,这不适合那些需要频繁改变拓扑结构的网络。现在 VLAN 配置都是基于端口的配置,手动配置较为方便。

2) 动态 VLAN

动态 VLAN 则是根据每个端口所连的计算机,随时改变端口所属的 VLAN。动态 VLAN 有三类,即基于 MAC 地址的 VLAN(MAC Based VLAN)、基于子网的 VLAN(Subnet Based VLAN)和基于用户的 VLAN(User Based VLAN)。

2. VLAN ID 范围

根据平台和软件版本不同,Cisco 交换机最多支持 4094 个 VLAN。0 和 4095 保留,仅限系统使用,用户不能查看。

VLAN 1,默认 VLAN,不能删除。(本征 VLAN=默认 VLAN=native VLAN)。
VLAN2~1001,用于以太网的 VLAN,用户可自己创建的 VLAN。
VLAN 1002~1005,用于 FDDI 和令牌环的默认 VLAN,不能删除。
VLAN 1006~4095,用于扩展 VLAN(VTP 不同步扩展 VLAN)。
一个端口只支持一个 VLAN。

(二) 技能链接

1. VLAN 的基本配置命令

1) 创建 VLAN

(1) 方法一:

VLAN 基本配置

```
switch#VLAN database
switch(VLAN)#VLAN 10 name SalesDepartment
switch(VLAN)#exit
```

(2) 方法二:

```
switch(config)#VLAN 10
switch(config-VLAN)#name SalesDepartment
```

2) 删除 VLAN

(1) 方法一:

```
switch(VLAN)#no VLAN 10
switch(VLAN)#exit
```

(2) 方法二:

```
switch#delete VLAN.dat
```

任务 5.3.2 跨交换机实现 VLAN

一、任务描述

在办公室网络中,同一个部门的不同办公室连接在不同的交换机上,要求进行 VLAN

的划分。

二、任务分析

由于同一个部门分布在不同的办公室,计算机连接在多台交换机上。进行 VLAN 基本配置后,在更深层次进行跨交换机实现 VLAN。

本任务中,重点在于完成跨交换机的 VLAN 的配置。

本任务计划如下。

(1) VLAN 基本配置。

(2) 跨交换机的 VLAN 的配置。

(3) 测试和保存配置。

三、知识准备

(一) VLAN 的标准 802.1Q

VLAN 标准有两种:一种是 1996 年下半年 IEEE 执行委员会制定的 IEEE 802.1Q,是一种 VLAN 互操作性标准;另一种是 1995 年 Cisco 公司提出的私有 ISL(Inter-Switch Link)协议,只支持 Cisco 设备。这两种协议完全不兼容,在有非 Cisco 设备的交换环境下必须采用 802.1Q 协议。本任务仅学习 802.1Q 协议。

(二) VLAN 帧格式

802.1Q 的 VLAN 帧格式参见图 5-27。在以太网帧的源 MAC 地址之后加入了 4 字节的 VLAN Tag Header(图 5-27 中阴影部分)。

$$VLAN\ Tag\ Header = TPID + Priority + CFI + VLANID$$

其中,TPID(Tag Protocol Identifier,标签协议标识符)是协议 ID(Etype,2B),默认值为 0x8100,判断帧是否带 VLAN Tag;后两个字节为 802.1p/Q Label,即 802.1p 优先级和 802.1Q VLAN ID 的定义;Priority(优先级)为高 3 位,即优先级 0~7;CFI(Canonical Format Indicator,标准格式指示符)为 1 位,默认值为 0,标识 MAC 地址在不同传输介质中是否以标准格式封装,用于 802.3 或 Ether Ⅱ;VLAN ID 为后 12 位,ID 的范围为 0~4095,0 和 4095 为协议保留值。

0x8100　高 3 位优先级＋0＋12 位 VLAN ID

图 5-27　802.1Q VLAN 帧格式(阴影为 VLAN Tag Header)

VLAN 帧中增加了 4B,使以太网的最大长度从原来的 1518B(18B 首部＋1500B 数据),变成 1522B(4B＋14B 首部＋1500B 数据＋4B 尾部)。

通过设定连接交换机之间的链路为支持传送 VLAN Tag Header 的 Trunk 链路,就可以很容易实现虚拟工作组功能,如图 5-28 所示。交换机 A、B 上的端口分别属于工程部、市场部、销售部,通过 Trunk 链路,使分别接在交换机 A、B 上的工程部用户之间进行通信;市场部、销售部的用户也是如此。

图 5-28　Trunk 链路实现虚拟工作组

（三）两种类型的链路

在由 VLAN 构建的二层交换网络中,存在以下两种类型的链路。

1. Access 链路

Access 链路用于接入用户终端和工作站。连接 Access 链路的交换机端口称为 Access 端口。帧在 Access 链路上转发不带 VLAN Tag。交换机 Access 端口接收到帧后,按照端口所在 VLAN 加上 VLAN Tag,然后进行转发。Access 端口发送帧出去前,帧中的 VLAN Tag 会被去掉。

2. Trunk 链路

Trunk 链路用于交换机之间级联,允许不同设备间相同 VLAN 内用户通信。连接 Trunk 链路的交换机端口称为 Trunk 端口。帧在 Trunk 链路上转发,带 VLAN Tag。因此,在 Trunk 链路上,允许多个 VLAN 的帧转发。

交换机 Trunk 端口接收到帧后,需要判断该 Trunk 端口是否允许帧中 VLAN ID 对应的 VLAN 通过。若允许则进行转发;否则要直接丢弃该帧。帧从 Trunk 端口发送出去,VLAN Tag 一般不会被去掉。

四、工具材料

- 在真实岗位中：交换机。
- 在虚拟实验中：Cisco Packet Tracer 软件。

五、任务实施

1. 跨交换机配置 VLAN 命令

（1）指定端口成为 Trunk 模式：

Switch(config-if)#switchport mode trunk　　　　!端口设为主干模式

（2）查看端口状态：

Switch#show interface 0/24 switchport

（3）查看 Trunk 端口：

Switch#show interface trunk

2. 配置交换机

根据拓扑图要求,将两台交换机的 FastEthernet 0/24 端口配置成 Trunk 端口并保存配置。根据拓扑图标注为四台 PC 配置 IP 地址,通过 Ping 命令测试跨交换机 VLAN 的连通性。

(1) 根据以上配置结果,在 PC1 上进行 PC1 和 PC4 的连通性测试,由测试可知无法连通。

(2) 在交换机 SW1 上将 FastEthernet 0/24 端口配置成 Trunk 端口。

```
SW1>                                            !用户模式
SW1>enable                                      !进入特权模式
Password:                                       !输入密码
SW1#configure terminal                          !进入全局模式
SW1(config)#interface   FastEthernet 0/24       !进入快速以太网 24 端口
SW1(config-if)#switchport mode trunk            !配置成 Trunk 端口
SW1(config-if)#^Z                               !Ctrl+Z 退回到特权模式
SW1#show interface trunk                        !查看 Trunk 端口
    Port     Mode       Encapsulation  Status     Native vlan
    Fa0/24   on         802.1q         trunking   1
    Port     Vlans allowed on trunk
    Fa0/24   1-1005
    Port     Vlans allowed and active in management domain
    Fa0/24   1,10,20
    Port     Vlans in spanning tree forwarding state and not pruned
    Fa0/24   1,10,20
SW1#write memory                                !保存配置
```

同理,配置 SW2 交换机。

3. 测试

验证 PC1 与 PC4、PC2 与 PC3 之间的连通性。
在 PC1 上使用 Ping 命令:

>ping 192.168.1.3

由结果可知,发送四个数据报,接收四个数据报,丢失为 0。PC1 和 PC4 之间互相连通,可实现跨交换机的同一 VLAN 间的通信。

六、检查评议

测试任务的连通性。
具体评价方式、评价内容及评价标准见附录。

七、拓展提高

(一) Trunk 的自动协商

```
Sswitch(config-if)#switchport mode dynamic desirable
Switch(config-if)#switchport mode dynamic auto
```

注意:如果中继链路两端都设置成 auto,将不能成为 Trunk。

（二）在 Trunk 上 VLAN 设置

1. 在 Trunk 上移出 VLAN

```
Switch(config-if)#switchport trunk allowed VLAN remove 20
```

2. 在 Trunk 上添加 VLAN

```
Switch(config-if)#switchport trunk allowed VLAN add 20
```

任务 5.3.3　配置 VLAN 间通信

一、任务描述

企业网中，为了控制广播流量，提高网络安全性，简化网络管理，需要进行 VLAN 配置，并实现 VLAN 间通信。

二、任务分析

根据需求，将办公大楼、设计部和测试部的网络分别划分到 VLAN 10、VLAN 20 和 VLAN 30 中，现在要求 VLAN 20 与 VLAN 30 之间通信。VLAN 间的通信需要在网络层上进行。

三、知识准备

VLAN 是在交换局域网的基础上，采用网络管理软件构建的可跨越不同网段、不同网络的端到端的逻辑网络。一个 VLAN 组成一个逻辑子网，即一个逻辑广播域，它可以覆盖多个网络设备，允许处于不同地理位置的网络用户加入一个逻辑子网中。VLAN 工作在 OSI 参考模型的第二层和第三层，VLAN 之间的通信是通过第三层的设备来完成的。

1. VLAN 间通信需要路由

在 LAN 内的通信，是通过数据帧头中指定通信目标的 MAC 地址来完成的。为了获取 MAC 地址，在 TCP/IP 参考模型中，使用 ARP 协议解析 MAC 地址，是通过广播报文来实现的。如果广播报文无法到达目的地，那么就无从解析 MAC 地址，即无法直接通信。当计算机分属不同的 VLAN 时，就意味着分属不同的广播域，自然收不到彼此的广播报文。因此，属于不同 VLAN 的计算机之间无法直接互相通信。为了能够在 VLAN 间通信，需要利用 OSI 参考模型中网络层的 IP 地址信息来进行路由。在网络互联设备中能完成 VLAN 间通信（具有路由功能）的设备主要有路由器和三层以上的交换机。

2. VLAN 间通信的两种方案

在交换机上划分 VLAN 后，VLAN 间的计算机就无法通信。VLAN 间的通信需要借助第三层设备，如路由器或第三层交换机。VLAN 间路由主要有单臂路由和三层交换两种解决方案。三层交换机可以看成是"路由器＋二层交换机"，因为采用了特殊的技术，其数据处理能力比路由器要强大。实际中，单臂路由实现 VLAN 间路由时转发速率较慢，更多的是使用第二种方案。本任务采用的也是第二种方案。

3. VLAN 间通信原理

三层交换机实现 VLAN 间互相访问的原理是，利用三层交换机的路由功能，通过识别数据报的 IP 地址，查找路由表进行转发。三层交换机利用直连路由可以实现不同的

VLAN 间的访问。

三层交换机给接口配置 IP 地址采用交换虚拟接口(Switch Virtual Interface,SVI)的方式,实现 VLAN 间互联。SVI 是指为交换机中的 VLAN 创建虚拟接口,并且配置 IP 地址。

直连路由是指为三层设备的接口配置 IP 地址,并且激活该端口,三层设备会自动产生该接口 IP 地址所在网段的直连路由信息。

为便于说明三层交换机进行 VLAN 间通信(VLAN 间路由)过程,举例如下。

两台主机连接到同一台三层交换机上。主机 PCA 所在网络 192.168.1.0/24,划分在 VLAN10 中。主机 PCB 所在网络 192.168.2.0/24,划分在 VLAN20 中,如图 5-29 所示。

图 5-29 VLAN 间通信拓扑图

PCA 向 PCB 发送数据时,针对目标 IP 地址,PCA 可以判断出通信对象不属于同一个网络。因此,向默认网关发送数据(帧 1)。交换机通过检索 MAC 地址列表后,经由内部汇聚链接,将数据帧转发给路由模块。在通过内部汇聚链路时,数据帧被附加了属于 VLAN10 的 VLAN 识别信息(帧 2)。

路由模块在收到数据帧时,先由数据帧附加的 VLAN 识别信息分辨出它属于 VLAN10,据此判断由 VLAN10 接口负责接收并进行路由处理。因为目标网络 192.168.2.0/24 是直连路由的网络,且对应 VLAN20。因此,接下来就会从 VLAN20 接口经由内部汇聚链路转发回交换模块。在通过汇聚链路时,这次数据帧被附加上属于 VLAN20 的识别信息(帧 3)。

交换机收到这个帧后,检索 VLAN20 的 MAC 地址列表,确认需要将它转发给 PCB 连接的端口。由于端口是通常的访问链接,因此转发前会先将 VLAN 识别信息除去(帧 4)。最终,PCB 成功地收到交换机转发来的数据帧。

四、工具材料

- 在真实岗位中:PC、服务器、交换机、路由器等组成网络。
- 在虚拟实验中:VMware、操作系统或 Cisco Packet Tracer 软件。

五、任务实施

依据图 5-29 所描述 VLAN 间通信原理,本项目的拓扑图 5-1 不能够实现 VLAN 间的通信,因为缺少第三层设备。所以,接下来,取项目 4 中图 4-4 所示的拓扑图右下部分,简化形成图 5-30 所示的拓扑图,实现 VLAN 20 与 VLAN 30 间通信。操作步骤如下。

1. VLAN 配置

在设计部交换机上创建 VLAN 20,并把 Fa0/2 划分到 VLAN 20;在测试部交换机上创建 VLAN 30,并把 Fa0/2 划分到 VLAN 30。

设计部的交换机:

跨交换机实现 VLAN

```
Switch>enable                              !在 Design 上
Switch#configure terminal
Switch(config)#hostname Design             !交换机命名
```

图 5-30 VLAN 间通信网络拓扑图

```
Design(config)#VLAN 20                              !创建 VLAN 20
Design(config-VLAN)#name designDepartment
Design(config-VLAN)#exit
Design(config)#interface FastEthernet0/2            !划分 Fa0/2 到 VLAN 20
Design(config-if)#switchport access VLAN 20
Design(config-if)#exit
```

此时,可以验证结果:

```
Switch5#show VLAN id 20                             !验证 VLAN 20
```

测试部的交换机:

```
Switch>enable                                       !在 Test 上
Switch#configure terminal
Switch(config)#hostname Test                        !交换机命名
Test(config)#VLAN 30                                !创建 VLAN 30
Test(config-VLAN)#name testDepartment
Test(config-VLAN)#exit
Test(config)#interface FastEthernet0/2              !划分 Fa0/2 到 VLAN 30
Test(config-if)#switchport access VLAN 30
Test(config-if)#exit
```

此时,可以验证结果:

```
Switch6#show vlan id 30                             !验证 VLAN 30
```

2. 二层交换机 trunk 模式配置

把设计部、测试部交换机上连的端口 Fa0/1、Fa0/1 分别定义为 Trunk 模式:

```
Design#configure terminal                           !在 Design 上
Design(config)#interface FastEthernet0/1            !定义 Trunk 模式
Design(config-if)#switchport mode trunk
```

此时,可以验证结果:

```
Design#show interface FastEthernet0/1 switchport      !验证模式
Test#configure terminal                                !在 Test 上
Test(config)#interface FastEthernet0/1
Test(config-if)#switchport mode trunk
```

此时,可以验证结果:

```
Test#show interface FastEthernet0/1 switchport
```

3. 三层交换机的虚拟接口配置

在核心层交换机上配置 SVI。

```
switch>enable
switch#configure terminal
switch(config)#hostname SCore
SCore(config)#exit
```

此时,可以验证结果:

```
SCore#show interface FastEthernet0/3 switchport
SCore#show interface FastEthernet0/4 switchport
SCore#configure terminal
SCore(config)#VLAN 20                          !创建 VLAN 20
SCore(config-if)#name designDepartment
SCore(config-if)#exit
SCore(config)#VLAN 30                          !创建 VLAN 30
SCore(config-if)#name testDepartment
SCore(config-if)#exit
```

此时,可以验证结果:

```
SCore#show VLAN id 20
SCore#show VLAN id 30
SCore(config)#interface VLAN 20                !配置 SVI
SCore(config-if)#ip address 192.168.2.65 255.255.255.192
                                                !IP 地址及掩码
SCore(config-if)#no shutdown                    !激活
SCore(config-if)#exit
SCore(config)#interface VLAN 30                !配置 SVI
SCore(config-if)#ip address 192.168.2.129 255.255.255.192
                                                !IP 地址及掩码
SCore(config-if)#no shutdown                    !激活
SCore(config-if)#end
SCore(config)#ip routing                        !在三层交换机上启用路由功能
```

此时,可以验证结果:

```
SCore#show ip interface                         !验证接口状态和配置
SCore#show running-config                       !验证当前操作配置
```

4. VLAN 间通信测试

PC2 和 PC3 分别位于 VLAN 20 和 VLAN 30 中,测试 VLAN 20 和 VLAN 30 之间的通信。把 PC2 和 PC3 的网关分别改为 192.168.2.65 和 192.168.2.129,然后 PC2 和 PC3

相互 Ping 通。

六、检查评议

具体评价方式、评价内容及评价标准见附录。

七、拓展提高

配置 VLAN 间通信

（一）知识链接

1. 二层交换机上配置 IP 地址和网关的作用

二层交换机可以配置 IP 地址。当二层交换机配置 IP 地址后，在该地址的相同网段内，可利用"Telnet IP 地址"登录连接到交换机，实现远程管理。

如果要跨网段登录另一个网段的二层交换机，则必须给双方的二层交换机都要配置指定的默认网关地址。配置交换机的静态路由后，其他网段对管理 IP 发起请求时交换机可以正常回包响应。该静态路由是不参与大网络环境的路由转发，只相当于给交换机配置了一个默认网关的功能。

在三层交换机上给 VLAN 配置 IP 地址，除了可用于远程管理交换机外，还具有 VLAN 间通信的作用。该 IP 地址网段的网关告诉交换机后，网关即成为本网段欲访问其他网段的下一跳地址。

一般要加默认路由 ip route 0.0.0.0 0.0.0.0 x.x.x.x。

2. 三层交换技术

三层交换技术（也称多层交换技术或 IP 交换技术）是相对于传统交换概念而提出的。传统的交换技术是在数据链路层进行工作，而三层交换技术是在网络层实现数据包的高速转发。三层交换技术＝二层交换技术＋三层转发技术。三层交换技术打破了 LAN 中网段划分之后，网段中子网必须依赖路由器进行管理的局面，解决了传统路由器低速、复杂所造成的网络瓶颈问题。

3. 三层交换原理

三层交换机是具有三层交换功能的设备，是带有第三层路由功能的第二层交换机，是两者的有机结合。三层交换原理如下。

三层交换机中，增加了第三层交换模块，该模块完成路由功能。而三层交换机的数据交换仍由第二层交换模块完成。由于三层交换机采用了"一次路由，多次交换"技术，又由于其交换功能主要依赖于硬件实现，所以三层交换机的数据转发速率比传统路由器快。

假设主机 PC1、PC2 通过三层交换机通信，PC1 在发送数据时，把本机 IP 地址（源 IP）与 PC2 的 IP 地址（目的 IP）比较，判断 PC2 是否与自己在同一子网内。若两主机在同一子网内，则进行二层的转发。

若两主机不在同一子网内，那么 PC1 必须向"默认网关"发出 ARP（地址解析）封包，而"默认网关"的 IP 地址是三层交换机的三层交换模块。当 PC1 对"默认网关"的 IP 地址广播出一个 ARP 请求时，如果三层交换模块在以前的通信过程中已经知道 PC2 的 MAC 地址，则向 PC1 回复 PC2 的 MAC 地址；否则三层交换模块根据路由信息向 PC2 广播一个 ARP 请求，PC2 得到此 ARP 请求后向三层交换模块回复其 MAC 地址，三层交换模块保存此地址并回复给 PC1，同时将 PC2 的 MAC 地址发送到二层交换引擎的 MAC 地址表中。

此后，PC1 向 PC2 发送的数据包便全部交给二层交换处理，信息得以高速交换。由于仅仅在路由过程中才需要三层处理，绝大部分数据都通过二层交换转发，因此三层交换机的速度很快，接近二层交换机的速度，同时比相同路由器的价格低很多。

（二）技能链接

单臂路由实现 VLAN 间通信，如图 5-31 所示。

图 5-31　VLAN 间通信拓扑图

实现 VLAN 10 和 VLAN 20 之间的通信。

(1) 两台 PC 的 IP 地址和默认网关设置。

(2) 交换机 S0 配置：

```
S0>enable
S0#configure terminal
S0(config)#VLAN 10
S0(config-VLAN)#exit
S0(config)#VLAN 20
S0(config-VLAN)#exit
S0(config)#interface FastEthernet 0/2
S0(config-if)#switchport mode access
S0(config-if)#switchport access vlan 10
S0(config-if)#exit
S0(config)#interface FastEthernet 0/3
S0(config-if)#swithcport mode access
S0(config-if)#switchport access vlan 20
S0(config-if)#exit
S0(config)#interface FastEthernet 0/1
S0(config-if)#switchport mode trunk
S0(config-if)#end
```

(3) 路由器 REdge 配置：

```
REdge>enable
REdge#configure terminal
REdge(config)#interface FastEthernet 0/0
REdge(config-if)#no ip address
REdge(config-if)#no shutdown
REdge(config-if)#exit
REdge(config)#interface FastEthernet 0/0.10           !子接口
REdge(config-subif)#encapsulation dot1Q 10            !封装 802.1q
```

```
REdge(config-subif)#ip address 192.168.1.1 255.255.255.0      !配置IP
REdge(config-subif)#no shutdown                                !激活
REdge(config-subif)#exit
REdge(config)#interface FastEthernet 0/0.20
REdge(config-subif)#encapsulation dot1Q 20
REdge(config-subif)#ip address 172.16.2.1 255.255.255.0
REdge(config-subif)#no shutdown
REdge(config-subif)#end
REdge#show running-config
```

（4）两台 PC 连通性测试。

项 目 回 顾

本项目涉及 LAN 参考模型。通过组建 LAN，详细学习双绞线的制作、资源共享相关知识和技能，特别是交换式以太网中的交换机是本项目的一个重点内容。

本项目还重点学习了 VLAN 以及跨交换机 VLAN，强调了 VLAN 间通信发生在网络层上。

职业资格度量

一、选择题

1. ARQ 是一种出差错后重发的常用纠错法，下列说法中不正确的是（　　）。（网络设计师）

　　A. ARQ 方式的控制规程和过程比较复杂
　　B. 采用 ARQ 方式，整个系统可能常处于重传状态中，因而通信效率低
　　C. ARQ 可以用于单向传输系统和同播系统
　　D. ARQ 方式不大合适于实时传输系统

2. 用户布线时，采用光缆还是铜线，下列（　　）不是主要考虑因素。（网络设计师）

　　A. 价格　　　　B. 性能　　　　C. 网络规模　　　　D. 重量

3. 在某以太网交换机上建立一个名为 lib105 的 VLAN，正确的配置是（　　）。（2011 年 3 月全国计算机等级考试四级网络工程师）

　　A. Switch-3548♯VLAN 1 name lib105　　　　Switch-3548♯exit
　　B. Switch-3548(VLAN)♯VLAN 1 name lib105　　　　Switch-3548(VLAN)♯exit
　　C. Switch-3548(VLAN)♯VLAN 1000 name lib105　　　　Switch3548(VLAN)♯exit
　　D. Switch-3548(VLAN)♯VLAN 1025 name lib105　　　　Switch-3548(VLAN)♯exit

4. 利用交换机可以把交换机划分成多个 VLAN，交换机默认 VLAN 是（　　）。

　　A. VLAN 0　　　　B. VLAN 1　　　　C. VLAN 1002　　　　D. VLAN 4096

5. 千兆位以太网 802.3z 定义了一种帧突发方式（Frame Bursting），这种方式是指（　　）。（2010 年上半年网络工程师上午）

　　A. 一个站可以突然发送一个帧

B. 一个站可以不经过竞争就启动发送过程

C. 一个站可以连续发送多个帧

D. 一个站可以随机地发送紧急数据

6. 能进入VLAN配置状态的交换机命令是(　　)。(2010年网络工程师上半年卷)

  A. 2950(Config)♯ vtp pruning   B. 2950♯ VLAN DataBase

  C. 2950(Config)♯ vtp server   D. 2950(Config)♯ vtp moDe

7. 连接在不同交换机上的、属于同一VLAN的数据帧必须通过(　　)传输。(2006年网络工程师)

  A. 服务器   B. 路由器

  C. Backbone链路   D. Trunk链路

8. 划分VLAN的方法有多种,这些方法中不包括(　　)。(2006年网络工程师)

  A. 根据端口划分   B. 根据路由设备划分

  C. 根据MAC地址划分   D. 根据IP地址划分

9. 以下关于采用一位奇校验方法的叙述中,正确的是(　　)。(2018年网络工程师下半年卷)

  A. 若所有奇数位出错,则可以检测出该错误但无法纠正错误

  B. 若所有偶数位出错,则可以检测出该错误并加以纠正

  C. 若有奇数个数据位出错,则可以检测出该错误但无法纠正错误

  D. 若有偶数个数据位出错,则可以检测出该错误并加以纠正

10. 下面关于Manchester编码的叙述中,错误的是(　　)。(2018年网络工程师下半年卷)

  A. Manchester编码是一种双相码

  B. Manchester编码是一种归零码

  C. Manchester编码提供了比特同步信息

  D. Manchester编码应用在以太网中

11. 假设模拟信号的频率范围为2～8MHz,采样频率必须大于(　　)MHz时,才能使得到的样本信号不失真。(2018年网络工程师下半年卷)

  A. 4   B. 6   C. 12   D. 16

12. 设信道带宽为1000Hz,信噪比为30dB,则信道的最大数据速率约为(　　)b/s。(2018年网络工程师下半年卷)

  A. 10000   B. 20000   C. 30000   D. 40000

13. A、B是局域网上两个相距1km的站点,A采用同步传输方式以1Mb/s的速率向B发送长度为200 000字节的文件。假定数据帧长为128比特,其中首部为48比特,应答帧为22比特,A在收到B的应答帧后发送下一帧。传送文件花费的时间为(　1　)s,有效的数据速率为(　2　)Mb/s(传播速率为200m/μs)。(2017年网络工程师上半年卷)

  (1) A. 1.6   B. 2.4   C. 3.2   D. 3.6

  (2) A. 0.2   B. 0.5   C. 0.7   D. 0.8A

14. 1996年3月,IEEE成立了802.3z工作组,开始制定1000Mb/s标准。下列千兆位以太网中不属于该标准的是(　　)。(2017年网络工程师上半年卷)

A. 1000Base-SX	B. 1000Base-LX
C. 1000Base-T	D. 1000Base-CX

15. 100Base-TX 交换机，一个端口通信的数据速率（全双工）最大可以达到（　　）Mb/s。(2018 年网络工程师上半年卷)

A. 25	B. 50	C. 100	D. 200

16. 快速以太网标准 100Base-FX 采用的传输介质是（　　）。(2018 年网络工程师上半年卷)

A. 同轴电缆	B. 无屏蔽双绞线
C. CATV 电缆	D. 光纤

17. 按照同步光纤网传输标准（SONET），OC-1 的数据速率为（　　）Mb/s。(2018 年网络工程师上半年卷)

A. 51.84	B. 155.52	C. 466.96	D. 622.08

18. 关于单模光纤，下面的描述中错误的是（　　）。(2018 年网络工程师上半年卷)

A. 芯线由玻璃或塑料制成

B. 比多模光纤芯径小

C. 光波在芯线中以多种反射路径传播

D. 比多模光纤的传输距离远

19. CSMA/CD 协议是（　　）协议。(2018 年网络工程师下半年卷)

A. 物理层	B. 介质访问子层
C. 逻辑链路子层	D. 网络层

20. 在 CSMA/CD 以太网中，数据速率为 100Mb/s，网段长 2km，信号速率为 200m/μs，则网络的最小帧长是（　　）比特。(2018 年网络工程师上半年卷)

A. 1000	B. 2000	C. 10000	D. 200000

21. 两个站点采用二进制指数后退算法进行避让，三次冲突之后再次冲突的概率是（　　）。(2018 年网络工程师上半年卷)

A. 0.5	B. 0.25	C. 0.125	D. 0.0625

22. 在以太网中出于对（　　）的考虑，需设置数据帧的最小帧。(2017 年网络工程师上半年卷)

A. 重传策略	B. 故障检测	C. 冲突检测	D. 提高速率

23. 以太网的最大帧长为 1518B，每个数据帧前面有 8 字节的前导字段，帧间隔为 9.6μs，快速以太网 100Base-T 发送两帧之间的最大间隔时间约为（　　）μs。(2018 年网络工程师下半年卷)

A. 12.1	B. 13.2	C. 121	D. 132

24. 观察交换机状态指示灯是初步判断交换机故障的检测方法，以下关于交换机状态指示灯的描述中，错误的是（　　）。(2017 年网络工程师下半年卷)

A. 交换机指示灯显示红色表明设备故障或者告警，需要关注和立即采取行动

B. STCK 指示灯显示绿色表示接口在提供远程供电

C. SYS 指示灯显示红色表明交换机可能存在风扇或温度告警

D. 交换机业务接口对应单一指示灯，常亮表示连接，快闪表示数据传送

25. 两台交换机的光口对接,其中一台设备的光口为 UP,另一台设备的光口为 DOWN。定位此类故障的思路包括( )。(2017年网络工程师下半年卷)
   ① 光纤是否交叉对接
   ② 两端使用的光模块波长和速率是否一样
   ③ 两端 COMB0 口是否都设置为光口
   ④ 两个光口是否未同时配置自协商或者强制协商
      A. ①②③④   B. ②③④   C. ②③   D. ①③④

26. 以下关于直通交换的叙述中,正确的是( )。(2017年网络工程师下半年卷)
   A. 比存储转发交换速率要慢
   B. 存在坏帧传播的风险
   C. 接收到帧后简单存储,进行 CRC 校验后快速转发
   D. 采用软件方式查找站点转发

27. 某 STP 网络从链路故障中恢复时,端口收敛时间超过 30s,处理该故障的思路不包括( )。(2017年网络工程师下半年卷)
   A. 确认对端端口开启 STP   B. 确认端口是工作在 STP 模式
   C. 确认端口的链路类型是点对点   D. 确认端口模式为中继模式

28. 用于生成 VLAN 标记的协议是( )。(2018年网络工程师上半年卷)
   A. IEEE 802.1q   B. IEEE 802.3   C. IEEE 802.5   D. IEEE 802.1d

29. 在默认配置时交换机所有端口(1),不同 VLAN 的数据帧必须通过(2)传输。(2017年网络工程师上半年卷)
   (1) A. 属于直通状态   B. 属于不同 VLAN
       C. 属于同一 VLAN   D. 地址都相同
   (2) A. DNS 服务器   B. 路由器
       C. 二层交换机   D. DHCP 服务器

30. 以下关于三层交换机的叙述中,正确的是( )。(2018年网络工程师下半年卷)
   A. 三层交换机包括二层交换和三层转发,二层交换由硬件实现,三层转发采用软件实现
   B. 三层交换机仅实现三层转发功能
   C. 通常路由器用在单位内部,三层交换机放置在出口
   D. 三层交换机除了存储转发外,还可以采用直通交换技术

二、填空题

1. 在 OSI 参考模型中,设备_____涉及数据链路层。
2. T568B 标准规定,双绞线颜色线序是橙白、橙、_____、蓝、_____、绿、棕白、棕。
3. IEEE 802.3 的 10Base-T 标准规定从网卡到集线器的最大距离为_____m。
4. 在一个计算机网络中,当连接不同类型而协议差别又较大的网络时则要选用_____。
5. 交换机的交换方式有三种,即_____、存储转发式和无碎片转发。

三、简答题

简述局域网特征和局域网对应的 ISO/OSI 层次结构。(计算机网络自学考试)

项目 6

无线局域网组建

了解无线局域网概念及标准;掌握无线局域网组网模式以及胖 AP 与瘦 AP、AC 基本知识。

掌握无线对等网的安装与配置;掌握无线 AP 办公室网的安装与配置。

企业新购置几台计算机,在经理室通过 AP 组建办公室网,并能连接到企业网上。在企业小会议室组建无线对等网。本项目有两个任务需要完成:①组建无线对等网;②组建无线办公室网。

任务 6.1 组建无线对等网

一、任务描述

在企业小会议室,有两台计算机,并带无线网卡,请组建无线对等网供开会用。

二、任务分析

本任务组建的供小型会议用无线对等网,主要目的是进行会议电子文档的共享。技术上,利用无线局域网的易安装、易扩展、易管理、易维护等特点,实际开会时,可能超过两台计算机,可以用同样方法组网。

本任务中,新购置的计算机已经带有无线网卡,重点在于完成组网的配置。

本任务计划如下。

(1) 检查无线网卡的安装。

（2）检查驱动程序。

（3）组建无线对等网。

三、知识准备

（一）无线局域网概念

无线局域网（Wireless Local Area Network，WLAN）是一种以无线多址信道作为传输介质，利用电磁波完成数据交互，实现传统有线局域网功能的技术。WLAN 是计算机网络与无线通信技术相结合的产物，实现用户随时、随地的网络接入。

WLAN 的不足之处：不稳定，受无线环境构成、AP 位置、用户数的影响，实际吞吐率变化很大；安全也是需要加强的问题。

（二）无线局域网标准

目前流行的 WLAN 标准有 IEEE 802.11x、IEEE 802.15.1（蓝牙）、HomeRF、IEEE 802.15.4（ZigBee）、RFID 以及 Wireless USB 等。

1. IEEE 802.11x 标准

1) IEEE 802.11

WLAN 采用的标准是 IEEE 802.11。IEEE 802.11 是 IEEE 802.11 WLAN 标准工作组于 1997 年公布的第一代 WLAN 标准之一。该标准定义了物理层和介质访问控制层（MAC）规范，涉及所使用的无线频率范围、空中接口通信协议等技术规范与技术标准。介质访问控制层采用 CSMA/CA（Carrier Sense Multi Access with Collision Avoidance，带冲突避免的载波侦听多路访问协议）硬件沟通方式。物理层定义了数据传输的信号特征和调制，定义了两个 RF 传输方法和一个红外线传输方法，RF 传输标准是跳频扩频和直接序列扩频，工作在 2.4GHz 开放频段，最大数据传输速率可达 2Mb/s。IEEE 802.11b 和 IEEE 802.11a 是对 IEEE 802.11 的补充。

2) IEEE 802.11b

IEEE 802.11b 标准（也称为 WiFi）于 1999 年公布，工作在 2.4000～2.4835GHz 频段（工业、科学、医学频段，ISM），最大数据传输速率可达 11Mb/s，传输距离为 100～300m。该标准采用直接序列扩频（Direct Sequence Spread Spectrum，DSSS）技术，补偿编码键控调制方式，点对点模式和基础模式两种运作模式。在数据传输速率方面可以根据实际情况在 11Mb/s、5.5Mb/s、2Mb/s、1Mb/s 的不同速率间自动切换，它改变了 WLAN 设计状况，扩大了 WLAN 的应用领域。

IEEE 802.11b 已成为当前主流的 WLAN 标准，被多数厂商所采用，广泛应用于办公室、家庭、宾馆、车站、机场等众多场合，但 IEEE 802.11a 和 IEEE 802.11g 更是备受业界关注。

注意：严格来讲，IEEE 802.11b 标准与 WiFi 不是一回事。WiFi 是无线局域网联盟（WLANA）的一个商标，该商标仅保障使用该商标的商品互相之间可以合作，与标准本身实际上没有关系。

3) IEEE 802.11a

IEEE 802.11a 标准与 IEEE 802.11b 标准不兼容。1999 年制定完成，工作在 5.15～8.825GHz 频段，最大数据传输速率为 54Mb/s，传输距离为 10～100m。扩充了标准的物理层,采用了正交频分复用(Orthogonal Frequency Division Multiplexing,OFDM)扩频技术,采用 QFSK 调制方式,提供 25Mb/s 的无线 ATM 接口和 10Mb/s 的以太网无线帧结构接口,支持多种业务如话音、数据和图像等。一个扇区可以接入多个用户,每个用户可带多个用户终端。

IEEE 802.11a 是 IEEE 802.11b 标准的后续标准,其设计初衷是取代 IEEE 802.11b 标准。IEEE 802.11a 标准传输速率快,5GHz 工作频段受干扰较少。但是,5GHz 工作频段需要执照,而 2.4GHz 工作频段属于 ISM 频段,不需要执照,所以市场上并不普及。一些公司更加看好混合标准 IEEE 802.11g。

4) IEEE 802.11g

IEEE 802.11g 标准于 2003 年推出,它是在 IEEE 802.11b 标准的基础上改进的协议,支持 2.4GHz 工作频段以及 DSSS 技术,并结合 IEEE 802.11a 标准的高速特点以及 OFDM 技术。IEEE 802.11g 标准,既可实现 11Mb/s 传输速率,又可实现 54Mb/s 高传输速率。IEEE 802.11g 标准兼容 IEEE 802.11b 和 IEEE 802.11a,通过 IEEE 802.11g,IEEE 802.11b 和 IEEE 802.11a 的产品可以在同一 WLAN 中使用。

2. 蓝牙标准

蓝牙(Bluetooth)是近距离无线数字通信的标准,使用 IEEE 802.15.1/1a 标准,工作频段在 2.4GHz,采用跳频扩频(Frequency Hopping Spread Spectrum,FHSS)关键技术,实现 1600 次/s 的自动调频,最高数据传输速率为 1Mb/s,传输距离为 10cm~10m,增加发射功率可达 100m。蓝牙系统具有较高的抗干扰能力,在发射带宽为 1MHz 时,有效数据传输速率为 721Kb/s。蓝牙主要应用在手机、笔记本电脑等数字终端设备之间通信,以及这些设备与 Internet 的连接。蓝牙也被嵌入微波炉、洗衣机、电冰箱、空调等家电中。

2012 年蓝牙技术联盟(Bluetooth Special Interest Group,SIG)公布了蓝牙 4.0,将传统蓝牙技术、高速技术和低功耗技术三种规格集于一体。低功耗蓝牙无线技术规范,使用一粒纽扣电池可连续工作数年。同时还拥有低成本、跨厂商互操作性、3ms 低延迟、100m 以上超长距离、AES-128 加密等诸多特色,可用于相机、摄像机、电视等视讯、音乐及图片高速传输,还可用于计步器、心律监视器、智能仪表、传感器物联网,以及汽车及自动化行业的低功率传感设备等众多领域,扩展了蓝牙的应用范围。

蓝牙与 WiFi 不可比,两者的目的不同,蓝牙设计被用来在不同的设备之间创建无线连接,WiFi 是 WLAN 标准。

3. HomeRF 标准

美国家用射频委员会领导的 HomeRF(Home Radio Frequency,家用射频)工作组,2001 年推出 HomeRF 2.0 版,旨在为家庭用户建立具有互操作性的话音和数据通信网。它集成了语音和数据传送技术,工作频段在 10GHz,数据传输速率达到 10Mb/s,在 WLAN 的安全性方面主要考虑访问控制和加密技术。

HomeRF 是针对现有无线通信标准的综合和改进,当进行数据通信时,采用 IEEE 802.11 规范中的 TCP/IP 传输协议;当进行语音通信时,则采用数字增强型无绳通信标准。

4. ZigBee 标准

ZigBee 联盟(ZigBee Alliance)推出 ZigBee 标准(紫蜂),2004 年发布 ZigBee 1.0,2006 年

发布 ZigBee 2006，2007 年发布 ZigBee Pro。ZigBee 是低功耗无线网络的标准，旨在部署无线传感器网络，专注于低功耗、低成本、低复杂度、低速率的近程无线网络通信。ZigBee 在室内通常能达到 30～50m 作用距离，在室外可达到 100m。ZigBee 常用作异步通信标准，具备 CSMA/CA 通道接入能力，采用 IEEE 802.15.4 作为物理层和数据链路层。应用在家庭自动化、工业控制、农业自动化、环境监控以及安全监控等领域。

（三）WLAN 的主要设备

在 WLAN 中，常用设备主要有无线网卡、无线接入器（AP、无线路由器）、无线天线等。

1. 无线网卡

无线网卡安装在计算机上，用于计算机之间、计算机与无线接入器之间的无线连接，类似有线网卡功能，负责信号收发。作为 WLAN 的接口，实现与 WLAN 的连接，无线网卡由网络接口卡（NIC）单元、扩频通信机（发送器、接收机）及天线组成。

无线网卡基本原理：计算机接收信息时，扩频通信机通过天线接收信息，并对该信息进行处理，判断是否要发给 NIC 单元，如是则将信息帧传给 NIC 单元；否则丢弃掉。如果扩频通信机发现接收的信号有错，则通过天线发送给对方一个出错信息，通知发送端重传此信息帧。当计算机要发送信息时，主机先将待发送的信息传给 NIC 单元，NIC 单元首先监测信道是否空闲，若空便立即发送；否则暂不发送，继续监测。

根据接口类型，无线网卡分为三种类型，即 PCMCIA 无线网卡、PCI 无线网卡和 USB 无线网卡。

PCMCIA（Personal Computer Memory Card International Association，PC 存储卡国际联合会）无线网卡仅适用于笔记本电脑，称为 PC 存储卡接口适配器。它支持热插拔，易安装，体积小，造价低，如图 6-1 所示。

PCI（Peripheral Component Interconnect，外设部件互联标准）无线网卡适用于台式机，插在主板的 PCI 插槽上，如图 6-2 所示。

USB（Universal Serial Bus，通用串行总线）无线网卡同时适用于笔记本电脑和台式机，支持热插拔。USB 2.0 以上的无线网卡支持 IEEE 802.11g、IEEE 802.11g＋，如图 6-3 所示。

图 6-1　PCMCIA 无线网卡

图 6-2　PCI 无线网卡

图 6-3　USB 无线网卡

注意：在实际使用中，还有一种无线网卡可以直接连接到广域网，需要到移动或联通开通上网服务。外观上多了一个插 SIM（Subscriber Identification Module，用户身份识别模块）卡的插槽，也称为无线上网卡、无线广域网卡。用无线广域网卡上网是真正意义上的无线上网。

2. 无线 AP

无线 AP（Access Point）也称为无线接入点、无线收发器，是 WLAN 的核心，负责数据接收和转发,功能类似于 LAN 中的交换机和集线器,如图 6-4 所示。

无线 AP 是一个桥接的无线基站,一般放置于固定位置,如室内天花板或墙壁上、室外塔架上,通过 RJ-45 口连接到有线网络。结构上包括发送器、接收器、天线、桥接器。通过无线 AP,可以实现无线网络内部计算机之间的数据交换,也可以实现无线网络到有线网络的数据交换。

3. 无线路由器

无线路由器(Wireless Router)集成了无线 AP 的接入功能和路由器的第三层路径选择功能,是将无线 AP 和宽带路由器合二为一的扩展型产品。除无线接入功能外,一般还具备 WAN、LAN 两个接口,支持 DHCP、DNS、网络地址转换(NAT)、MAC 地址克隆、防火墙以及 VPN 接入、WEP 加密等安全功能。

无线路由器可以与 ADSL Modem 或 Cable Modem 相连,实现家庭无线网络中的 Internet 连接共享,如图 6-5 所示。

图 6-4　无线 AP　　　　　　　　　图 6-5　无线路由器

4. 无线天线

天线(Antenna)是将传输线中的电磁能转化为自由空间的电磁波,或将空间电磁波转化成传输线中的电磁能的专用设备。当无线 AP 与无线网卡之间较远时,信号减弱,传输速率下降,甚至无法连接通信,此时必须借助天线。天线能够增益(放大)无线信号,放大倍数越大,则信号越强,传输质量就越好,传输距离也就越远。增益的单位是 dB。

按使用场所不同,无线天线分为室内和室外两种类型。室内天线,优点是方便灵活,缺点是增益小,传输距离短;室外天线,优点是传输距离远,如图 6-6 所示。

图 6-6　无线天线

按照方向,无线天线分为定向天线和全向天线两类。前者较适合长距离使用,后者适合区域性应用。一种是锅状的定向天线;另一种是棒状的全向天线。定向天线对某个特定方向传来的信号特别灵敏,并且发射信号时也是集中在某个特定方向上。全向天线可以接受水平方向来自各个角度的信号和向各个角度辐射信号。

（四）无线局域网组网模式

WLAN 的基础是传统的 LAN，是有线 LAN 的扩展，通过无线设备组建 WLAN。WLAN 的组网模式分为 Ad-Hoc 模式和 Infrastructure 模式。前者组建的网络称为点对点无线网、无线对等网，后者称为集中控制网、基础结构网，如图 6-7 所示（虚线表示无线介质）。

图 6-7　Ad-Hoc 模式和 Infrastructure 模式

1. Ad-Hoc 模式

Ad-Hoc（点对点）模式的网络是一种点对点的对等式移动网络，由一组带无线网卡的计算机组成，不需要无线 AP，所有终端设备对等地相互通信。计算机以相同的 SSID（同域）和密码等相互直接连接，进行点对点与点对多点之间的通信。

2. Infrastructure 模式

Infrastructure 模式（基础模式）是一种整合有线与无线局域网架构的应用模式。具有无线网卡的无线终端以无线接入点 AP 为中心，通过无线网桥 AB、无线接入网关 AG、无线接入控制器 AC 和无线接入服务器 AS 等将 WLAN 与有线网连接起来，可以组建多种复杂的 WLAN 接入网络，实现无线移动办公的接入。

在 WLAN 中，IEEE 802.11b 标准主要支持 Ad-Hoc 和 Infrastructure 两种工作模式，前者可以在无线网卡之间实现无线连接，后者可以借助无线 AP，让所有的无线网卡与无线 AP 连接。本项目任务 6.2 中会进一步介绍。

四、工具材料

- 在真实岗位中：无线网卡、PC 或笔记本电脑。
- 在虚拟实验中：VMware、操作系统或 Cisco Packet Tracer 软件。

五、任务实施

利用 WiFi 建立无线对等网，以 Windows 7 为例，操作步骤如下。

（1）通过"控制面板"，打开"网络和共享中心"，如图 6-8 所示。

图 6-8　依次打开"控制面板"→"网络和 Internet"→"网络和共享中心"

（2）单击左侧的"管理无线网络"选项，如图 6-9 所示。

（3）单击"添加"按钮，如图 6-10 所示。

（4）选择"创建临时网络"选项，如图 6-11 所示。

图 6-9　选择左侧的"管理无线网络"选项

图 6-10　单击"添加"按钮

图 6-11　选择"创建临时网络"选项

(5) 单击"下一步"按钮,如图 6-12 所示。

图 6-12　单击"下一步"按钮

(6) 指定 ESSID 号,也即无线网络标识,用于区分其他 WLAN。这里可以设置密码,其他无线终端加入此 WLAN,必须输入此密码,如图 6-13 所示。

图 6-13　指定无线网络标识 ESSID 号

(7) 单击"下一步"按钮,如图 6-14 所示。

此时多了一个 WLAN 图标,如图 6-15 所示。

(8) 单击本机状态栏右下角的无线连接图标,显示无线网络连接信号,会看到此无线网络一直在等待其他终端的接入,如图 6-16 所示。

六、检查评议

能够组装 WLAN,并能够连通。

具体评价方式、评价内容及评价标准见附录。

图 6-14 完成网络组建提示

图 6-15 无线网络图标

图 6-16 无线网络连接信号

七、拓展提高

1. IEEE 802.11 的发展

IEEE 802.11 标准在不断发展。2004 年 IEEE 802.11i 补充了无线网络的安全方面。2009 年,IEEE 802.11n 获得 IEEE 标准委员会正式批准,支持多输入多输出技术(Multi-Input Multi-Output,MIMO),提供标准速率 300Mb/s,最高速率 600Mb/s。

2016 年 IEEE 802.11n 标准升级到千兆级别的 IEEE 802.11ac 标准,其核心技术主要基于 IEEE 802.11a。IEEE 802.11ac 通过 5GHz 频带进行通信,理论上能够提供最多 1Gb/s 带宽进行多站式无线局域网通信,或是最少 500Mb/s 的单一连接传输带宽。IEEE

802.11ac 采用并扩展源自 IEEE 802.11n 的空中接口(Air Interface)概念,包括更宽的 RF 带宽(提升至 160MHz)、更多的 MIMO 空间流(Spatial Streams)(增加到 8)、更名用户的 MIMO 以及更高阶的调制(Modulation)(达到 256QAM)。

2. WLAN 安全

WEP(Wired Equivalent Protocol,有线等效协议)是为了保证 IEEE 802.11b 协议数据传输的安全性而推出的安全协议,该协议可以通过对传输的数据进行加密,保证 WLAN 中数据传输的安全性。无线网络产品支持 64/128 位甚至 256 位 WEP 加密。

如果使用了无线 AP,首先要启用 WEP 功能,并记下密钥,然后在每个无线客户端启用 WEP,并输入该密钥,这样就可以保证安全连接。

之后有了 WPA(WiFi Protected Access)、WPA2(WiFi Protected Access 2)。

任务 6.2 组建无线办公室网

一、任务描述

经理办公室新购两台带无线网卡的计算机,要求组建无线局域网,并能连接到企业网络上。

二、任务分析

本任务中,新购的计算机带有无线网卡,可以组建无线局域网。要连接到企业网络上,需要一台 AP。网络拓扑图类似于图 6-17 所示。图左侧的局域网相当于已有的企业网络,并与 Internet 连接。

本任务的 AP 通过有线与企业网络相连。本任务的重点是配置 AP。

本任务计划如下。

(1) 安装和配置 AP。

(2) 检查无线网卡及驱动程序。

(3) 配置无线终端。

三、知识准备

(一) 室内组建 WLAN 拓扑结构

1. 室内对等连接(Peer to Peer)

在对等方式下,不需要单独地具有总控接转功能的接入设备 AP,所有的终端都能对等地相互通信。一个终端自动设置为初始站,初始化网络,使所有同域的终端成为一个 WLAN,并且设定终端协作功能,允许有多个终端同时发送信息。在 MAC 帧中,就同时有源地址、目的地址和初始站地址。该拓扑结构较适合未建网的用户或组建临时性的网络,如野外作业、临时会议等。任务 6.1 已做了介绍,并完成组建。

2. 室内 AP 中心(Infrastructure)

以星状拓扑为基础,以接入点 AP 为中心,终端之间通信经过 AP 接转。这样就能使无线终端共享有线网资源,实现有线、无线随时随地的共享连接。使用在布线不方便、原有信息点不够用或有计算机相对移动的情况,如图 6-17 所示。

图 6-17 室内 AP 中心拓扑结构

(二) 室外组建 WLAN 拓扑结构

1. 室外点对点

两个有线局域网,通过两台无线 AP、放大器和定向天线连接,实现两个有线局域网之间资源的共享,如图 6-18 所示。

图 6-18 室外点对点拓扑结构

2. 室外点对多点

三个有线局域网 A、B、C,B 网为中心,外围有 A 网和 C 网。利用无线 AP、放大器及定向天线,让 B 网分别与 A 网和 C 网建立连接,实现各有线网之间资源的共享,如图 6-19 所示。

图 6-19 室外点对多点拓扑结构

3. 中继组网

A 地和 B 地两个有线局域网需要互联,因为距离较远或有建筑物阻挡,中间通过两台无线网桥作中继,以及数台放大器和定向天线,实现两个有线局域网之间资源的共享,如图 6-20 所示。

图 6-20 中继组网拓扑结构

四、工具材料

- 在真实岗位中:无线网卡、PC 或笔记本电脑、无线 AP 或无线路由器。
- 在虚拟实验中:VMware、操作系统或 Cisco Packet Tracer 软件。

五、任务实施

经过任务分析已经知道,无线 AP 的配置是本任务的关键,所以本任务对无线终端上的无线网卡及驱动程序不再详述,请读者自己检查。下面详述无线 AP 和无线路由器的配置。

(一) 配置无线 AP

以 D-Link DWL-2100AP 为例,默认登录 IP 地址是 192.168.0.50,管理员账户为 admin,密码为空。D-Link 无线 AP 的配置步骤如下。

(1) 设置主机网络参数。本地连接的 IP 固定为 192.168.0.5(2~255),子网掩码保持默认,默认网关为 192.168.0.50。设置好后保存,用网线连接 AP。

(2) 启动主机的 IE 浏览器,在"地址栏"中输入 http://192.168.0.50 后按 Enter 键,显示用户登录窗口。在"用户名"下拉列表框中输入 admin,"密码"文本框保持为空,单击 OK 按钮,显示配置窗口,如图 6-21 所示。

(3) 打开 Home 选项卡,单击左侧的 Wireless 按钮,显示无线配置页,在 SSID 文本框中输入家庭无线网络名称。在 Channel 下拉列表框中可以选择该无线路由器使用的信道。当只有一个无线 AP 或无线路由器时,可以选择任意信道;当拥有两个或两个以上 AP,并且无线信号的覆盖范围重叠时,则应当为每个 AP 设置不同的信道,如图 6-22 所示。

(4) 单击左侧的 LAN 按钮,显示局域网设置页。选中 Static(Manual)单选按钮,为该无线 AP 指定静态 IP 地址。分别在 IP address 和 Subnet Mask 文本框中输入该无线 AP 的局域网 IP 地址,用于实现与局域网的连接。若网络内安装有 DHCP 服务器,则可以选中

Dynamic(DHCP)单选按钮,让该无线 AP 自动获取 IP 地址,如图 6-23 所示。

图 6-21　配置窗口

图 6-22　无线配置页

组建无线办公室网

图 6-23　局域网设置页

(5) 单击 Advanced 选项卡,然后单击左侧的 DHCP Server 按钮。选中 Dynamic Pool Settings 选项,选取 Function Enable/Disable 下拉列表框中的 Enabled,启动 DHCP 服务,无线网络中的客户端只需采用系统默认的"自动获取 IP 地址"和"自动获取 DNS 服务器的地址"选项即可,无须再为每个客户端设置 IP 地址信息。然后,在 IP Assigned From 文本框中输入欲分配的 IP 地址的起始地址,在 The Range of Pool(1-255) 文本框中输入地址范围。如果选中 Disabled 单选按钮,则需要为无线客户端分别输入 IP 地址信息,如图 6-24 所示。

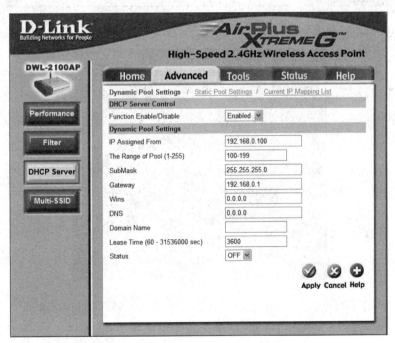

图 6-24　DHCP Server 设置

(6) 单击 Apply 按钮,保存对设置的修改,重新引导无线 AP。

(二) 配置无线路由器

以 D-Link DI-624＋A 为例,D-Link 无线路由器的配置步骤如下。

1. 基本管理功能设置

（1）设置无线网卡网络参数。本地连接的 IP 固定为 192.168.0.2(2～255)，子网掩码保持默认。启动 IE 浏览器，在"地址栏"中输入 http://192.168.0.1 后按 Enter 键，显示用户登录窗口。在"用户名"下拉列表框中输入 admin，"密码"文本框保持为空，单击"确定"按钮，显示配置主窗口。进入配置页面的首页，首先看到的是联机设定精灵，可以在它的指引下，快速完成无线路由器的设置，如图 6-25 和图 6-26 所示。

图 6-25　单击"联机设定精灵"按钮

图 6-26　设定联机精灵界面

（2）单击左侧的"无线网络"按钮，显示无线网络配置界面，如图 6-27 所示。支持四种不同的安全机制。

WEP(Wire Equivalence Protection)：无线网络常见的加密机制。可以选择 64bit(需要输入 10 个十六进制的字符)或者 128bit(需要输入 26 个十六进制的字符)。

802.1X(Authenticate with Radius Server)：利用凭证方式认证的无线网络的安全机制。

图 6-27　无线网络配置界面

WPA-PSK：更安全的无线网络的加密方式。为 WiFi 制定的无线网络安全机制。先输入 8～63 个 ASCII 码或者 64 个十六进制的字元，包含 0～9 及 A～F。

WPA（Authenticate with Radius Server）：利用凭证方式认证的无线网络的安全机制，解决 WEP 共享密钥上的漏洞问题。

（3）单击左侧的 WAN 按钮，显示广域网配置界面，主要是用来设定 DI-624＋A 联机到 ISP（互联网服务提供者）。它提供了四种方式，即动态 IP 地址、固定 IP 地址、PPPoE、其他 WAN 形态，如图 6-28 所示。

图 6-28　广域网配置界面

（4）单击 LAN 按钮，显示局域网配置界面。分别在"IP 地址"和"子网络遮罩"文本框中输入该无线路由的局域网 IP 地址，用于实现与局域网的连接，如图 6-29 所示。

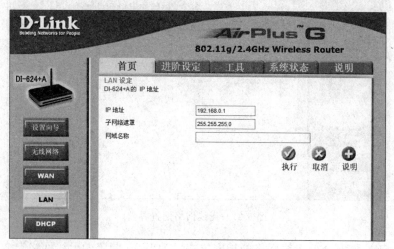

图 6-29 局域网配置界面

（5）单击左侧的 DHCP 按钮，显示"动态 IP 地址"界面。选中"激活"单选按钮，启动 DHCP 服务，无线网络中的客户端只需采用系统默认的"自动获取 IP 地址"和"自动获取 DNS 服务器的地址"选项即可。然后分别在"可用 IP 范围起始地址"和"可用 IP 范围结束地址"文本框中输入欲分配的 IP 地址的起止范围，如图 6-30 所示。

图 6-30 "动态 IP 地址"界面

（6）单击"执行"按钮，保存对设置的修改，重新引导无线路由。

2．DI-624＋A 高级管理功能设置

（1）单击"进阶设定"按钮，进入高级管理设置界面。如果网络内有服务器，若要发布到

Internet，或若要从 Internet 控制网络内部计算机，还应当设置虚拟服务器。

单击左侧的"虚拟服务器"按钮，显示虚拟服务器配置界面，如图 6-31 所示。

图 6-31　虚拟服务器配置界面

（2）某些应用程序需要多个连接，像视讯会议及网络电话等。因为防火墙的原因，无法在 NAT 路由器下执行，经由设定特殊应用程序，可以让这些应用程序在 NAT 路由器上顺利运行。

单击左侧的"特殊应用程序"按钮，选中"激活"单选按钮，然后分别设置应用程序的触发端口和触发协议方式，以及公用端口和公用协议方式。DI-624＋A 列出了一些常用的应用程序，只需选择即可启动，如图 6-32 所示。

图 6-32　特殊应用程序

（3）过滤器作用于 LAN 端的计算机，它支持基于 IP 地址或者 MAC 地址的过滤，从而决定 LAN 用户能否访问互联网。URL 阻绝则是通过设定关键字来决定哪些 URL 是 LAN 用户可访问的或者不可访问的。另外，它还支持网域阻绝。

单击左侧的"过滤器"按钮，它提供了四种过滤方式，如图 6-33 所示。

图 6-33　过滤器设置界面

（4）防火墙设定是一个进阶功能，使用于拒绝或允许流量从装置通过。它的功能类似 IP 地址过滤加上其他的功能设定。也可以为本装置建立更详细的使用规则。

单击左侧的"防火墙"按钮，如图 6-34 所示。

图 6-34　防火墙设置界面

(5) 单击左侧的 DDNS 按钮,显示 DDNS 设置界面,在服务"提供者"下拉列表框中选择动态域名提供商,并输入用户名和密码即可,如图 6-35 所示。

图 6-35　DDNS 设置界面

(6) 单击左侧的 DMZ 按钮,选中"激活"单选按钮,在"IP 地址"文本框中输入欲设置为 DMZ 主机的 IP 地址,即可将该计算机暴露在 Internet。单击"执行"按钮,使配置生效,如图 6-36 所示。

图 6-36　DMZ 设置界面

六、检查评议

能够安装无线 AP 或无线路由器，组建无线办公网。

具体评价方式、评价内容及评价标准见附录。

七、拓展提高

（一）无线 AP 与无线路由器的区别

无线路由器与无线 AP 的最大区别就是无线路由器带路由的功能，而无线 AP 没有。企业一般使用 AP，因为企业网络出口有自己的路由器。

1. 从功能上区分

AP 是 LAN 与 WLAN 之间相互访问的桥梁，也是 WLAN 内部终端通信的桥梁。无线路由器就是 AP、路由功能和交换机的集合体，支持有线与无线组成同一子网，直接接上 Modem。

2. 从应用上区分

独立的 AP，在需要大量 AP 进行大面积覆盖的公司使用较多，所有 AP 通过以太网连接起来并连到独立的 WLAN 防火墙。无线路由器在 SOHO(Small Office Home Office，家居办公)的环境中使用较多，一个 AP 就足够了。无线路由器一般包括网络地址转换(NAT)协议，以支持 WLAN 用户的网络连接共享。大多数无线路由器包括一个四端口的以太网转换器，可以连接几台有线 PC。

3. 从组网拓扑图上区分

AP 不能直接跟 ADSL Modem 相连，所以在使用时必须再添加一台交换机或者集线器。大部分无线路由器由于具有宽带拨号的能力，因此可以直接与 ADSL Modem 连接进行宽带共享。

注意：有些参考文献上把无线路由器看作无线 AP 的扩展，所以在网络拓扑图上标注的都是无线 AP。

（二）胖 AP 和瘦 AP 的区别

根据工作原理和功能，无线 AP 通常分为两种，即胖 AP(Fat AP)和瘦 AP(Fit AP)。

胖 AP 自带管理功能，同时广播 SSID，还可以连接终端的 AP，实现无线接入功能。另外，一般还具有 WAN、LAN 端口、DNS、DHCP 服务、防火墙、VPN 接入、MAC 地址克隆等功能。胖 AP 自带完整的操作系统，可以独立工作。

瘦 AP 是信号发送与接收设备，不带管理功能，其管理功能由后端无线控制器(AC)完成。通常所说的 AP 就是指瘦 AP，无 DNS、路由、DHCP 服务器等功能，仅保留有线/无线信号转换和无线信号接收/发射功能。瘦 AP 作为无线局域网的组成部分，不能独立工作，需有 AC 管理才能正常使用。

胖 AP 与瘦 AP 的比较如表 6-1 所示。

表 6-1 胖 AP 与瘦 AP 的比较

	胖 AP	瘦 AP
规模场景	一般应用于小型无线网络，可独立工作，不需要 AC 的配合。如家庭、小型商户或小型办公室	一般应用于大中型的无线网络，以一定数量的 AP 配合 AC。如商场、超市、景点、酒店、餐饮娱乐、企业办公等
无线漫游	无法实现无线漫游。用户从一个区域走到另一个区域，会重新连接信号强的一个胖 AP，重新进行认证，重新获取 IP 地址，存在断网现象	用户从一个区域走到另一个区域，信号会自动切换，且无须重新进行认证，无须重新获取 IP 地址，网络始终连接在线，使用方便
自动负载均衡	当多用户连接到同一个胖 AP 上时，胖 AP 无法自动负载均衡，因此胖 AP 会因为负荷较大而频繁出现网络故障	当多用户连接到同一个瘦 AP 上时，AC 会根据负载均衡算法，自动将用户分配到负载较轻的其他 AP 上，减轻了 AP 的故障率
管理维护	胖 AP 不可集中管理，需要单独进行配置，配置工作烦琐	瘦 AP 可配合 AC 产品集中管理，无须单独配置，集中管理优势明显

在小规模无线网情况下，很多用户，如餐馆、咖啡馆、4S 店、客栈、美容院、健身房等，基于成本的原因会选择使用几台胖 AP 组网。不过，在大中型无线网中，瘦 AP 的使用范围和适用性明显优于胖 AP。因此，目前基本上都是 AC+AP 的组网模式。

注意：无线 WiFi 中多个无线 AP 只有 1、6、11 信道不会相互干扰，也就是说在一个区域最多只能有三个 AP。多装几个会相互干扰而影响使用。

项目回顾

本项目涉及 WLAN 常用相关协议、组建 WLAN 相关设备、WLAN 组网模式以及组网拓扑结构。在任务 6.1 中，完成了无线对等网的组建。在任务 6.2 中，完成了无线办公室网的组建，重点在无线 AP、无线路由器中心设备的配置。

职业资格度量

一、选择题

1. IEEE 制定的无线局域网标准是（　　）。（RCNA 认证试题）
   A. 802.10　　　　B. 802.11　　　　C. 802.13　　　　D. 802.12
2. IEEE 802.11g 的最大数据传输速率为（　　）Mb/s。（2017 年网络工程师上半年卷）
   A. 11　　　　B. 28　　　　C. 54　　　　D. 108
3. 在学校学术报告厅内部署了多个无线 AP，为了防止信号覆盖形成的干扰，应调整无线 AP 的（　　）。（全国计算机技术与软件专业技术资格（水平）网络工程师考试试题）
   A. SSID　　　　B. 频道　　　　C. 工作模式　　　　D. 发射功率
4. 建立一个家庭无线局域网，使得计算机不但能够连接因特网，而且 WLAN 内部还可以直接通信，正确的组网方案是（　　）。（全国计算机技术与软件专业技术资格（水平）网络

工程师考试试题）

  A. AP＋无线网卡   B. 无线天线＋无线 Modem

  C. 无线路由器＋无线网卡   D. AP＋无线路由器

 5. 在 WLAN 中,下列(　　)是用于对无线数据进行加密的。(RCNA 认证试题)

  A. SSID 隐藏   B. MAC 地址过滤

  C. WEP   D. 802.1X

 6. 在 IEEE 802.11 中采用优先级来进行不同业务的区分,优先级最低的是(　　)。(2018 年网络工程师上半年卷)

  A. 服务访问点轮询   B. 服务访问点轮询的应答

  C. 分布式协调功能竞争访问   D. 分布式协调功能竞争访问帧的应答

 7. 在中国区域内,2.4GHz 无线频段分为(　　)个信道。(2017 年网络工程师上半年卷)

  A. 11   B. 12   C. 13   D. 14

 8. 在设置家用无线路由器时,下面(　　)可以作为 DHCP 服务器地址池。(2017 年网络工程师下半年卷)

  A. 169.254.30.1～169.254.30.254   B. 224.15.2.1～224.15.2.100

  C. 192.168.1.1～192.168.1.10   D. 255.15.248.128～255.15.248.255

 9. IEEE 802.11i 标准制定的无线网络加密协议(1)是一个基于(2)算法的加密方案。(2018 年网络工程师下半年卷)

  (1) A. RC4   B. CCMP   C. WEP   D. WPA

  (2) A. RSA   B. DES   C. TKIP   D. AES

 10. 无线局域网通常采用的加密方式是 WPA2,其安全加密算法是(　　)。(2017 年网络工程师下半年卷)

  A. AES 和 TKIP   B. DES 和 TKIP

  C. AES 和 RSA   D. DES 和 RSA

二、简答题

1. IEEE 802.11b、IEEE 802.11a 和蓝牙标准分别采用什么扩频技术?

2. WLAN 中常用哪些设备?

3. 什么是无线 AP?

三、实践题

1. 配置对等网。

2. 配置无线路由器。

项目 7

Internet 的接入

了解广域网概念、Internet 概念;掌握接入 Internet 的相关知识。

掌握常用 Internet 接入技术。

企业员工在家可以上 Internet,及时查看企业网站、收发邮件等,获取与企业工作有关的信息。本项目有两个任务需要完成:①ADSL 接入;②FTTx+LAN 接入。

任务 7.1　ADSL 接入

一、任务描述

企业员工家庭已有带网卡的计算机一台,安装电话机一部,请通过 Internet 接入技术连接上网。

二、任务分析

本任务中,家庭已有计算机和电话,可以通过 ADSL 接入技术上 Internet。ADSL 接入需要网卡,计算机中已安装好,另外还需要 ADSL Modem,ISP 服务人员会提供并配置完成。

本任务计划如下。

(1) 安装 ADSL 设备。

(2) 建立 ADSL 宽带连接。

三、知识准备

（一）广域网、因特网和接入网

1. 广域网

广域网（Wide Area Network，WAN）是一种用来实现不同地区局域网或城域网的互联，可提供不同地区、城市和国家之间的计算机通信的远程计算机网。广域网技术主要体现在 OSI 参考模型的下三层。常见广域网有公用电话交换网（PSTN）、分组交换网（X.25）、数字数据网（DDN）、帧中继（Frame Relay）等。

2. 因特网

因特网（也称互联网）是覆盖全球的最大的广域网，以 TCP/IP 网络协议连接全球各个国家、各个地区、各个机构的计算机网络。它提供了创建、浏览、获取、搜索和信息交流等服务。我国互联网九大主干网如表 7-1 所示。

表 7-1 我国互联网九大主干网一览表

序号	名称	序号	名称
1	中国公用计算机互联网（CHINANET，中国电信网）	6	中国卫星集团互联网（CSNET）
2	中国金桥网（CHINAGBN）	7	中国教育和科研计算机网（CERNET）
3	中国移动互联网（CMNET）	8	中国国际经济贸易互联网（CIETNET）
4	中国联通互联网（UNINET）	9	中国长城互联网（CGWNET）
5	中国科技网（CSTNET）		

中国互联网络信息中心（CNNIC）公布，截至 2018 年 12 月，我国网民数量 8.29 亿，手机网民数量 8.17 亿，国际出口带宽数 8 946 570Mb/s，如表 7-2 所示。

表 7-2 主要骨干网络国际出口带宽数

国际出口带宽数（Mb/s）			
中国电信	4 537 680	中国联通	2 234 738
中国移动	1 997 000	中国教育和科研计算机网	61 440
中国科技网	115 712		
合计 8 946 570			

3. 接入网

接入网是指本地交换机（即端局）与用户端设备之间的连接部分，通常包括用户线传输系统、复用设备、数字交叉连接设备和用户（或网络）接口设备。

Internet 是为了让位于不同地理位置的计算机网络连接在一起，而接入是为了让单一地域的计算机网络连接到 Internet 上。

4. Internet 接入技术

Internet 接入技术是用户与 Internet 间连接方式和结构的总称。根据接入后数据传输速率,Internet 接入方式可分为宽带接入和窄频接入。

宽带(Boardband)是指在同一传输介质上,利用不同的频道进行多重传输,并且速率在 1.54Mb/s 以上。宽带接入主要有 ADSL 接入、有线电视网接入、光纤接入、无线宽带接入、电力线通信接入等。窄频接入主要有电话拨号接入、手机上网等。

(二) 拨号接入

拨号接入方式是用户计算机通过 Modem 和公用电话交换网(Public Switched Telephone Network,PSTN)相连,再通过 ISP 接入 Internet。这种接入方式实施容易,费用低廉。缺点是受电话线及相关接入设备的限制,带宽只有 9600b/s~56Kb/s(V.92 标准),传输速率低,线路可靠性差。目前,这种接入方式几乎没有网民使用。

(三) ADSL 接入

1. ADSL 介绍

ADSL(Asymmetric Digital Subscriber Line,非对称数字用户环路)接入是宽带接入技术中最常用的一种。它利用现有的电话用户线,采用先进的复用技术和调制技术,使得高速的数字信息和电话语音信息在一对电话线的不同频段上同时传输,为用户提供宽带接入的同时,维持用户原有的电话业务及质量不变。ADSL 高速下行(从网络到用户)速率可达 8Mb/s,上行(从用户到网络)速率可达 1Mb/s。

ADSL 的最大特点是不需要改造信号传输线路,完全利用普通铜质电话线作为传输介质,配上专用的 Modem 即可实现数据高速传输。ADSL 采用点对点的拓扑结构,用户可独享高带宽,广泛用于高速 Internet 接入。

2. ADSL 接入 Internet 原理

ADSL 的接入主要由中央交换局端模块和远端模块组成。中央交换局端模块包括 ADSL Modem 和接入多路复合系统,处于中心位置的 ADSL Modem 被称为 ATU-C (ADSL Transmission Unit-Central)。接入多路复合系统、中心 Modem 通常被组合成一个接入节点,也称为 DSLAM(DSL Access Multiplexer),如图 7-1 所示。

图 7-1 ADSL 接入 Internet 原理

远端模块由用户 ADSL Modem 和滤波器(分离器)组成,用户端 ADSL Modem 通常被称为 ATU-R(ADSL Transmission Unit-Remote)。

四、工具材料

- 在真实岗位中:PC、网卡、ADSL Modem、滤波器、一根带 RJ-45 头的交叉双绞线(如果是 USB 接口的 ADSL Modem,则不需要网线)、两根带 RJ-11 头的电话线。

五、任务实施

(一)安装设备

1. ADSL 局端设备的安装

ADSL 安装包括局端线路调整和用户端设备安装。在局端,由 ISP 将用户原有的电话线中串接入 ADSL 局端设备,只需几分钟。

2. ADSL 用户端设备的安装

用户端的 ADSL 设备连接如图 7-2 所示。其安装步骤如下。

图 7-2 ADSL 设备连接示意图

(1) 电话入户线连接滤波器的 LINE(电话入户线)端口。

由于 ADSL Modem 采用了高频通道,所以与电话同时使用时,必须采用滤波器来分离语音信号和 ADSL 需要的高频信号。

注意:滤波器和外线之间不能有其他的电话设备,任何分机、传真机、防盗器等设备的接入都将造成 ADSL 的严重故障,甚至 ADSL 完全不能使用。分机等设备只能连接在滤波器分离出的语音端口后面。

(2) 用一根两芯电话线,把滤波器的 Phone(电话信号输出)端口连接到电话机上。

(3) 用另一根两芯电话线,把滤波器的 Modem(数据信号输出)端口连接到 ADSL Modem 的 DSL 端口。

(4) 用一根交叉网线,连接 ADSL Modem 的 Ethernet 端口与计算机的网卡。

一般 ADSL Modem 与计算机通过网卡连接方式比较稳定。电话线上会产生三个信息通道:一个速率最高可达 8Mb/s 的下行通道,用于用户下载信息;一个速率可达 896Kb/s 的上行通道;一个普通的 4Kb/s 电话服务通道。

打开计算机和 ADSL Modem 的电源,如果两边连接网线的端口所对应的 LED 都亮,说明硬件连接成功。

至此,完成硬件安装。

(二) 配置软件

1. 设置 ADSL Modem

(1) ADSL Modem 的 IP 地址默认值为 192.168.10.1,在设置参数前需要将 PC 的网卡 IP 改为与 ADSL 的以太网 IP 同一网段,即 192.168.10.*。

网卡的 IP 地址设置完成后,运行安装光盘中的"adsl 配置程序.exe"文件,如图 7-3 所示。

图 7-3　ADSL 配置向导

(2) 填好 IP 地址后,单击"下一步"按钮。当程序与 ADSL 连接成功后,程序会读出当前 ADSL 的状态与参数,如图 7-4 所示。

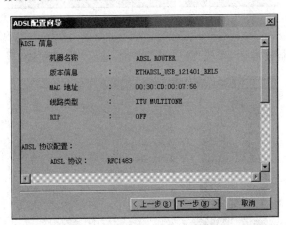

图 7-4　当前 ADSL 的状态与参数

(3) 单击"下一步"按钮,显示"请选择配置方式"界面,如图 7-5 所示。

(4) 单击"下一步"按钮,显示"调制标准设置"界面,如图 7-6 所示。

ADSL2110EH Router 支持 DHCP Server,选中后可在 IP 分配下限、IP 分配上限中输入 DHCP 分配的起止地址,这样 ADSL 连接的 PC,即可不用设置 IP 地址,而实现 IP 地址的自动分配。DNS 地址由电信局提供,在 DHCP Server 的环境下 DNS 必须配置。

图 7-5 选择配置方式

图 7-6 调制标准与 IP 分配范围设置

(5) 正确选择调制标准后,单击"下一步"按钮,显示"协议配置"界面,如图 7-7 所示。

图 7-7 选择协议

在此界面应选择封装的协议为 RFC1483 BRIDGED,即单机桥接方式接入。

(6) 单击"下一步"按钮,显示参数设置界面,如图 7-8 所示。

图 7-8　VCI、VPI 参数设置(1)

在此对话框中可以设置各 PVC 的参数,如果默认的 PVC 值不是 0、32,则在 VPI 参数和 VCI 参数框中分别输入 0、32,然后单击"替换"按钮,则相应的 VPI、VCI 参数值会改为 0、32,如图 7-9 所示。

图 7-9　VCI、VPI 参数设置(2)

(7) 完成后单击"下一步"按钮,显示参数界面,如图 7-10 所示。

图 7-10　IP 地址配置

在此界面设置参数,选择"封装类型"为"LLC/SNAP 封装",设置 ADSL 以太网 IP 地址、子网掩码(一般保持默认即可)。

(8)以上各项参数正确输入完成后单击"完成"按钮,配置程序将自动完成对 ADSL 的配置,显示配置确认界面,如图 7-11 所示。

图 7-11 确认配置

这一界面是将用户前面所配置的内容再显示一次,以及让用户选择是否保存此配置,若保存则下次进入配置程序时可在图 7-5 所示界面选中"用配置文件配置"单选按钮,调用保存的该文件,即可实现与此次同样的配置。单击"不保存"按钮,显示如图 7-12 所示。

图 7-12 设置 ADSL

(9)配置状态显示设置进程,在这个过程中尽量保证不断电;否则 ADSL 将由于读/写参数错误而无法正常运行。当完成后配置程序会提示消息框,如图 7-13 所示。

图 7-13 完成 ADSL 配置

单击"确定"按钮配置程序自动退出。至此 ADSL 在 RFC1483 BRIDGED 协议下的参数配置完成。

2. 建立宽带连接

ADSL 使用的是 PPPoE(Point-to-Point Protocol over Ethernet,以太网上的点对点协议)虚拟拨号软件。在 Windows 7 操作系统建立 ADSL 宽带连接,具体步骤如下。

(1)打开"控制面板"窗口,单击"网络和 Internet"选项,打开"网络和 Internet"窗口。选择"网络和共享中心"选项,打开"网络和共享中心"窗口。在"更改网络设置"区域单击"设置新的连接或网络"链接,即可打开"设置连接或网络"对话框,在其中选择"连接到 Internet"选项,如图 7-14 所示。

图 7-14 选择"连接到 Internet"选项

(2)单击"下一步"按钮,打开"您想使用一个已有的连接吗?"窗口,在其中选中"否,创建新连接"单选按钮。单击"下一步"按钮,打开"您想如何连接?"窗口,如图 7-15 所示。

图 7-15 "您想如何连接?"窗口

(3)单击"宽带(PPPoE)"按钮,打开"输入您的 Internet 服务提供商(ISP)提供的信息"窗口,在"用户名"文本框中输入服务提供商的名字,在"密码"文本框中输入密码,如图 7-16 所示。

至此建立连接已经完成,单击"连接"按钮就可以连接到 ADSL 网络了。

(4)如果想要在桌面快速连接,须手动建立。单击桌面右下角的网络图标,可看到"宽带连接"字样,如图 7-17 所示。

图 7-16　输入 ISP 提供的信息　　　　　图 7-17　连接示意图

(5) 单击"打开网络和共享中心"链接,出现图 7-18 所示界面。

图 7-18　选择"更改适配器设置"选项

(6) 单击左上角的"更改适配器设置"选项,如图 7-19 所示。

图 7-19　创建宽带连接

看到宽带连接后,直接按住左键或右键拖曳它到桌面。

六、检查评议

能够安装 ADSL Modem,创建宽带连接。

具体评价方式、评价内容及评价标准见附录。

七、拓展提高

1. 有线电视网接入

有线电视网(Cable Television,CATV)覆盖面广,早期有线电视电缆是单向同轴电缆。目前,为了延长传输距离和提高信号质量,使用双向 HFC(Hybrid Fiber Coax,混合光纤同轴电缆网)进行替代。HFC 技术是指主干网采用光纤接到 ISP,从 ISP 到用户端则采用有线电视网的同轴电缆,这样传输的效果与光纤传输一样。

接入有线电视网,需要专用的 Cable Modem(电缆调制解调器),所以也称其为 Cable Modem 接入。它是基于 HFC 基础设施的接入技术,利用现有的有线电视传输介质,以频分复用方式将话音、数据和 CATV 模拟信号复接,在接收端再还原为数字信号。这种工作机制,仅使用了电缆带宽的空闲部分来传送数据。理论上 HFC 下行速率可以达到 3～40Mb/s,上行速率为 128Kb/s～10Mb/s。

Cable Modem 的特点是,连接速率快,成本低廉,提供了非对称的专线连接,不受连接距离的限制。

2. ADSL 接入与有线电视网接入的比较

有线电视网的 HFC 接入采用分层树状结构,其优势是带宽比较高(10M),但这种技术本身是一个较粗糙的总线状网络,用户要和邻近用户分享有限的带宽,当一条线路上用户激增时,其单个用户的速度将会减慢。而 ADSL 接入在网络拓扑结构上较为先进,每个用户都有单独的一条线路与 ADSL 局端相连,它的结构可以看作星状结构,它的数据传输带宽是由每一用户独享的。

任务 7.2 FTTx＋LAN 接入

一、任务描述

员工家庭已有带网卡的计算机,所在的小区已组建了小区局域网,请帮助家庭接入Internet。

二、任务分析

本任务中,员工家庭已有带网卡的计算机,并且光纤到小区,ISP 组建了小区以太网,可以采用局域网接入技术接入 Internet。

本任务计划如下。

(1) 设备的安装。

(2) 网络参数的设置。

三、知识准备

FTTx+LAN 相关知识叙述如下。

1. 光纤接入网

光纤接入网(Optical Access Network,OAN)是指从业务节点到用户终端之间全部或部分采用光纤通信。光纤接入网的接入方式,是以接入网的主干系统与配线系统的交接点——光网络单元(Optical Network Unit,ONU)的所在位置来划分的,这些位置接近用户,其中有光纤到路边(Fiber To The Curb,FTTC)、光纤到大楼(Fiber To The Building,FTTB)、光纤到小区(Fiber To The Zone,FTTZ)和最终的光纤到户(Fiber To The Home,FTTH)等几种。目前,最流行的是 FTTB 和 FTTH 两种。

光纤接入网可通过光传输系统将它的远端设备 ONU 放置在小区、大楼和路边等更接近用户的地方,从而缩小铜线的铺设半径,有利于宽带业务的引入。光纤接入网可独立于交换机进行升级,灵活性高,有利于向宽带网过渡。

2. FTTB+LAN 接入方式

FTTB+LAN(光纤+局域网)是从城域网光纤到小区中心交换机,中心交换机和楼道交换机以百兆光纤或 5 类网络线相连,楼道内采用综合布线,为用户实现宽带接入 Internet。FTTZ+LAN 为楼内的每个用户提供 10 兆位带宽接入,实现"千兆到小区,百兆到大楼,十兆到桌面",如图 7-20 所示。

图 7-20　FTTZ+LAN 接入

FTTx+LAN 方式采用星状网络拓扑,楼道内共用 ONU 设备,用户共享带宽。多用户共享一条上连接口,每个用户的可保证带宽有限。当同时上网的用户比较多时,用户使用效果满意度将降低。

3. FTTH 接入方式

FTTH 是指光纤直接入户。光纤通信具有容量大、质量高、性能稳定、防电磁干扰和保密性强等优点。光纤宽带网以 2~10Mb/s 作为最低标准入户,将会取代 ADSL 成为接入 Internet 的最优方式,如图 7-21 所示。

图 7-21 FTTH 接入

四、工具材料

- 在真实岗位中：带网卡的 PC、双绞线。

五、任务实施

1. FTTB+LAN 接入

FTTB+LAN 接入,ISP 将光缆接到小区,甚至从小区机房铺设光缆至住户单元楼,楼内布线采用 5 类双绞线至入户,双绞线总长度一般不超过 100m。

LAN 接入利用以太网技术,用户端需要完成的只是设置计算机网络参数,连入 LAN 即可。

2. FTTH 接入

FTTH 接入,ISP 将光缆接到楼内的每一户。

在用户端,ISP 安装好光纤接入设备 ONU,如 ZTE 中兴 ZXA10 F460、华为 EchoLife HG850e 等,这是 EPON 综合接入设备,具有家庭网关功能,也称为光 Modem。光 Modem 在断网情况下设置,设置方法与 ADSL Modem 类似。

设备连通后,在计算机上创建宽带连接,拨号入网即可。

六、检查评议

能够通过 FTTx 接入 Internet。

具体评价方式、评价内容及评价标准见附录。

七、拓展提高

1. 无线接入

无线接入技术（也称空中接口）是无线通信的关键问题。它是指通过无线介质将用户终端与网络节点连接起来，实现用户与网络间的信息传递。无线信道传输的信号应遵循一定的协议，这些协议即构成无线接入技术的主要内容。无线接入技术与有线接入技术的一个重要区别在于可以向用户提供移动接入业务。

无线接入又分为固定接入和移动接入。

2. 电力线接入

电力线网络（Power Line Network）是一个有着 10 年以上历史的网络接入技术。电力线通信接入，主干速度可以达到数百兆，最终用户速度可以达到 11Mb/s。

电力线上网（Power Line Communication，PLC）接入技术主要是指利用电力线传输数据和话音信号的一种通信方式。电力线上网的核心产品是调整电力调制解调器，该调制解调器又称为"电力猫"。

电力线接入有两种流行的接入方式：一是直接通过电力线、USB/以太网（RJ-45）接口的电力线网络适配器、PC 连接的方式；二是通过电力线、电力线 Modem、以太网适配器连接的方式。后者对于设备和资源的共享有比较大的优势。

电力线接入方式最大的好处是不用重新布线，同时还能完成某些无线网络无法完成的功能。一般来说，无线网络的有效工作范围为 50~100m，之后要进行信号增益。而电力线接入方式则不用，在 300m 内都可无增益使用，降低了设备成本。

项 目 回 顾

本项目涉及 Internet 接入的诸多概念和技术，ADSL、光纤接入是本项目的重点。FTTB、FTTH 是 $FTTx$ 中比较流行的接入方法。

职业资格度量

一、选择题

1. 以下关于接入 Internet 的叙述，（　　）是不正确的。（2009 年下半年系统集成项目管理工程师考试试题）

    A. 以终端的方式入网，需要一个动态的 IP 地址

    B. 通过 PPP 拨号方式接入，可以有一个动态的 IP 地址

    C. 通过 LAN 接入，可以有固定的 IP 地址，也可以用动态分配的 IP 地址

    D. 通过代理服务器接入，多台主机可以共享一个 IP 地址

2. 对 ADSL 叙述，错误的是（　　）。（某省电信行业竞赛试题）

    A. 简称非对称数字用户线路

    B. 传输介质是电话铜线

    C. 最大上传速率可达 1Mb/s，最大下载速率可达 8Mb/s

D. 最大传输距离为 6～8km

3. 属于 PON 接入技术描述范畴的有( )。

A. GPRS　　　　B. FTTx　　　　C. ONU　　　　D. CDMA

4. ADSL 的不对称是指( )。

A. 上行线路长度不同　　　　B. 下行线路粗细不同

C. 上下行速率不同　　　　D. 上下行信号电压不同

5. ( )接入是光纤接入的终极目标。

A. FTTH　　　　B. FTTP　　　　C. FTTB　　　　D. FTTC

6. HDLC 协议中,若监控帧采用 SREJ 进行应答,表明采用的差错控制机制为( )。(2018 年网络工程师上半年卷)

A. 后退 N 帧 ARQ　　　　B. 选择性拒绝 ARQ

C. 停等 ARQ　　　　D. 慢启动

7. 使用 ADSL 接入 Internet,用户端需要安装( )协议。(2018 年网络工程师下半年卷)

A. PPP　　　　B. SLIP　　　　C. PPTP　　　　D. PPPoE

8. HFC 接入网采用( )传输介质接入住宅小区。(2018 年网络工程师上半年卷)

A. 同轴电缆　　　B. 光纤　　　C. 5 类双绞线　　　D. 无线介质

二、简答题

1. 什么是广域网?
2. 什么是接入网?
3. 什么是 Internet 接入技术?

三、实践题

1. ADSL 用户端需要进行哪些安装和设置。
2. FTTH 用户端需要进行哪些安装和设置。

项目 8

网络管理与安全

理解网络管理相关概念；了解网络管理 SNMP 协议；掌握 SNMP 管理模型的组成结构；理解网络安全的重要性；掌握端口的概念；了解防火墙的概念以及计算机病毒相关知识。

掌握常用的网络管理命令及相关软件的基本操作技能；能够对网络进行配置、故障、性能、安全、计费管理；具备基本网络管理的能力；能够解决一般的网络管理问题。

科为网络有限公司完成了 A 企业的网络建设项目，并已经验收交接。现在 A 企业提出，请科为网络有限公司对 A 企业的网络进行管理。

网络管理涉及硬件和软件维护、网络安全、数据备份、故障排除、网络优化等。为方便学生学习，本项目有三个任务需要完成：①安装与使用 SNMP 服务；②使用网络扫描工具；③安装和设置防火墙、防病毒软件。

任务 8.1　安装与使用 SNMP 服务

任务 8.1.1　安装 SNMP

一、任务描述

简化后的网络拓扑图如图 8-1 所示。网络管理中，A 企业选用主流的 AT-SNMPc 网络管理软件。请安装相关网络管理协议和 AT-SNMPc 软件。

图 8-1 网络拓扑图

二、任务分析

本任务中,分析诸多因素,决定选用主流的 AT-SNMPc 网络管理软件。在网络管理之前,需要在网络管理站和被管设备上进行网络管理协议和软件安装准备工作。

本任务主要安装相应的网络管理协议和 AT-SNMPc 软件。网络管理协议是进行网络管理的基础。网络管理协议选用主流的 SNMP,需要安装和配置。

本任务计划如下。

(1) 被管设备 SNMP 配置。

(2) 被管主机、管理工作站 SNMP 服务安装。

(3) 被管主机、管理工作站 SNMP 服务配置。

(4) 安装 AT-SNMPc 网络管理系统。

三、知识准备

(一)网络管理相关概念

1. 网络管理的定义

网络管理是指通过监视网络和控制网络,维持网络长时间、可靠、高效、安全运行。当出现故障时,及早发现和排除以发挥网络应用效益的过程。

2. 网络管理的功能

ISO 在 ISO/IEC 7498—4 文档中定义了网络管理五大功能,即故障管理、计费管理、配置管理、性能管理和安全管理。这也是网络管理的基本功能。

(1) 故障管理(Fault Management)是网络管理中最基本的功能之一。网络出现问题时,网络管理员必须迅速找到故障并及时排除,保证网络的可靠运行。

(2) 计费管理(Accounting Management)用来记录网络资源的使用,目的是控制和监测网络操作的费用和代价,它对一些公共商业网络尤为重要。

(3) 配置管理(Configuration Management)负责初始化网络并配置网络,以使其提供网络服务。目的是实现某个特定功能或使网络性能达到最优。

（4）性能管理（Performance Management）估价系统资源的运行状况及通信效率等系统性能，包括监视和分析被管网络及其所提供服务的性能机制。

（5）安全管理（Security Management）是网络管理的薄弱环节之一，包括对授权机制、访问控制、加密和加密关键字的管理、维护和检查安全日志。

由此可见，网络管理需要众多知识和技能，本书作为基础教程，只介绍基本知识和基本技能。要成为一名优秀的网络管理员，需要你的努力。

（二）网络管理协议

1. CMIP

公共管理信息协议（Common Management Information Protocol，CMIP）是由 ISO 制定的系列标准，基于 OSI 七层参考模型，其功能强大。其中，ISO7498—4 定义了开放系统互联管理的体系结构；ISO9595 定义了公共管理信息服务（Common Management Information Service，CMIS）；ISO9596 定义了公共管理信息协议。这三个标准与国际电报电话咨询委员会（International Consultative Committee on Telecommunications and Telegraph，CCITT）的 X.700、X.710、X.720 相对应。由于 ISO 标准过于复杂，目前还没有完全支持 ISO 标准的产品，所以没有得到广泛应用。

2. SNMP

简单网络管理协议（Simple Network Management Protocol，SNMP）是 IETF 制定的、具有协议独立性的标准，可以使用在传输协议如 IP、IPX、AppleTalk 等上。对 Internet 进行网络管理时，因为 Internet 运行在 TCP/IP 协议栈之上，所以 SNMP 就运行在 TCP/IP 协议栈之上。SNMP 属于应用层协议，在传输层支持方面，基于无连接的 UDP，每次报文一次传输即结束，通信时无须建立连接，由应用程序验证成功与否。SNMP 的原则是简单易行，是目前应用最广泛的 TCP/IP 网络管理框架，已成为事实上的工业标准。

SNMP 有三个版本：1990 年 5 月请求评议 RFC（Request For Comments）1157 定义了 SNMPv1；1993 年发布了 SNMPv2，1996 年发布的 SNMPv2c 是 SNMPv2 的修改版本；1998 年 1 月 RFC 2271-2275 定义了 SNMPv3，在 SNMPv2 基础上增加了安全和管理机制。SNMPv3 包含 SNMPv1、SNMPv2 所有功能在内的体系框架，包含验证服务和加密服务在内的全新安全机制，同时还规定了一套专门的网络安全和访问控制规则。

SNMP 的基本功能包括监视网络性能、检测分析网络差错和配置网络设备等。在网络正常工作时，SNMP 可实现统计、配置和测试等功能。当网络出现故障时，可实现各种差错检测和恢复功能。

（三）SNMP 网络管理模型

网络管理模型由四个要素组成，包括管理工作站、被管代理、网络管理信息库和简单网络管理协议。SNMP 网络管理模型如图 8-2 所示。

管理工作站（Network Manager Station，NMS），是一个控制台程序，包括数据分析、故障恢复的管理应用程序；监视和控制网络的接口；网络设备的信息库。

被管代理（Managed Agents，MA），驻留在被监控的网络部件或设施，包括工作站、服务器、网卡、网桥、集线器和路由器，跟踪被管理设备的状态，并且向管理工作站报告所在设备

图 8-2 SNMP 网络管理模型

的当前状态信息。

网络管理信息库(Management Information Base,MIB),RFC 1213 定义了 MIB-Ⅱ。该标准定义了端口统计信息以及系统自身描述信息。MIB-Ⅱ的主要目的是为 TCP/IP 提供通用管理信息,并不包含厂家自定义的信息。

简单网络管理协议(Simple Network Management Protocol,SNMP),定义管理工作站和被管代理间的通信方法,规定 MIB 存储结构、关键字的含义及事件的处理方法,是最重要的要素。

四、工具材料

- 在真实岗位中:管理机、交换机、PC、服务器、AT-SNMPc 网络管理软件。
- 在虚拟实验中:VMware、AT-SNMPc 网络管理软件。

五、任务实施

(一)被管设备 SNMP 配置

网络设备安装并运行 SNMP 代理程序,才能被管理。下面举例将路由器 SNMP 信息设置为只读,并设置认证为 public。配置命令如下:

```
Router(config)#snmp-server community public ro
!设置 SNMP 的社区名为 public。ro(read-only)只读。rw(read-write)读/写
Router(config)#snmp-server trap-source FastEthernet0/1
!以 Fa0/1 端口为监控源,如果不输入此行,将以设备自身的 Router ID 作为监控源
Router(config)#snmp-server contact public@163.com        !设置管理者的邮箱地址
Router(config)#snmp-server host 192.168.3.5 public
!设置接收通知的管理站 IP 地址为 192.168.3.5,并设置社区名为 public
Router(config)#snmp-server enable traps                  !启动代理发出通知功能
```

(二)被管主机、管理工作站 SNMP 服务安装与配置

各节点主机需要在平台上安装 SNMP 协议,提供拓扑发现的基本信息。

1. SNMP 服务安装

通过 SNMP 监控 Windows 主机,需要在被监控主机上安装 SNMP 的 Windows 组件。Windows SNMP Agent 能对 SNMP 的请求进行应答,并能够主动发送 Traps,Traps 按照支持的 MIB 由 SNMP 事件 Agent 来产生。在 Windows 7 中安装 SNMP 服务的过程如下。

(1)在"控制面板"中选择"程序"选项,如图 8-3 所示。

(2)在"程序和功能"窗口的左侧栏中,单击"打开或关闭 Windows 功能",如图 8-4 所示。

图 8-3　选择"控制面板"中的"程序"选项

图 8-4　"程序和功能"窗口

（3）在弹出的"Windows 功能"对话框中，勾选"简单网络管理协议（SNMP）"复选框，其余保持不变，然后单击"确定"按钮，如图 8-5 所示。根据提示完成余下的安装步骤。

2．SNMP 服务配置

（1）完成 SNMP 服务的安装后，右击"计算机"，选择快捷菜单中的"管理"命令，如图 8-6 所示。

图 8-5 "Windows 功能"对话框

图 8-6 选择"管理"命令

（2）在弹出的"计算机管理（本地）"窗口的左侧导航栏中，单击"服务"选项，右侧出现 SNMP Service 项，如图 8-7 所示。或者，选择"开始"→"运行"命令，输入 services.msc，找到 SNMP Service 项。

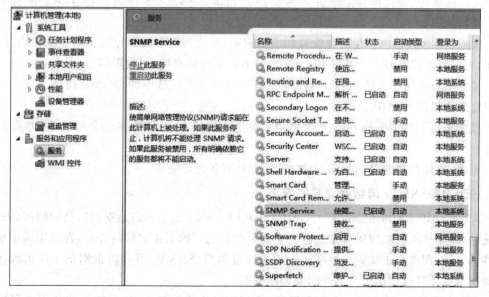

图 8-7 "计算机管理（本地）"窗口

(3) 双击 SNMP Service 项,弹出"SNMP Service 的属性(本地计算机)"对话框,切换到"安全"选项卡,添加"接受的社区名称"和接受哪些主机发出的 SNMP 数据包,如添加社区名称 public,"权限"为"只读",如图 8-8 所示。

图 8-8 "SNMP Service 的属性(本地计算机)"对话框中的"安全"选项卡

因为 SNMP 消息是以明文的形式发送的,很容易被截获,所以设定 SNMP 服务的安全非常重要。默认情况下,SNMP 的访问密码是 public,并且允许所有主机查询。

接受的社区名称:社区名称在通信过程中相当于密码。SNMP 代理接受的数据中的社区名称,如果不在这里的设置列表中,SNMP 代理会产生一个认证 trap 消息。如果这里没有定义社区名称,则代理会拒绝所有的 SNMP 请求。SNMP Service 要求至少要配置一个默认的社区名称 public。社区名称可以添加、改变、删除。

权限:每个社区名称还可以设置相应的权限,使代理对不同的社区有不同的权限处理。例如,可以配置代理对一个社区有读权限,对另一个社区有读/写权限等。

接受来自任何主机的 SNMP 数据包:这个选项是默认选中的,SNMP 代理会接受来自任何管理主机的 SNMP 数据包。

接受来自下列主机的 SNMP 数据包:指定主机的 SNMP 数据包会被接受,并提供安全性。

至此,被监控端的 Windows 主机的 SNMP 服务配置完成。

(三) AT-SNMPc 网络管理系统安装

AT-SNMPc(Allied Telesyn-SNMP Castle Rock Computing)是安奈特公司的网络管理系统,为商业软件。试用版与正式版的功能是相同的。购买正式版的许可,在试用版中输入此许可号后,即成为正式版。根据所购买的许可类型,SNMPc 可自动识别是工作组版还是企业版。本项目以试用版为例介绍安装步骤。

(1) 在网络中,至少有一台已启用了 SNMP 服务的设备(最好是路由器或交换机),知道此设备和安装 SNMPc 计算机的 IP 地址。下载 SNMPc 软件后,以管理员权限登录

Windows,运行 AT-SNMPc8-CN eval.exe,单击"下一步"按钮开始安装。

(2) 选择 SNMPc 网络管理系统的安装组件。有三个组件,即服务器、控制台、轮询器可供选择。如果本机是管理机,通过它来管理网络中的其他设备,应该安装服务器组件;如果本机是被管理端,应该安装客户端组件。这里是第一次安装,单击"服务器"按钮,它包括本地控制台与轮询代理,如图 8-9 所示。

图 8-9 选择安装组件

(3) 选择安装程序的目的地位置,默认为 C:\program files\snmpc network manager,单击"下一步"按钮。

(4) 在"发现种子"窗口,输入网络中一个 SNMP 设备的 IP 地址、子网掩码和社区名称。该设备最好为已经启用了 SNMP 管理协议的网络核心设备,如路由器。这里的社区名称具有读/写或只读权限。"发现种子"是用于网络发现的起始点。输入完毕后,单击"下一步"按钮,如图 8-10 所示。

图 8-10 "发现种子"窗口

在"启动"选项组,复选框用于禁止在首次启动系统时自动发现网络。

(5) 选择程序文件夹,单击"下一步"按钮。

(6) 复制文件到目的文件夹,安装控制台组件。

(7) 完成 SNMPc 程序的全部安装工作,弹出"SNMPc 网络管理系统组件已经成功安装完成"提示信息。

安装完毕后,退出 Windows,并重新启动计算机。

六、检查评议

能够完成 SNMP 协议、AT-SNMPc 网络管理系统安装。

具体评价方式、评价内容及评价标准见附录。

七、拓展提高

1. SNMP 协议的位置

整个系统有一个管理站(Management Station),实际上是网控中心。在管理站内运行管理进程,每个被管理对象中一定要有代理进程。管理进程和代理进程利用 SNMP 报文进行通信,而 SNMP 报文又使用 UDP 来传送。图 8-11 中有两台主机和一台路由器。协议栈中带有阴影的部分是原来主机和路由器所具有的,而没有阴影的部分是为实现网络管理而增加的,如图 8-11 所示。

管理站	路由器	主机	
管理进程	代理进程	代理进程	用户进程
SNMP	SNMP	SNMP	FTP 等
UDP	UDP	UDP	TCP
IP	IP	IP	
网络接口	网络接口	网络接口	
Internet			

图 8-11 SNMP 协议的位置

2. MIB 中的对象标识

管理信息库(MIB)指明了网络元素所维持的变量(即能够被管理进程查询和设置的信息),给出一个网络中所有可能的被管理对象集合的数据结构。SNMP 的 MIB 采用和 DNS 相似的树状结构,称为对象命名树(Object Naming Tree)。根在最上面,没有名字,如图 8-12 所示。

顶级对象有三个,即 iso、国际电信联盟(International Telecommunication Union,ITU-T,原 CCITT)和这两个组织的联合体。在 iso 的下面有 4 个节点,其中的一个(标号 3)是 identified organization(被标识的组织)。在其下面有一个 dod(Department of Defense,美国国防部)的子树(标号 6),再下面就是 internet(标号 1)。当只讨论 internet 中的对象时,可只画出 internet 以下的子树(图中带阴影的矩形框),并在 internet 节点旁边标注上{1.3.6.1}。

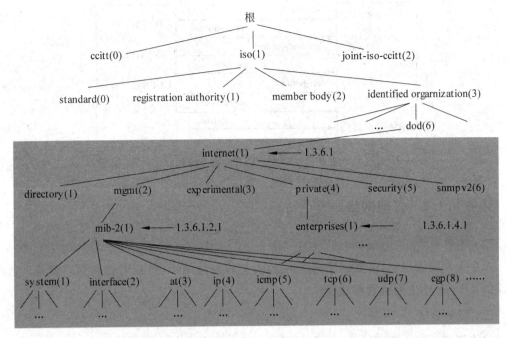

图 8-12 MIB 的对象命名举例

在 internet 节点下面的第二个节点是 mgmt(管理)(标号 2)。再下面是 mib-2(标号 1),原先的节点名是 mib。1991 年定义了新的版本 MIB-Ⅱ,其标识为{1.3.6.1.2.1}或{internet(1).2.1}。这种标识为对象标识符。

MIB 中的对象{1.3.6.1.4.1},即 enterprises(企业),其所属节点数已超过 3000,如 ibm 为{1.3.6.1.4.1.2}、cisco 为{1.3.6.1.4.1.9}等。各厂家可以定义自己产品的被管理对象名,使它能用 SNMP 进行管理。

3. SNMP 的五种协议数据单元

SNMP 规定了五种协议数据单元(PDU,也就是 SNMP 报文),用来在管理进程和代理之间进行交换。

(1) get-request 操作:从代理进程处提取一个或多个参数值。

(2) get-next-request 操作:从代理进程处提取紧跟当前参数值的下一个参数值。

(3) set-request 操作:设置代理进程的一个或多个参数值。

(4) get-response 操作:代理进程返回的一个或多个参数值,是前三种操作的应答。

(5) trap 操作:代理进程主动发出的报文,通知管理进程有某些事情发生。

前三种操作是管理进程向代理进程发出的,后两种操作是代理进程发给管理进程的。

注意:在代理进程端是用公认端口 161 接收 get 或 set 报文,而在管理进程端是用公认端口 162 来接收 trap 报文,如图 8-13 所示。

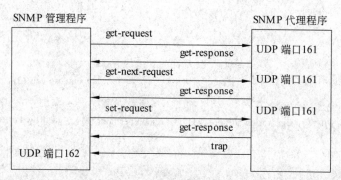

图 8-13 SNMP 的五种报文操作

任务 8.1.2 管理网络

一、任务描述

A 企业网络管理中,需要创建网络拓扑图,监视网络节点、管理节点和管理设备。选用主流的 AT-SNMPc 网络管理软件。

二、任务分析

网络管理是网络管理员必须承担的日常工作。实际工作中,网络结构和设备的图形化管理是最需要的。SNMPc 能够绘制网络拓扑图,分析出整个网络详细的两层拓扑结构图,再通过后期的加工设置,绘制出实用的网络拓扑结构图。SNMPc 具有监视网络节点、管理节点和管理设备的功能,能够完成本任务。

本任务计划如下。

(1) 登录 SNMPc。

(2) 创建网络拓扑结构图。

(3) 监视网络节点。

(4) 管理节点。

(5) 管理设备。

三、知识准备

(一) 网络管理系统

1. 概述

1) 常用网络管理系统

目前流行的网络管理系统有 HP 公司的 OpenView、AT 公司的 SNMPc、CA 公司的 Unicenter、Sun 公司的网络管理系统、Cisco 公司的 Cisco Works、IBM 公司的 Tivoli NetView 以及锐捷公司的 StartView 等。在拓扑发现、管理和成本控制等方面,SNMPc 比较优秀。

2) SNMPc 的主要功能

支持多厂商设备,支持安全的 SNMP v3 及网络拓扑结构生成,监控设备、服务器、应用服务(TCP)、性能,重叠私有 IP 地址的远程轮询,高级智能事件管理,定制 MIB 表和创建 MIB 表达式,提供长期网络趋势统计报告,Web 方式远程 Java 控制台可作为 Windows 服务后台运行。

2. SNMPc 总体结构

SNMPc 是通用的分布式网络管理系统,从逻辑上讲,包括服务器组件、采集代理组件、控制台组件三种组件,如图 8-14 所示。

图 8-14 SNMPc 网络管理系统总体结构

(1) 服务器组件(Server)。整个 SNMPc 网络管理系统的基础平台,用于存储统一的网络管理数据,一般只需一台服务器。

(2) 采集代理组件(Polling Agent)。也称为轮询组件。在网络中,可以分布式地安装多台采集代理组件,用于采集和轮询远程子网,这使 SNMPc 可以扩展管理非常庞大的网络。在简单网络中可以不安装采集代理组件。

(3) 控制台组件(Console)。用于访问存储在服务器组件上的统一的网络管理数据,可以在 SNMPc 服务器上安装,更多的是在多台远程计算机上进行安装。从多个控制台上查看和管理的网管数据,统一存储在 SNMPc 服务器上,以保证网管数据的统一性。

(二)SNMPc 管理控制台界面

SNMPc 管理控制台界面上部依次为标题栏、菜单栏、工具栏。左侧为选择窗口,右侧为视图窗口,下部为事件日志和状态栏。在视图窗口的右侧一列为拓扑结构图编辑工具,如图 8-15 所示。

四、工具材料

- 在真实岗位中:管理机、交换机、PC、服务器、AT-SNMPc 网络管理软件。
- 在虚拟实验中:VMware、AT-SNMPc 网络管理软件。

图 8-15 SNMPc 管理控制台界面

五、任务实施

(一) 登录 SNMPc

(1) 依次选择"开始"→"所有程序"→"SNMPc 网络管理系统"→"启动系统"命令,启动 SNMPc。

(2) 在桌面任务栏上,出现 SNMPc 小图标,在其上右击,选择快捷菜单中的"登录服务器"命令。

(3) 在 SNMPc 管理控制台登录窗口,初始默认输入"服务器 IP 地址"为 localhost,"用户名称"为 Administrator,"密码"为空。只需单击"确定"按钮即可,如图 8-16 所示。

登录成功后,根据需要可以生成新的账户。SNMPc 也可以被配置成对不同的用户显示不同的映射拓扑视图,这对于管理服务提供商(MSP)和大型企业的网络管理非常有用。

图 8-16 SNMPc 管理控制台登录窗口

(二) 创建网络拓扑图

1. 自动创建网络拓扑图

SNMPc 能够实时反映网络拓扑变化,自动发现和反映网络拓扑的变化情况和通信情况,保留网络拓扑及其通信情况的历史数据。

(1) 登录后，SNMPc 将自动根据之前输入的"种子"地址扫描企业内部网络，如果"种子"是开启 SNMP 协议的企业核心设备，那么可以得到网络的拓扑结构图，如图 8-17 所示。

图 8-17　网络拓扑结构图

(2) 如果没有自动创建网络拓扑结构图，选择菜单中的"配置"→"发现代理"命令，在弹出的"发现/轮询代理…"对话框中，勾选"通用"选项卡中"启用发现"复选框（默认是勾选的），然后单击"重新启动"按钮，SNMPc 开始自动发现节点，如图 8-18 所示。

图 8-18　"发现/轮询代理…"对话框

SNMPc 以层次结构的形式布局发现的网络设备。启用 SNMP 的路由器在顶层显示，其他 TCP/IP 设备根据 IP 地址在相应的子网中显示。设备图标用颜色表示设备状态：绿色表示设备对轮询请求正常响应；红色表示设备对轮询没有响应。

所有图标都是以 IP 地址信息为名称的，可以对其修改，以便更好地管理，同时左侧选择窗口也将显示出所有网段信息。视图窗口中的拓扑图可以保存成图片格式的文件。

2．手动添加设备

SNMPc 自动扫描拓扑结构是建立在开启 SNMP 协议的基础上，在实际网络中有的设备,特别是服务器,不可能都开启 SNMP 协议,因此需要手动添加。通过自定义添加设备,可以为已经生成的网络拓扑图添加一个新设备,让拓扑图更加接近实际网络结构。下面以添加一台路由器为例讲解具体操作步骤。

(1) 选择菜单中的"插入"→"映射对象"→"设备"命令,或在控制台右侧的编辑工具栏中选择"添加设备对象"按钮,打开"映射对象属性"对话框,如图 8-19 所示。

图 8-19 "映射对象属性"对话框

(2) 在"常规"选项卡中,输入设备的标志,选择设备图标。对于类型,如果对象为 SNMPc 代理,那么选择"代理";否则为"设备"。在"地址"文本框中输入路由器或服务器的 IP 地址。

(3) 在"访问"选项卡中,如果路由器是 SNMP v1,则 community 为 public(许多路由器默认的)。

(4) 在"属性"选项卡中,选择执行程序项,然后从下拉列表框中选择 telnet.exe 代替 auto.exe。

(5) 单击"确定"按钮,图标会被添加到映射图的左上角。

(6) 按住 Ctrl 键,同时选中两个设备或网络图标,单击"插入链接"按钮即可创建连接。

(三) 监视网络节点

1. 自动定时轮询

SNMPc 通常以特定的时间间隔自动轮询网络节点,然后以不同颜色表示节点的状态。绿色表示节点正常。

2. 手动执行轮询

管理员可以向指定节点发送轮询。选中该节点,选择"工具"→"轮询对象"菜单命令,可以看到轮询结果。

3. 查看事件日志

如果 SNMPc 检测到错误,会记录在事件日志中。选择"视图"→"事件记录工具"菜单命令,在窗体下部将显示当前的日志文件。

(四) 管理节点

1. 显示 MIB 表

选择"工具"→"MIB 浏览"菜单命令,可以从 MIB 表中显示多个表实体。图 8-20 是显示 sysDescr 变量的例子。

图 8-20 "MIB 浏览器-路由器 1"窗口

可以使用 MIB 表显示全部信息。在左侧选择工具的 MIB 选项卡中选择要观察的变量,并在视图窗口的拓扑图或"映射"选项卡中选择要观察的对象,然后在"视图"菜单中选择"MIB 表"命令,可以得到所需的全部信息。

2. 编辑表实体

选中表实体,单击"编辑"按钮打开"编辑表实体"对话框。可以对字段对应的值进行修改。通过"设置"按钮,可将相应的值保存到对应的节点设备中。

3. 查看统计

在左侧选择工具的 MIB 选项卡中,选择观察的变量,并在视图窗口的拓扑图或"映射"选项卡中选择要观察的对象,然后在"视图"菜单中选择"MIB 表"命令,可以图形形式实时显示表实体。

或者在 MIB 表中选择所要显示的项目,单击"图表"按钮打开图表窗体,实时显示表实体。

(五) 设备管理

在网络拓扑结构图上,通过双击路由器图标,自动建立 Telnet 连接,实现管理路由交换设备的功能。

在设备图标上右击,显示设备菜单命令,包括属性、视图、工具、系统、交换机、路由器、服务器等命令。SNMPc 可以管理各厂家设备,只要求设备启用 SNMP。例如,要管理一台 Windows 2008 服务器,就必须先安装 Microsoft 的 SNMP 代理。

当选择弹出菜单中的"路由器"命令时,弹出级联菜单,包括端口信息、端口使用情况、端口利用率、地址表、路由表、ARP 表等子命令。

六、检查评议

能够创建网络拓扑结构图,监视网络节点、管理节点和管理设备。

具体评价方式、评价内容及评价标准见附录。

七、拓展提高

(一) 知识链接

SNMPc 中集成 Cisco 等厂家网络管理软件

对于主要网络设备是 Cisco 和 HuaWei 的用户,需要在 SNMPc 中集成 Cisco 和 HuaWei 的网络管理软件,即安装 Cisco View 和 Quid View。Cisco View 是 Cisco Works Windows(CWW) 中的一个组件,Quid View 是 HuaWei iManager Quid View LAN 中的一个组件。

集成后,便能够在 SNMPc 的拓扑图中显示厂家的设备图标。双击设备图标,自动打开厂家的网络管理软件,再打开设备的面板图来进行管理。

(二) 技能链接

网络管理常用行命令如下。

1) 网络状态监视命令

(1) ipconfig 命令用于查询网络接口的参数或状态。

(2) nslookup 命令用于域名解析。

2) 网络路由监视命令

(1) netstat 命令用于分析通信状态,检查 TCP 连接状态,统计接口收发分组情况(用于统计吞吐量),显示设备路由表。

(2) arp 命令用于显示设备内存储的 IP 地址与 MAC 地址对应表。

(3) tracert 命令用于了解路由的具体情况。

(4) route 命令用于操纵网络路由表。

(5) pathping 命令是 tracert 命令与 ping 命令的结合。

3) 网络流量监视命令

ping 观察网络的丢包率、延迟,了解网络流量。

任务 8.2 使用网络扫描工具

一、任务描述

网络运行中,预防网络安全威胁,要求管理员扫描端口,关闭不需要的端口,提高网络的安全性。

二、任务分析

网络安全在企业网络管理中越来越重要,会遇到许多网络入侵安全事件,严重的会给企业造成不可挽回的重大损失。在入侵过程中,端口的防护尤其重要。管理员通过扫描端口,关闭不需要的端口,以减少黑客入侵的可能性。

本任务计划如下。

(1) 扫描端口。

(2) 关闭端口。

三、知识准备

(一) 网络安全概述

网络安全是指网络中的硬件、软件和数据不受自然与人为因素的威胁及危害,包括机密性、完整性、可用性、可控制性和可审查性五个基本要素。病毒、木马以及黑客入侵等对网络安全危害较大,但是,对网络造成危害通常借助端口。默认状态下,Windows 会打开多个服务端口,黑客常常利用这些端口来实施入侵,因此掌握端口方面的知识,是网络安全管理必备的技能。

服务器端口数有几万个,但是实际上常用的端口才几十个,未定义的端口相当多。因此,黑客程序可以采用某种方法,定义一个特殊的端口来达到入侵的目的。

(二) 端口

1. 端口介绍

计算机之间通信是通过端口进行的,但随着计算机网络技术的发展,原来物理上的接口(如键盘、鼠标、网卡、显示卡等输入输出接口)已不能满足网络通信的要求。TCP/IP 协议作为网络通信的标准协议,引入了端口概念,一台计算机与另一台计算机通信通过端口进行。

例如,访问 Web 站点时,Windows 就会在客户端打开端口,去连接 Web 服务器的端口。一台服务器可以建立 Web 服务器和 FTP 服务器,它们不相互干扰的原因是服务器利用了不同的端口。例如,Web 服务器采用 80 号端口,FTP 服务器采用 21 号端口。

2. 端口分类

根据 TCP/IP 协议规定,共有 256×256(65536) 个端口,这些端口可以分类。

按照端口号划分,分为三大类,即公认端口、注册端口和动态端口。

1) 公认端口(Well Known Ports)(0~1023)

这些端口已有明确的定义,对应 Internet 上常见的一些服务,不可重新定义。每个打开的端口,代表一个系统服务。例如,80 端口代表 Web 服务 HTTP 通信,21 端口对应着 FTP,23 端口则是 Telnet 服务专用,25 端口对应着 SMTP、110 端口对应着 POP3 等。这些端口通常不会被像木马这样的黑客程序利用。

2) 注册端口(Registered Ports)(1024~49151)

这些端口多数没有明确的定义服务对象,不同程序可根据实际需要自己定义。例如,远程控制软件和木马程序中都会有这些端口的定义。记住这些常见的程序端口在木马程序的防护和查杀上是非常有必要的。

当需要与别人通信时,Windows 会从 1024 起,在本机上分配一个动态端口,如果 1024 端口未关闭,再需要端口时就会分配 1025 端口供使用,依此类推。

3) 动态端口(Dynamic and/or Private Ports)(49152~65535)

从 49152~65535 这一段端口,通常没有捆绑系统服务,允许 Windows 动态分配给你使用。实际上,有些较为特殊的程序,特别是一些木马程序就非常喜欢用这些端口,因为这些端口常常不易引起注意,且较易隐蔽。

按服务方式划分,可分为以下两大类。

(1) TCP 协议端口。连接方式是直接与接收方进行连接,发送信息后可以确认信息是否到达,这种方式大多采用 TCP 协议。对应使用这种通信协议的服务所提供的端口为 TCP 协议端口。

(2) UDP 协议端口。不直接与接收方进行连接,只管把信息放在网上发出去,而不管信息是否到达,是无连接方式。这种方式采用 UDP 通信协议。对应使用这种通信协议的服务所提供的端口为 UDP 协议端口。

(三) 关闭不用的端口

黑客通过工具扫描别人计算机上的常用端口和指定端口时,如果端口是开放的,就可以知道计算机提供了什么服务,也就可以采取相应的探测方式来获得口令。

作为网络管理员,如果事先能够判断本网络上的计算机开放了哪些端口,在不需要提供相应服务的前提下,可以关闭它们,那么,就可以做到预防为主,不给黑客留下进入的通道,以提高网络的安全性。

四、工具材料

- 在真实岗位中:已经运行的 LAN、TCPView 软件。
- 在虚拟实验中:VMware、TCPView 软件。

五、任务实施

(一) 查看本机开放的端口

在默认状态下,Windows 会打开很多端口。查看本机打开了哪些端口、有哪些远程计算机正在与本机连接,可以使用以下两种方法。

(1) Windows 提供了 netstat 命令,能够显示当前的 TCP/IP 网络连接情况。具体操作步骤如下。

① 选择"开始"→"程序"→"附件"→"命令提示符"命令,进入 DOS 窗口,输入命令:

```
>netstat -an
```

② 按 Enter 键,显示本机连接情况及打开的端口,如图 8-21 所示。

其中,Local Address 代表本机 IP 地址和打开的端口号;Foreign Address 是远程计算机 IP 地址和端口号;State 表明当前 TCP 的连接状态;LISTENING 是监听状态,表明本机正在打开 135 端口监听,等待远程计算机的连接。

(2) 如果在 DOS 窗口中输入命令:

```
>netstat -nab
```

```
Active Connections

 Proto  Local Address        Foreign Address      State
 TCP    0.0.0.0:135          0.0.0.0:0            LISTENING
 TCP    0.0.0.0:445          0.0.0.0:0            LISTENING
 TCP    127.0.0.1:1025       0.0.0.0:0            LISTENING
 TCP    192.168.1.3:139      0.0.0.0:0            LISTENING
 UDP    0.0.0.0:445          *:*
 UDP    0.0.0.0:1060         *:*
 UDP    0.0.0.0:1062         *:*
 UDP    0.0.0.0:1208         *:*
 UDP    0.0.0.0:1267         *:*
 UDP    0.0.0.0:1280         *:*
```

图 8-21　显示本机连接情况及打开的端口

那么,将显示每个连接都是由哪些程序创建的。本机在 135 端口监听,就是由 svchost.exe 程序创建的,该程序共调用了四个组件(WS2_32.dll、RPCRT4.dll、rpcss.dll、svchost.exe)来完成创建工作,如图 8-22 所示。

```
 Proto  Local Address        Foreign Address      State       PID
 TCP    0.0.0.0:135          0.0.0.0:0            LISTENING   820
 c:\windows\system32\WS2_32.dll
 C:\WINDOWS\system32\RPCRT4.dll
 c:\windows\system32\rpcss.dll
 C:\WINDOWS\system32\svchost.exe
 -- 未知组件 --
 [svchost.exe]

 TCP    0.0.0.0:445          0.0.0.0:0            LISTENING   4
 [System]

 TCP    127.0.0.1:1025       0.0.0.0:0            LISTENING   1704
 [alg.exe]
```

图 8-22　显示本机连接详细信息

如果发现本机打开了可疑的端口,就可以用该命令查看它调用了哪些组件,然后再检查各组件的创建时间和修改时间,如果发现异常,就可能是中了木马病毒。

注意:只有安装了 TCP/IP 协议,才能使用 netstat 命令。

(二)关闭本机不用的端口

默认情况下 Windows 有很多端口是开放的,一旦上网,黑客将通过这些端口连上,因此,应该关闭不用的端口。例如,TCP139、445、593、1025 端口；UDP123、137、138、445、1900 端口；TCP 2513、2745、3127、6129 端口往往是一些流行病毒的后门端口,以及远程服务访问端口 3389。关闭端口的方法如下。

(1) 137、138、139、445 端口。它们都是为共享而开放的,应该禁止别人共享你的机器,所以要把这些端口全部关闭。方法:在"控制面板"中,依次单击"系统"→"硬件"→"设备管理器",选择"查看"菜单中的"显示隐藏的设备"命令,双击"非即插即用驱动程序"选项,找到并双击 NetBios over Tcpip,如图 8-23 所示。在打开的"NetBios over Tcpip 属性"对话框中,选中"常规"选项卡中的"不要使用这个设备(停用)",单击"确定"按钮后,重新启动系统,如图 8-24 所示。

图 8-23 "设备管理器"窗口

图 8-24 设置不使用设备

（2）关闭 UDP123 端口。在"控制面板"中，双击"管理工具"，选择"服务"，停止 Windows Time 服务即可。关闭 UDP123 端口可以防范某些蠕虫病毒。

（3）关闭 UDP1900 端口。在"控制面板"中，双击"管理工具"，选择"服务"，停止 SSDP Discovery Service 服务即可。关闭这个端口可以防范 DDoS 攻击。

（4）关闭其他端口。在"控制面板"中，双击"管理工具"，选择"本地安全策略"选项，选中"IP 安全策略，在本地计算机"，创建 IP 安全策略来关闭，或者用网络防火墙来关闭。

（三）使用端口监视类工具 TCPView

端口监视类工具能查看本机打开了哪些端口，如著名的 TCPView、Port Reporter、网络端口查看器、流光等。下面以 TCPView 为例加以说明。

TCPView 是 sysinternals.com 开发的免费、绿色软件，不需要安装，是查看端口和线程的工具，能够显示打开的端口及其对应的进程名和进程路径，并可以关闭连接端口。

TCPView 启动后，可以密切监视本机端口连接情况，确保自己的网络安全。一旦木马在内存中运行，就会打开某个端口；一旦黑客进入计算机，就有新的线程。TCPView 静态表示端口和线程。

使用步骤如下。

（1）TCPView 运行后，界面中显示本机打开的端口和线程，并直接显示端口对应的程序图标，容易识别端口是哪一个程序打开的。每一行显示详细的参数信息，如进程名、进程

ID、连接使用的协议、本地地址和端口号、远程地址和端口号、状态、发送封包、发送字节、接收封包、接收字节。状态行显示了统计数据,如图 8-25 所示。

图 8-25　TCPView 查看端口连接界面

(2) 对于系统本身打开的端口,可以通过检查线程的属性来判断。右击某线程,在弹出的快捷菜单中选择"进程属性"命令。在弹出的"进程属性"对话框中的"路径"就是端口所对应的程序在硬盘上的路径。通常系统文件都在 C:\WINDOWS\system32 目录下。如果出现和系统程序相似的名字,文件又不在系统目录,那么这些程序就有可能是假冒的系统程序,极有可能是木马、病毒,如图 8-26 所示。

图 8-26　端口对应的程序

另外,如果发现不熟悉的程序打开端口,也可以利用网络搜索,看看这些程序的作用。如果搜索不到,极有可能是木马、病毒。对于这些端口可通过右键菜单直接关闭它。

六、检查评议

能够查看本机端口使用情况,并能够关闭不需要开启的端口。

具体评价方式、评价内容及评价标准见附录。

七、拓展提高

常用端口号介绍如下。

在网络安全中,了解常用应用服务及端口号是网络管理员的一项基本功。例如,HTTP

代理协议服务器常用端口号为 80、8080、3128、8081、9080；SOCKS 代理协议服务器常用端口号为 1080。常用应用服务对应的端口号如表 8-1 所示。

表 8-1 常用应用服务对应的端口号

端口	服务	说明
21	FTP	FTP 服务器所开放的端口，用于上传、下载。最常见的攻击者用于寻找打开 anonymous 的 FTP 服务器的方法。这些服务器带有可读/写的目录。木马 Doly Trojan、Fore、Invisible FTP、WebEx、WinCrash 和 Blade Runner 所开放的 21/tcp 端口
22	SSH	PcAnywhere 建立的 TCP 和这一 22/tcp 端口的连接可能是为了寻找 ssh。这一服务有许多弱点，如果配置成特定的模式，许多使用 RSAREF 库的版本就会有不少的漏洞存在
23	Telnet	远程登录，入侵者在搜索远程登录 UNIX 的服务。大多数情况下扫描这一端口是为了找到机器运行的操作系统。还有，使用其他技术，入侵者也会找到密码。木马 Tiny Telnet Server 就开放这个 23/tcp 端口
25	SMTP	SMTP 服务器所开放的端口，用于发送邮件。入侵者寻找 SMTP 服务器是为了传递他们的 SPAM。入侵者的账户被关闭，他们需要连接到高带宽的 E-mail 服务器上，将简单的信息传递到不同的地址。木马 Antigen、Email Password Sender、Haebu Coceda、Shtrilitz Stealth、WinPC、WinSpy 开放这个 25/tcp 端口
53	DNS	DNS 服务器所开放的端口，入侵者可能是试图进行区域传递(TCP)，欺骗 DNS (UDP) 或隐藏其他的通信。因此防火墙常常过滤或记录此端口
69	TFTP	许多服务器与 bootp 一起提供这项服务，便于从系统下载启动代码。但是它们常常由于错误配置而使入侵者能从系统中窃取任何文件。它们也可用于系统写入文件
80	HTTP	用于网页浏览。木马 Executor 开放 80/tcp 端口
110	POP3	Post Office Protocol -Version3 服务器开放 110/tcp 端口，用于接收邮件，客户端访问服务器的邮件服务。POP3 服务有许多公认的弱点。关于用户名和密码交换缓冲区溢出的弱点至少有 20 个，这意味着入侵者可以在真正登录前进入系统。成功登录后还有其他缓冲区溢出错误
137、138、139	NetBIOS Name Service	其中 137、138 是 UDP 端口，当通过网上邻居传输文件时用这个端口。而 139 通过这个端口进入的连接试图获得 NetBIOS/SMB 服务。这个协议被用于 Windows 文件和打印机共享及 SAMBA。还有 WINS Regisrtation 也用它
161	SNMP	SNMP 允许远程管理设备。所有配置和运行的信息都存储在数据库中，通过 SNMP 可获得这些信息。许多管理员的错误配置将被暴露在 Internet。Cackers 将试图使用默认的密码 public、private 访问系统。他们可能会试验所有可能的组合。SNMP 包可能会被错误地指向用户的网络
162	SNMP Trap	SNMP Trap(SNMP 陷阱)
443	Https	网页浏览端口，能提供加密和通过安全端口 443/tcp、443/udp 传输的另一种 HTTP
1024	Reserved	它是动态端口的开始，许多程序并不在乎用哪个端口连接网络，它们请求系统为它们分配下一个闲置端口。基于这一点分配从端口 1024 开始。这就是说第一个向系统发出请求的会分配到 1024 端口。可以重启机器，打开 Telnet，再打开一个窗口运行 netstat -a，将会看到 Telnet 被分配给 1024 端口。还有 SQL session 也用此端口和 5000 端口

续表

端口	服务	说明
1080	SOCKS	这一协议以通道方式穿过防火墙,允许防火墙后面的人通过一个 IP 地址访问 Internet。理论上它应该只允许内部的通信向外到达 Internet。但是由于错误的配置,它会允许位于防火墙外部的攻击穿过防火墙。WinGate 常发生这种错误,在加入 IRC 聊天室时常会看到这种情况
1433	SQL	Microsoft 的 SQL 服务开放 1433/tcp、1433/udp 端口
4000	QQ 客户端	腾讯 QQ 客户端开放此端口
8000	OICQ	腾讯 QQ 服务器开放此端口

任务 8.3　安装和配置防火墙、防病毒软件

任务 8.3.1　安装和配置个人防火墙

一、任务描述

网络管理中,为了防止黑客、木马的入侵,需要在用户机上安装和配置 360 防火墙。

二、任务分析

通常企业为了维护内网的安全,在内网和 Internet 间设立防火墙。内网对于来自 Internet 的访问,采取有选择的接收方式,如允许或禁止一类具体的 IP 地址访问、某一类具体的应用。防火墙一般安装在路由器上保护内网,也可以安装在一台主机上,保护这台主机不受侵犯。本任务就是要求在一台主机上安装和配置 360 防火墙。

本任务计划如下。

(1) 安装 360 防火墙。

(2) 配置 360 防火墙。

三、知识准备

1. 防火墙概念

防火墙(Firewall)是一种隔离控制技术,在企业内网和不安全的外网(如 Internet)之间设置屏障,阻止对信息资源的非法访问,也可以阻止重要信息从企业网络上被非法输出。

如果在一台主机上有需要禁止的信息或危险的用户,那么可以在防火墙上设置,过滤掉从该主机发出的包。如果一个企业只是使用电子邮件和 WWW 服务器向外部提供信息,那么在防火墙上设置只有这两类应用的数据包可以通过。

2. 防火墙功能

防火墙通过相关的安全策略来控制(允许、拒绝、监视、记录)进出网络的访问行为。一般具有以下三种功能。

(1) 配置安全策略,限制外网用户进入内网,过滤某些服务和包括黑客在内的用户。

(2) 限制内网用户访问外网某些主机和服务。

(3) 监控审计网络存取和访问。

3. 防火墙的核心技术

(1) 包过滤。这是最常用的技术。工作在第三层网络层,根据数据包头中的 IP、端口、协议等确定是否数据包通过。只能进行类似的,如允许或不允许用户从外网用 Telnet 登录的操作。

(2) 应用代理。这是另一种主要技术。工作在第七层应用层,内外网的主机通过代理服务器间接连接,应用代理程序实现对应用层数据的检测和分析。例如,内网的一个用户想要远程登录到外网的一台主机,代理服务器会接收用户请求,决定是否允许其到远程的连接,之后建立自身与外网主机、自身与用户之间的 Telnet 会话。

(3) 状态检测。工作在第二层至第四层,控制方式与包过滤相同,但处理的对象不是单个数据包,而是整个连接。通过设置的规则表和连接状态表,综合判断是否允许数据包通过。

(4) 完全内容检测。需要很强的性能支撑,既有包过滤功能,也有应用代理功能。工作在第二层至第七层,不仅能分析数据包头信息、状态信息,还可对应用层协议进行还原和内容分析,有效防范混合型安全威胁。

网络安全策略常用方法是默认拒绝,没有被明确允许的即为禁止。

4. 防火墙分类

防火墙分为企业防火墙和个人防火墙两种。企业防火墙应用在企业网络的安全方面,个人防火墙应用在联入网络的单台主机安全方面。本任务重点在个人防火墙。

个人防火墙是安装在单台主机系统里的软件,把主机和网络分隔开。防火墙能检查进入、离开它的所有数据包,从而决定是拦截这个包还是将其放行。在不妨碍正常联网的同时,阻止网络上的其他用户、黑客对该主机进行非法访问。个人防火墙是单台主机防范黑客的重要手段之一。

常用个人防火墙有 360 个人防火墙、天网个人防火墙、Windows 自带个人防火墙。

四、工具材料

- 在真实岗位中:PC、360 木马防火墙。
- 在虚拟实验中:VMware、360 木马防火墙。

五、任务实施

(一) 安装 360 木马防火墙

360 木马防火墙属于云主动防御安全软件,不会给本地用户造成过多负担,还能保持较高的拦截率和智能性。360 木马防火墙的基本工作原理是这样的:如果某一程序的动作触发了主防规则,360 木马防火墙则会进行云端查询,在黑名单上的直接弹窗提示,在白名单上的直接放行,不在黑白名单上的未知程序则转由云端的行为分析器(其中就包括云端 QVM 人工智能引擎)来判断此程序的动作是否有危害。

云主动防御因为其本身的规则框架优势,再加上单步拦截的安全性,云端分析的人性化,满足了绝大部分用户的要求,而且拦截木马的能力相当高(联网情况下)。

360 木马防火墙与网络防火墙两者还是有差别的。网络防火墙是对程序联网访问的限制(即传统防火墙,简称为防火墙);木马防火墙则是对木马(或者说是恶意程序)的防御。

360 木马防火墙是随 360 安全卫士一起安装的,从 360 官方网站免费下载,按提示安装即可。这里不再详述。

（二）运行360木马防火墙

1. 打开360木马防火墙

在"360安全卫士"右侧单击"木马防火墙"图标，打开"360木马防火墙"窗口。

2. 查看防护状态

在"360木马防火墙"窗口可以看到入口防御、隔离防御、系统防御设置的状态。在窗口右侧，弹窗模式可以设置为智能模式、手动模式、自动处理模式三种。智能模式只在发现风险、高危行为时弹窗提示，适合绝大部分用户。手动模式对所有侦测到的系统行为都弹窗提示，适合熟悉计算机操作的用户。自动处理模式智能处理计算机所有行为，不弹窗打扰，适合不熟悉计算机操作的用户，如图8-27所示。

图8-27 "360木马防火墙"主界面

（1）在入口防御区，严防木马侵入系统的入口，拒木马于系统之外。单击"查看状态"按钮，可以查看防火墙设置的状态，如图8-28所示。

图8-28 查看入口防御状态

（2）在隔离防御区，在虚拟系统中执行高危程序，防止木马侵害真实系统。单击"查看状态"按钮，可以查看防火墙设置的状态，如图8-29所示。

图 8-29　查看隔离防御状态

（3）在系统防御区，内核级防御技术，保护系统核心设置，拦截木马恶意行为。单击"查看状态"按钮，可以查看防火墙设置的状态，如图8-30所示。

图 8-30　查看系统防御状态

（三）设置 360 木马防火墙

单击"设置"按钮，弹出"360木马防火墙-设置"对话框，包括"入口防御""隔离防御""系统防御""应用防护""高级设置"五部分，如图8-31所示。

图 8-31　"360 木马防火墙-设置"对话框

(1)"入口防御"选项卡,包括网页安全防护、聊天安全防护、下载安全防护和 U 盘安全防护。

(2)"隔离防御"选项卡,包括隔离看片和隔离运行风险文件。

(3)"系统防御"选项卡,包括驱动防护、网络安全防护和摄像头防护。

(4)"应用防护"选项卡,包括浏览器防护、输入法防护和桌面图标防护。

(5)"高级设置"选项卡,包括 360 自我保护和主动防御服务。

六、检查评议

能够完成 360 木马防火墙的安装、设置及运行管理。

具体评价方式、评价内容及评价标准见附录。

七、拓展提高

(一) 360 木马防火墙运行管理

1. 隔离沙箱

单击"隔离沙箱"按钮,弹出"360 隔离沙箱"窗口。360 隔离沙箱集合智能识别与轻量的虚拟化技术。能自动识别特定软件进入沙箱,不留痕迹,更安全,包括状态设置、文件列表、程序列表、例外列表、高级设置五个功能,如图 8-32 所示。

图 8-32 隔离沙箱高级设置

2. 信任列表

单击"信任列表"按钮,弹出"信任的程序和文件"。在窗口右下角,有"添加其他程序/文件到信任列表"和"从信任列表中移除已选程序/文件"两个按钮,通过它们可以对信任程序/文件进行添加/移除,如图 8-33 所示。

图 8-33 信任列表

3. 阻止列表

单击"阻止列表"按钮,弹出"阻止的程序和文件",可以管理不信任的程序和操作。如果不希望自动阻止某程序或操作,可以从列表中移除,如图 8-34 所示。

图 8-34 阻止列表

4. 防护日志

单击"防护日志"按钮,可以查看防火墙的工作记录,包括系统防护日志、网页安全防护和开关防护日志,也可以复制、清空防护日志,如图 8-35 所示。

图 8-35 防护日志

(二)Windows 7 自带防火墙

Windows 7 本身带有防火墙的功能,通过"控制面板"进行设置。这方面资料很多,请读者自行阅读。

任务 8.3.2　安装和配置杀毒软件

一、任务描述

网络管理中,需要预防病毒、查杀病毒,要求在用户机上安装和配置 360 杀毒软件。

二、任务分析

病毒自从 20 世纪 80 年代末进入我国以来,已经造成很大危害。在日常的网络管理中,病毒的预防、查杀是网络安全管理的重要组成部分。本任务要求在单台主机上安装和配置 360 杀毒软件。

本任务计划如下。

(1) 安装 360 杀毒软件。

(2) 配置 360 杀毒软件。

三、知识准备

病毒相关知识介绍如下。

1. 计算机病毒概念

在《中华人民共和国计算机信息系统安全保护条例》中,计算机病毒(Computer Virus)被定义为"编制或者在计算机程序中插入的破坏计算机功能或者破坏数据,影响计算机使用并且能够自我复制的一组计算机指令或者程序代码"。

2. 计算机病毒的特点

计算机病毒具有隐蔽性、传染性、潜伏性、可触发性和表现性五个特点。

(1) 隐蔽性。它能隐藏在操作系统的引导扇区、可执行文件、数据文件、标记的坏扇区处。

(2) 传染性。它可以自我复制。传染性是病毒的基本特征。是否具有传染性是判别一个程序是否为计算机病毒的最重要条件。

(3) 潜伏性。它会定期发作。有些病毒像定时炸弹一样,发作之前不易被发现。

(4) 可触发性。控制条件包括日期、时间、标识、计数器等,诱使病毒实施感染或进行攻击。病毒的触发机制就是用来控制感染和破坏动作的频率。

(5) 表现性。表现在干扰系统、删除文件、破坏数据、占用资源等。

3. 编制计算机病毒的依据和病毒的行为

现在流行的病毒是人为故意编写的,计算机病毒的理论依据是冯·诺依曼结构及信息共享。多数病毒可以找到作者和产地信息。分析大量的统计结果后发现,病毒编制的目的是为了表现、证明编者的能力,为了好奇、报复、祝贺和求爱,为了得到控制口令等。也有因政治、军事、经济、宗教、民族、专利等方面的需求而专门编写的,其中包括一些病毒研究机构和黑客的测试病毒。

计算机病毒的破坏行为包括攻击系统数据区、文件,干扰系统运行,使得运行速度下降;攻击磁盘、内存、CMOS、键盘、喇叭,扰乱屏幕显示,干扰打印机等。

4. 计算机木马和病毒的区别

木马不具有自我复制性即传染性,不会像病毒那样自我复制、刻意感染其他文件。木马的主要意图不是为了破坏用户的系统,而是为了监视并窃取系统中的有用信息,如密码、账号,常与黑客有关系。

5. 防火墙和杀毒软件的区别

防火墙和杀毒软件并不是同一种类的东西,防火墙是抵御网络攻击的工具,而杀毒软件是清除计算机病毒的工具。虽然都是在计算机上安装,但是针对的目标不同,而且防火墙是没有杀毒功能的。

6. 常见杀毒软件

国际著名杀毒软件,如卡巴斯基(Kaspersky)、McAfee公司产品、诺顿 Norton;国内杀毒软件,如360、江民、金山毒霸、瑞星、趋势。

四、工具材料

- 在真实岗位中:连接入网的PC、360杀毒软件。
- 在虚拟实验中:VMware、360杀毒软件。

五、任务实施

(一)安装360杀毒软件

360杀毒软件整合了360云查杀引擎、系统修复引擎、QVM Ⅱ人工智能引擎、小红伞引擎、BitDefender引擎五种引擎。为主机提供完善的病毒防护体系,查杀能力出色,误杀率远远低于其他杀毒软件。360杀毒软件独有的技术体系对系统资源占用少,对系统运行速度的影响小。

360杀毒软件与360安全卫士一样是免费的,可从360官方网站免费下载,然后按照提示信息安装即可。这里不再详述。

(二)配置360杀毒软件

1. 打开主界面

单击状态栏右侧360杀毒软件图标,打开360杀毒软件主界面。在界面中部列出了"快速扫描""全盘扫描"和"自定义扫描"三种扫描方式,单击某个图标即可开始扫描病毒,如图8-36所示。

在下方,各选项含义如下。

- 系统性能:列出CPU和内存的使用率。
- 隔离威胁对象:对象的统计数据,并可查看隔离区。
- 五种引擎启动状态和设置按钮。
- 宏病毒查杀按钮。
- 状态栏:程序版本、病毒库日期,并有"检查更新"按钮。

2. 查看日志

单击"日志"按钮,弹出"360杀毒-日志"对话框,其中包括"病毒扫描""实时防护""病毒免疫""产品升级""文件上传""系统性能"六种日志,如图8-37所示。

3. 设置杀毒软件

单击"设置"按钮,弹出"360杀毒-设置"对话框,其中包括"常规设置""升级设置""多引擎

图 8-36 360 杀毒软件主界面

图 8-37 "360 杀毒-日志"对话框

设置""病毒扫描设置""实时防护设置""文件白名单""免打扰设置""异常提醒""系统白名单"。

1）常规设置

常规设置包括"常规选项""自保护状态""定时查毒"三个选项组，如图 8-38 所示。

2）多引擎设置

360 杀毒内含五大领先的查杀引擎，已经默认设置最佳组合。也可以根据自己的主机配置及查杀需求进行设置，如图 8-39 所示。

3）病毒扫描设置

病毒扫描设置包括"需要扫描的文件类型""发现病毒时的处理方式""其他扫描选项"三个选项组，如图 8-40 所示。

4）实时防护设置

实时防护设置包括"防护级别设置""监控的文件类型""发现病毒时的处理方式""其他防护选项"四个选项组，如图 8-41 所示。

图 8-38 常规设置

图 8-39 多引擎设置

图 8-40 病毒扫描设置

图 8-41 实时防护设置

六、检查评议

能够安装 360 杀毒软件,能够配置 360 杀毒软件并进行正常杀毒。

具体评价方式、评价内容及评价标准见附录。

七、拓展提高

(一) 我国计算机网络安全法律法规

- 《中华人民共和国计算机信息系统安全保护条例》。
- 《中华人民共和国刑法》。
- 《计算机病毒防治管理办法》。

- 《计算机病毒防治产品评级准则》。
- 我国的技术标准。
- 计算机信息系统安全专用产品分类原则。

(二)病毒史上的典型病毒

1. Elk Cloner(1982 年)

Elk Cloner 被看作攻击个人计算机的第一款全球病毒。它通过苹果 Apple Ⅱ 软盘进行传播。这个病毒被放在一个游戏磁盘上,可以被使用 49 次。在第 50 次使用时,它并不运行游戏,取而代之的是打开一个空白屏幕,并显示一首短诗。

2. Brain(1986 年)

Brain 是第一款攻击运行微软操作系统 DOS 的病毒,可以感染 360KB 软盘,该病毒会填充满软盘上未用的空间,而导致它不能再被使用。

3. Morris(1988 年)

Morris 病毒程序利用系统存在的弱点进行入侵,Morris 设计的最初目的并不是搞破坏,而是用来测量网络的大小。但是,由于程序的循环没有处理好,计算机会不停地执行、复制 Morris,最终导致死机。

4. CIH(1998)

CIH 是迄今为止破坏性最严重的病毒,也是世界上首例破坏硬件的病毒。它发作时不但破坏硬盘的引导区和分区表,而且破坏计算机系统 BIOS,导致主板损坏。此病毒是由中国台湾大学生陈盈豪研制的,据说他研制此病毒的目的是纪念 1986 年的灾难或是让反病毒软件难堪。

5. Melissa(1999 年)

Melissa 是最早通过电子邮件传播的病毒之一。当用户打开一封电子邮件的附件时,病毒会自动发送到用户通信簿中的前 50 个地址,因此这个病毒在数小时之内传遍全球。

6. Love bug(2000 年)

Love bug 也通过电子邮件附近传播,它利用了人类的本性,把自己伪装成一封求爱信来欺骗收件人打开。这个病毒的传播速度和范围让安全专家吃惊。在数小时之内,这个小小的计算机程序征服了全世界范围之内的计算机系统。

7. 红色代码(2001 年)

红色代码是史上最昂贵的计算机病毒之一,这个自我复制的恶意代码"红色代码"利用了微软 IIS 服务器中的一个漏洞。该蠕虫病毒具有一个更恶毒的版本,被称为红色代码Ⅱ。这两个病毒除了可以修改网站外,被感染的系统性能还会严重下降。

8. Nimda(2001 年)

尼姆达(Nimda,admin 的倒置)是历史上传播速度最快的病毒之一,在上线之后的 22 分钟之后就传遍了世界,成为传播最广的病毒。最终引起整个网络的通信减缓。

9. 冲击波(2003 年)

冲击波病毒的英文名称是 Blaster,也称为 Lovsan 或 Lovesan。它利用 Windows 中的一个缺陷,对系统端口进行疯狂攻击,可导致系统崩溃。

10. 震荡波(2004年)

震荡波是又一个利用 Windows 缺陷的蠕虫病毒,可导致计算机崩溃并不断重启。

11. 熊猫烧香(2007年)

熊猫烧香会使所有程序图标变成熊猫烧香图案,并使它们不能应用。

12. 扫荡波(2008年)

同冲击波和震荡波一样,也是个利用漏洞从网络入侵的程序,而且正好在黑屏时间,大批用户关闭自动更新以后,这更加剧了这个病毒的蔓延。这个病毒可导致被攻击者的机器被完全控制。

13. 木马下载器(2009年)

中毒后会产生 1000～2000 个不等的木马病毒,导致系统崩溃,短短三天变成 360 首杀榜前三名。

14. 鬼影(2010年)

鬼影是 2010 年出现的可以感染硬盘主引导记录的病毒,该病毒直接在 Windows 下改写硬盘分区表而闻名。其特点基本为改写硬盘主引导记录(MBR),释放驱动程序替换系统文件,干扰或阻止杀毒软件运行,恶意修改主页,下载多种盗号木马。

15. BMW(Bios Rootkit)(2011年)

鬼影四代病毒,全球首例可刷写 BIOS 的 BMW 木马(国际厂商命名为 Mebromi),感染计算机主板的 BIOS 芯片和硬盘 MBR(主引导区),再控制 Windows 操作系统文件加载恶意代码,使受害用户无论重装系统还是格式化硬盘,甚至换掉硬盘都无法将其彻底清除。

项目回顾

本项目涉及网络安全与管理方面的知识和技能。SNMP 协议是网络管理工业标准,应用极其广泛。采用 SNMP 标准的网管软件也较为流行,本项目选取 AT-SNMPc 系统进行网络管理。

本项目还运用了端口、防火墙以及计算机病毒相关知识,并选取 360 木马防火墙和 360 杀毒软件进行安全方面的防护。达到了项目的要求。

职业资格度量

一、选择题

1. 在 Internet 上有许多协议,图 8-42 所示的选项中能正确表示协议层次关系的是( )。(2005年全国计算机技术与软件专业技术资格(水平)网络工程师考试试题)

A.

SNMP	POP3
UDP	TCP
IP	

B.

SNMP	POP3
TCP	ARP
IP	

C.

SNMP	Telnet
TCP	SSL
IP	UDP
ARP	

D.

SNMP	Telnet
TCP	UDP
IP	LLC
MAC	

图 8-42 协议层次关系

2. FTP 使用的传输层协议为 TCP，FTP 的默认控制端口号为(　　)。（2010 年全国计算机技术与软件专业技术资格（水平）网络工程师考试试题）

　　A. 80　　　　B. 25　　　　C. 20　　　　D. 21

3. SNMP 采用 UDP 提供数据报服务，这是由于(　　)。（2010 年全国计算机技术与软件专业技术资格（水平）网络工程师考试试题）

　　A. UDP 比 TCP 更加可靠

　　B. UDP 数据报文可以比 TCP 数据报文大

　　C. UDP 是面向连接的传输方式

　　D. 采用 UDP 实现网络管理不会太多增加网络负载

4. SNMP 协议实体发送请求和应答报文的默认端口号是(　　)。（2018 年网络工程师下半年卷）

　　A. 160　　　B. 161　　　C. 162　　　D. 163

5. 下列行为不属于网络攻击的是(　　)。（2010 年全国计算机技术与软件专业技术资格（水平）网络工程师考试试题）

　　A. 连续不停 Ping 某台主机　　　B. 发送带病毒和木马的电子邮件

　　C. 向多个邮箱群发一封电子邮件　D. 暴力破解服务器密码

6. 包过滤防火墙通过(　　)来确定数据包是否能通过。（2010 年全国计算机技术与软件专业技术资格（水平）网络工程师考试试题）

　　A. 路由表　　B. ARP 表　　C. NAT 表　　D. 过滤规则

7. 在 Windows 命令行下输入：telnet 10.1.1.1，想 telnet 到交换机进行远程管理，请问该数据的源端口号和目的端口号可能为(　　)。（2009 年锐捷网络工程师认证试题）

　　A. 1025,21　　B. 1024,23　　C. 23,1025　　D. 21,1022

8. 采用 UDP 提供数据报服务，原因不包括(　　)。（2018 年网络工程师上半年卷）

　　A. UDP 数据传输效率高

　　B. UDP 面向连接，没有数据丢失

　　C. UDP 无须确认，不增加主机重传负担

D. UDP 开销小,不增加网络负载

9. SNMP 代理收到一个 GET 请求时,如果不能提供该对象的值,代理以(　　)响应。(2018 年网络工程师上半年卷)

  A. 该实例的上个值　　　　　　　　B. 该实例的下个值
  C. Trap 报文　　　　　　　　　　D. 错误信息

10. SNMP 是一种异步请求/响应协议,采用(　　)协议进行封装。(2017 年网络工程师下半年卷)

  A. IP　　　　B. ICMP　　　　C. TCP　　　　D. UDP

11. 在 SNMP 协议中,管理站要设置被管理对象属性信息,需要采用(　1　)命令进行操作;被管理对象有差错报告,需要采用(　2　)命令进行操作。(2018 年网络工程师下半年卷)

  (1) A. get　　　　B. getnext　　　　C. set　　　　D. trap
  (2) A. get　　　　B. getnext　　　　C. set　　　　D. trap

12. 在 Windows 操作系统中,远程桌面使用的默认端口是(　　)。(2017 年网络工程师上半年卷)

  A. 80　　　　B. 3389　　　　C. 8080　　　　D. 1024

13. IPSec 用于增强 IP 网络的安全性,下面的说法中,不正确的是(　　)。(2017 年网络工程师上半年卷)

  A. IPSec 可对数据进行完整性保护
  B. IPSec 提供用户身份认证服务
  C. IPSec 的认证头添加在 TCP 封装内部
  D. IPSec 对数据加密传输

14. 某网络管理员在网络检测时,执行了 undo mac-address blackhole 命令。该命令的作用是(　　)。(2017 年网络工程师上半年卷)

  A. 禁止用户接口透传 VLAN　　　　B. 关闭接口的 MAC 的学习功能
  C. 为用户接口配置了端口安全　　　D. 删除配置的黑洞 MAC

15. 当传输介质出现老化、破损、介质规格不匹配时,会导致物理接口处于 DOWN 状态,常使用(　　)命令检查光纤模块状态、参数是否正常。(2017 年网络工程师上半年卷)

  A. virtual-cable-test　　　　　　　B. display transceiver interface
  C. display device　　　　　　　　D. display interface

16. 在 SwitchA 上 Ping SwitchB 的地址 192.168.1.100 不通。通过步骤①～④解决了该故障,该故障产生的原因是(　　)。(2017 年网络工程师上半年卷)

  ① 使用 display port vlan 命令查看 SwitchA 和 SwitchB 接口配置
  ② 使用 display ip interface brief 命令查看 SwitchA 和 SwitchB 接口配置
  ③ 使用 port link-type trunk 命令修改 SwitchB 配置
  ④ 使用 ping 192.168.1.100 检查,故障排除

  A. SwitchB 接口 VLAN 不正确
  B. SwitchB 的接口状态为 DOWN
  C. SwitchB 链路类型配置错误

D. SwitchB 对接收到的 ICMP 报文丢弃

17. 浏览器向 Web 服务器发送了一个报文，其 TCP 段不可能出现的端口组合是（　　）。（2017 年网络工程师下半年卷）

　　A. 源端口号为 2345，目的端口号为 80

　　B. 源端口号为 80，目的端口号为 2345

　　C. 源端口号为 3146，目的端口号为 8080

　　D. 源端口号为 6553，目的端口号为 5534

18. 下列攻击行为中属于典型被动攻击的是（　　）。（2017 年网络工程师下半年卷）

　　A. 拒绝服务攻击　　　　　　　　B. 会话拦截

　　C. 系统干涉　　　　　　　　　　D. 修改数据命令

19. 以下关于入侵检测系统的描述中，正确的是（　　）。（2017 年网络工程师下半年卷）

　　A. 实现内外网隔离与访问控制

　　B. 对进出网络的信息进行实时的监测与比对，及时发现攻击行为

　　C. 隐藏内网拓扑

　　D. 预防、检测和消除网络病毒

20. （　　）不属于入侵检测技术。（2017 年网络工程师下半年卷）

　　A. 专家系统　　　B. 模型检测　　　C. 简单匹配　　　D. 漏洞扫描

二、简答题

1. 简述网络管理的五大功能。

2. 端口分为哪几类？

3. 简述防火墙概念。

三、实践题

1. 在 Windows 中运行什么命令后得到图 8-43 所示的结果？该命令的作用是什么？（2010 年全国计算机技术与软件专业技术资格（水平）网络工程师考试试题）

图 8-43　实践题 1

2. 对被管理设备交换机进行 SNMP 配置。

项目 9

网络新技术

了解 IPv6 的基本概念;了解其特点和作用;了解 SDN 的基本理论。

使用 Windows 7 安装 IPv6 协议;配置 IPv6;测试连通性;尝试实现 SDN。

IPv6 是下一个版本,需要试用。SDN 是新型网络架构,有必要及早了解。本项目有两个任务需要完成:①体验 IPv6 网;②尝试 SDN。

任务 9.1 体验 IPv6 网

任务 9.1.1 安装 IPv6 协议

一、任务描述

IPv6 网是下一代网络(Next Generation Network,NGN)。IPv6 协议是下一代 IP 协议,需要读者理解、应用,并体验 IPv6 网。

二、任务分析

IPv6 是为了解决 IPv4 的不足而提出的协议,最终将取代 IPv4 而成为主流。本任务中,检查、安装 IPv6 协议。

本任务计划如下。

(1) Windows Server 2003 中安装 IPv6 协议。

(2) Windows Server 2008 下检查 IPv6 协议。

三、知识准备

（一）IPv6 及其发展背景

IPv6(Internet Protocol version 6)是互联网工程任务组(Internet Engineering Task Force,IETF)设计的用于替代 IPv4 协议的下一代 IP 协议,在 RFC 2460 中作了规范。第二代互联网 IPv4 核心技术属于美国,其最大问题是网络地址资源有限,从理论上讲,只能编址 1600 万个网络、40 亿台主机。但采用 IPv4 分类编址方式后,可用的网络地址和主机地址的数目浪费了,以至 IPv4 地址已分配完毕。其中,北美占有 3/4,约 30 亿个,而人口最多的亚洲只有不到 4 亿个,中国截至 2010 年 6 月,IPv4 地址数量只有 2.5 亿个,落后于 4.2 亿网民的需求。地址不足严重地制约了中国及其他国家互联网的应用和发展。IPv6 所拥有的地址容量是 IPv4 的约 8×10^{28} 倍,达到 2^{128} 个(算上全零的),解决了 IP 地址数量的问题,同时也为除计算机外的设备接入互联网提供了 IP 地址。

（二）IPv6 特点

（1）IPv6 地址长度为 128 位(16 字节),地址空间增大了 2^{96} 倍。

（2）IPv6 简化了报文头部格式,字段只有 8 个,取消了 IPv4 中可变长字段,最大限度地减少了协议头的开销,加快了报文转发,提高了吞吐量。

（3）内置的安全性,身份认证和隐私权是 IPv6 的关键特性。

（4）有效的分级寻址和路由结构,路由器寻址简便。

（5）简化了协议结构,邻节点发现协议取代了 ARP、ICMPv4、ICMPv4 协议。

（6）更好地支持 QoS,提高了服务质量,可支持更多的服务类型。

（7）新的扩展协议头,允许协议增加新的功能,能适应未来技术的发展。

（三）IPv6 地址

IPv6 将整个地址分为 8 段来表示,每段之间用冒号隔开,每段的长度为 16 位(用 4 个×代表,1 个×代表 4bit)。IPv6 地址表示如下：

××××:××××:××××:××××:××××:××××:××××:××××

其中,1 个×表示 1 个数字或字母,每段 4 个字符。××××的取值范围为 0000～FFFF。

完整地表示一个 IPv6 地址,需要写 32 个字符,易导致错误。所以,IPv6 地址使用时的表示形式有三种,包括完整格式、压缩格式和 IPv4 地址嵌入 IPv6 地址格式。

1. 完整格式

下面是 IPv6 地址表示形式举例：

2001:0410:0000:1234:FB00:1400:5000:45FF
FFFF:FFFF:FFFF:FFFF:FFFF:FFFF:FFFF:FFFF

2. 压缩格式

IPv6 地址太长,把不影响地址表示的 0 省略不写,方便阅读和书写。一般将省略 0 的 IPv6 地址表示方法,称为压缩格式。

几种正确的压缩格式举例如下：

```
压缩前：2001:0410:0000:1234:FB00:1400:5000:45FF
压缩后：2001:410:0:1234:FB00:1400:5000:45FF
压缩前：0000:0000:0000:0000:0000:0000:0000:0001
压缩后：::1
压缩前：2001:0410:0000:0000:FB00:1400:5000:45FF
压缩后：2001:410:: FB00:1400:5000:45FF
```

3. IPv4 地址嵌入 IPv6 地址格式

在 IPv4 地址 A.B.C.D 基础上，增加 96 个 0，变成 128 位，表示方法为

0:0:0:0:0:0:A.B.C.D，或::A.B.C.D，或 0000:0000:0000:0000:0000:0000:A.B.C.D

举例如下。

```
IPv4 地址为 172.1.1.1
IPv6 地址为 0:0:0:0:0:0:172.1.1.1，或:: 172.1.1.1
```

（四）IPv6 地址与 IPv4 地址比较

IPv6 地址做了很大改进，为了便于学习，表 9-1 将 IPv6 地址与 IPv4 地址做了简单的比较。

表 9-1　IPv4 地址与 IPv6 地址比较

项　　目	IPv4	IPv6
长度	32 位	128 位
表示法	点分十进制	冒号分十六进制，带零压缩与双冒号简化表示
分类	A、B、C、D、E 这五类地址	不按地址类型划分，而是按传输类型划分
公网地址	单播地址	可聚集全球单播地址
私有地址	10.0.0.0/8，172.16.0.0/12，192.168.0.0/16	FEC0::/48
网络地址	子网掩码或前缀长度	前缀长度
广播地址		未定义
回环地址	127.0.0.1	::1
自动配置地址	169.254.0.0/16	链路本地地址 FE80::/64
多播地址	224.0.0.0/4	FF00::/8
未指明地址	0.0.0.0	::(0:0:0:0:0:0:0:0)

四、工具材料

- 在真实岗位中：连接到 Internet 的 PC。
- 在虚拟实验中：VMware、Windows Server 2008、Windows 7。

五、任务实施

Windows Server 2008 以上高版本已经预装 IPv6 协议，只需要检查即可。Windows Server 2003 本身没有 IPv6 协议，需要安装。

（一）Windows Server 2003 下安装 IPv6 协议

1. 命令行模式的安装

对于 Windows Server 2003 操作系统，在命令行中输入下面的命令即可完成 IPv6 协议

的安装:

```
C:\>netsh interface ipv6 install
```

IPv6 协议安装完毕后,IPv6 地址将通过邻居发现(Neighbor Discovery)方式自动获得,不建议手动设定静态 IPv6 地址。

2. 图形界面的安装

(1) 打开"控制面板"→"网络连接",在"网络连接"窗口右击"本地连接",选择快捷菜单中的"属性"命令,在弹出的对话框中单击"安装"按钮,选择弹出的对话框中的"协议"选项,单击"添加"按钮,选择弹出的对话框中的"Microsoft TCP/IP 版本 6"选项,单击"确定"按钮。安装步骤如图 9-1～图 9-4 所示。

图 9-1 网络连接

图 9-2 网络连接属性

图9-3 选择网络组件类型

图9-4 选择网络协议

（2）成功安装 IPv6 协议后，本地连接的属性如图 9-5 所示。

图9-5 "本地连接 属性"对话框

（二）Windows Server 2008 默认已经安装 IPv6 协议

Windows Server 2008 下的 IPv6 已经预安装，只需检查一下网络连接的属性即可。

六、检查评议

具体评价方式、评价内容及评价标准见附录。

七、拓展提高

IPv6 报头介绍如下。

IPv6 报头删除了 IPv4 报头中许多不常用的字段，放入了可选项和报头扩展中；IPv6 中的可选项有更严格的定义。IPv4 中有 10 个固定长度的字段、2 个地址空间和若干个选项，IPv6 中只有 6 个字段和 2 个地址空间。

IPv4 中的报头长度（Header Length）、服务类型（Type of Service，TOS）、标识符（Identification）、标志（Flag）、分段偏移（Fragment Offset）和报头校验和（Header

Checksum)这6个字段被删除。报文总长(Total Length)、协议类型(Protocol Type)和生存时间(Time To Live,TTL)3个字段的名称或部分功能被改变,其选项(Options)功能完全被改变,新增加了2个字段,即优先级和流标签。

IPv6报头分为两部分：一是基本报头;其后面会紧接着一些特殊的选项报头,称为扩展报头。扩展报头有0个或多个。扩展报头和上层协议数据合称为有效载荷。下面学习基本报头格式,扩展报头请自行学习,如图9-6所示。

图9-6　IPv6基本报头格式

(1) 版本号(Version)：表示IP数据包的版本信息,即第六版本。
(2) 优先级(Priority)：不同数据包提供不同的优先级。
(3) 流标签(Flow Label)：不同的数据包有不同的标签。
(4) 净荷长度(Payload Length)：数据长度(不包括IPv6报头)。
(5) 下一报头(Next Header)：下一个扩展报头的类别,表示紧接在基本报头后面的一个扩展报头。在IPv4中属于传输层协议的TCP或UDP,在IPv6中也被看作一种特殊的报头。
(6) 跳数限制(Hop Limit)：每经过一个传输站,该字段的值自动减1,一直到为0时就不再传输该数据。跳数限制主要用来避免错误的数据一直在网络中传输,而引起死循环。
(7) 源地址和目的地址：与IPv4基本相同,只是位数扩大到了128位。

IPv6的分段只能由源节点和目的节点进行,这样就简化了报头并减少了用于选路的开销。逐跳分段被认为是一种有害的方法。首先,它在端到端的分段中将产生更多的分段。其次,在传输中,一个分段的丢失将导致所有分段重传。IPv6的确可以通过其扩展头来支持分段。

任务9.1.2　配置和测试连通性

一、任务描述

有了IPv6协议后,接着需要配置IPv6协议,然后连接IPv6网络。

二、任务分析

在连接IPv6网之前,配置IPv6协议。本任务中,通过Windows操作系统配置IPv6协议。

本任务计划如下。
(1) Windows 7检查、配置IPv6协议。
(2) 连接IPv6网。

三、知识准备

1. IPv6 发展

IPv6 是 IPv4 发展的下一代互联网协议。当前,大量的网络是 IPv4 网络,很长一段时间将是 IPv4 与 IPv6 共存的过渡阶段。通常将 IPv4 向 IPv6 过渡分为三个阶段。

(1) 初始阶段。IPv4 网络占绝对的主导地位,IPv4 网络中出现若干 IPv6 孤岛,这些孤岛通过 IPv4 网络连接到一起。

(2) 共存阶段。随着 IPv6 网络的部署,IPv6 得到较大规模的应用,出现若干骨干 IPv6 网络,IPv6 平台中的业务也不断增加。但不同的 IPv6 网络之间需要通过 IPv4 网络连接到一起,以及 IPv4 主机与 IPv6 主机的互通。这阶段不仅要使用双栈技术、隧道技术,还需要网络协议转换技术。

(3) 主导阶段。IPv6 网络和主机占主导地位。当 IPv6 发展后,骨干网全部是 IPv6,而 IPv4 网络成为孤岛。与发展初始阶段情况相反,主要采取隧道技术来部署,但现在隧道互联的是 IPv4 网络。

2. 过渡阶段所采用的过渡技术

(1) 双栈技术。双栈节点与 IPv4 节点通信时使用 IPv4 协议栈,与 IPv6 节点通信时使用 IPv6 协议栈。

(2) 隧道技术。提供了两个 IPv6 站点之间通过 IPv4 网络实现通信连接,以及两个 IPv4 站点之间通过 IPv6 网络实现通信连接的技术。

(3) IPv4/IPv6 协议转换技术。提供了 IPv4 网络与 IPv6 网络之间的互访技术。

3. IPv6/IPv4 双协议栈

双栈技术是 IPv4 向 IPv6 过渡的一种有效技术。网络中的节点同时支持 IPv4 和 IPv6 协议栈。源节点根据目的节点的不同,选用不同的协议栈;网络设备根据报文的协议类型,选择不同的协议栈进行处理和转发。

双栈可以在单一的设备上实现,也可以是一个双栈骨干网。对于双栈骨干网,其中的所有设备必须同时支持 IPv4/IPv6 协议栈,连接双栈网络的接口必须同时配置 IPv4 地址和 IPv6 地址。

双栈技术是 IPv4 向 IPv6 过渡的基础,所有其他的过渡技术都以此为基础。

4. IPv6 穿越 IPv4 隧道技术

隧道(Tunnel)是指一种协议封装到另一种协议中的技术。隧道技术只要求隧道两端(也就是两种协议边界的相交点)的设备支持两种协议。IPv6 穿越 IPv4 隧道技术提供了利用现有的 IPv4 网络为互相独立的 IPv6 网络提供连通性,IPv6 报文被封装在 IPv4 报文中穿越 IPv4 网络,实现 IPv6 报文的透明传输。

这种技术的优点是,除边缘节点外,其他节点不需要支持双协议栈。可以大大利用现有的 IPv4 网络投资。但是隧道技术不能实现 IPv4 主机与 IPv6 主机的直接通信。

用于 IPv6 穿越 IPv4 网络的隧道技术有 IPv6 手动配置隧道、IPv4 兼容地址自动隧道、6to4 自动隧道、ISATAP 自动隧道、IPv6 over IPv4 GRE 隧道、隧道代理技术、6over4 隧道、

BGP 隧道、Teredo 隧道。

5．IPv6 与 IPv4 互通技术

IPv6 穿越 IPv4 技术是为了实现 IPv6 节点之间的互通，而 IPv6/IPv4 互通技术是为了实现不同协议之间的互通。也就是使 IPv6 主机可以访问 IPv4 主机，IPv4 主机可以访问 IPv6 主机。相关的技术有 SIIT（Stateless IP/ICMP Translation）、NAT-PT、DSTM（Dual Stack Transition Mechanism）、SOCKs64、传输层中继（TRT）、BIS（Bump In the Stack）、BIA（Bump In the API）。

四、工具材料

- 在真实岗位中：连接到 Internet 的 PC。
- 在虚拟实验中：VMware、Windows Server 操作系统。

五、任务实施

连接 IPv6 网之前，需要进行 IPv6 协议检查、配置。Windows 7 以上高版本可以通过两种方法实现。

1．方法一：手动设置

（1）单击通知区的网络连接图标，打开"网络和共享中心"（Open Network and Sharing Center），如图 9-7 所示。

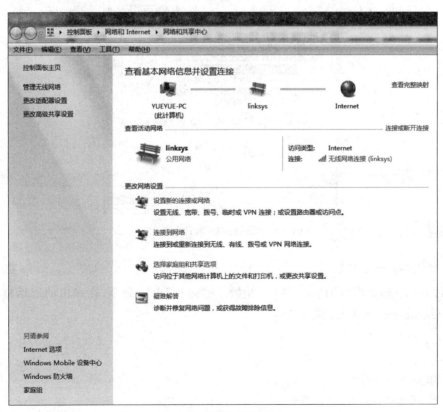

图 9-7　网络和共享中心

(2) 在"网络和共享中心"中,单击左侧的"更改适配器设置",转到"网络连接"界面,如图 9-8 所示。

图 9-8 "网络连接"界面

(3) 右击"本地连接",选择快捷菜单中的"属性"命令,在弹出的对话框中进行 IPv6 配置,如图 9-9 所示。

图 9-9 "网络连接 属性"对话框

2. 方法二:命令行实现

通过 isatap 命令配置 IPv6。选择"开始"→"运行"菜单命令,在弹出的对话框中输入 cmd,然后在命令行里输入以下信息:

```
>netsh
netsh>interface
netsh interface>ipv6
netsh interface ipv6>isatap
netsh interface ipv6 isatap>set router isatap.tsinghua.edu.cn(清华大学)
netsh interface ipv6 isatap>set state enable
```

```
netsh interface ipv6 isatap>quit
```

isatap.tsinghua.edu.cn 是清华大学的隧道(isatap)。

3. 测试连通性

(1) 打开 IE 浏览器，输入 http://www.kame.net/。如果能看到一只乌龟在动，说明 IPv6 设置成功。

(2) 此时能访问 ipv6.google.com。

(3) 输入 netsh interface ipv6 isatap set router 202.4.128.222，此时能访问 http://bt.neu6.edu.cn/。

六、检查评议

具体评价方式、评价内容及评价标准见附录。

七、拓展提高

1. IPv6 应用

IPv6 中一个重要的应用是网络实名制下的互联网身份证(VIeID)，基于 IPv4 的网络之所以难以实现网络实名制，一个重要的原因就是 IP 资源不够，所以不同的人在不同的时间段共用一个 IP，IP 和上网用户无法实现一一对应。

在 IPv4 下，根据 IP 查人也比较麻烦，电信局要保留一段时间的上网日志才行，通常因为数据量很大，运营商只保留三个月左右的上网日志，如查前年某个 IP 发帖子的用户就不能实现。

IPv6 的出现可以从技术上一劳永逸地解决实名制问题，因为运营商有足够的 IP 资源，在受理入网申请时，直接给该用户分配固定的 IP 地址，实际就实现了实名制，也就是一个真实用户和一个 IP 地址的对应。

当一个上网用户的 IP 地址固定之后，何时做何事都和唯一的 IP 地址绑定，在网络上何时做的何事都有据可查，并且无法否认。

但是，实际情况是，每台路由器只负责几个网段的路由，而不会为某个特定 IP 进行路由；否则信息量之大会使对一个数据包的计算成本高到崩溃。受路由器吞吐量的限制，使每人一个固定 IP 地址的实名制方式在很长一段时间内将只是一种理论。

2. IPv6 资源

IPv6 网络上资源较少，以下是常用的 IPv6 站点。

(1) 清华大学 IPv6：ipv6.tsinghua.edu.cn。

(2) 中国科技大学 CERNET2 主节点：ipv6.ustc.edu.cn。

(3) 上海交通大学 IPv6 试验站：ipv6.sjtu.edu.cn。

(4) 北京邮电大学支持 IPv6 的 IPTV：tv.byr.cn 和 ivi.bupt.edu.cn(双栈，可能费 IPv4 流量)。

(5) 东北大学 IPv6 站：ipv6.neu6.edu.cn。

(6) 浙江大学 IPv6 试验网：ipv6.zju.edu.cn。

(7) ipv6 forum：www.ipv6forum.org。

任务 9.2 尝试 SDN 软件定义网络

任务 9.2.1 准备 SDN 软硬件

一、任务描述

SDN 是当今最热门的网络技术之一。为适应网络信息新技术人才培养的要求和特点，本任务侧重 SDN 理论知识，要求对 SDN 思想、实现步骤和软硬件有所了解。

二、任务分析

随着 SDN 技术的应用与发展，SDN 技术已经被采纳为 5G 系统承载网络标准，广泛应用于数据中心、企业网、电信运营商网络等网络架构中，逐渐成为构建新一代网络系统架构的关键技术之一。

本任务在大力建设 NGN、SDN、软件定义一切的产业背景下，面向实际项目，重点学习 SDN 相关理论知识、实现 SDN 的步骤和软硬件。

本任务计划如下。

(1) 了解 SDN 相关理论。

(2) 了解 SDN 实现步骤。

(3) 了解 SDN 相关软硬件。

三、知识准备

随着应用业务发展，传统 IT 网络架构难以随着业务需求变动而灵活配置网络。SDN（Software Defined Network，软件定义网络）敏捷、灵活，可以实现企业网络快速响应业务需求的变化。

(一) SDN 发展概述

由于网络用户数量的增长，以及各种新型服务的出现，传统网络的层次结构显现出了弊端，无法灵活、成规模地开发部署新协议，延长了理论到技术的过渡时间，而且网络设备（交换机、路由器）由设备制造商锁定和控制，封闭的网络设备增加了运行和维护成本。

企业网络希望将网络控制与物理网络拓扑分离，摆脱硬件对网络架构的限制，企业网络架构要能够像升级、安装软件一样进行修改，满足企业网络架构调整、扩容或升级的需要。而底层的交换机、路由器等硬件则无须替换，缩短了网络架构迭代周期，节省了成本。

2006 年，SDN 架构萌芽于斯坦福大学的 Clean Slate 项目，出发点是网络在逻辑上集中控制和数据转发分离。Ethane 因与 SDN 极为相似而被认为是 SDN 的前身，它为 SDN 及后续 OpenFlow 的发展奠定了理论基础。

随着 SDN 的不断推广，多个研究机构、标准化组织从用户、产业需求等角度出发，提出了 SDN 的其他参考架构，如欧洲电信标准化组织（European Telecommunications Standards Institute，ETSI）从网络运营商角度出发，提出了 NFV（Network Functions Virtualization，网络功能虚拟化）架构；思科、IBM、微软等设备厂商和软件公司则从 SDN 的具体实现和部署角度出发，提出了 OpenDaylight。目前，开放式网络基金会（Open

Networking Foundation,ONF)作为 SDN 标准研究机构,正致力于 SDN 的发展和标准化,并不断完善 SDN 的定义、架构和南北向接口规范等。

SDN 架构中的控制平面与数据平面相分离的理念,能够结合云计算、虚拟化和拟态等技术,使网络配置更加灵活,逻辑中心化的控制器的全局状态视图提高了网络运行管理效率。SDN 引发网络技术的巨大变革,引起业界极大关注,因此,业界加快了 SDN 部署进程,在数据中心、企业网、云计算等新兴网络应用场景中广泛应用。无论从业务领域还是部署范围来看,SDN 技术影响力在网络领域都是空前的,逐渐解决了传统网络在可扩展性、灵活性和有效性方面的弊端。

(二) SDN 概念、特性和设计思想

1. SDN 概念

SDN 是一种新型网络架构,将传统封闭的网络体系解耦为数据平面、控制平面和应用平面,在逻辑上支持集中网络状态控制,通过开放网络编程接口,实现底层网络设备对上层应用的透明,从而简化网络管理,优化网络运行。

2. SDN 的特性

SDN 的特性包括以下几方面。

(1) 控制、转发分离。支持第三方控制平面设备,通过开放式协议控制硬件功能。

(2) 控制平面集中化。提高路由管理灵活性,加快业务开通速度,简化运维。

(3) 转发平面通用化。多种交换、路由功能共享通用硬件设备。

(4) 控制器软件可编程。通过软件编程方式满足客户定制需求。

3. SDN 的基本思想

SDN 的基本思想是将传统的控制平面与数据平面分离,使控制平面的控制器具有逻辑中心化和可编程性,通过开放的通信协议,动态、灵活地配置网络和部署新协议。控制层与数据层采用开放的统一接口,规范控制器下发的流表和交换机的规则执行,数据平面匹配控制平面下发的流表,进行数据转发。

传统网络设备是功能机,系统和硬件出厂时就被捆绑在一起。SDN 将控制平面从嵌入式节点中独立出来,以开放、可编程的软控制平面代替传统的基于系统嵌入的控制平面,并由软件驱动的中央控制器来控制整个网络。SDN 架构为用户提供了良好的网络可编程性。

(三) SDN 体系结构

SDN 体系结构为"三层两接口"架构,从上到下分为应用层、北向接口、控制层、南向接口和数据层。

数据层由网络底层的转发设备组成,主要负责数据的处理、转发和状态收集。控制层集中维护网络状态,通过自身与数据层之间的接口获取底层基础设施信息,对数据平面资源进行编排,维护网络拓扑、状态信息等,并为应用层提供可扩展的编程接口。应用层位于 SDN 架构的顶层,主要包括不同类型的业务和应用,用户可通过简单的编程以实现应用的快速部署,体现 SDN 可编程性。典型 SDN 架构如图 9-10 所示。

图 9-10 典型 SDN 架构

控制层与数据层之间的南向接口(Control-Data-Plane Interface,CDPI)和应用层与控制层之间的北向接口(Northbound Application Programming Interface,Northbound API)实现了应用到控制器再到网络基础设施的无缝集成,在整个 SDN 体系中占据重要地位。目前,在南向接口方面,ONF 定义了开放的 OpenFlow 协议标准。在北向接口方面,由于应用层中各类业务和应用的复杂性和多样性,尚无统一的规范和标准。

随着 SDN 规模不断扩大,单控制器的 SDN 在性能等方面逐渐不能满足现有需求,SDN 逐渐从单控制器模型向多控制器模型(或分布式控制器模型)过渡,因此,近年来对 SDN 东/西向接口的研究也成为重点之一。

四、工具材料

- 在真实岗位中:本任务实施中所列相关软硬件。
- 在虚拟实验中:VMware、Windows Server 2008、Windows 7 等。

五、任务实施

1. 完成 SDN 任务的步骤

SDN 任务的完成较复杂,涉及网络框架方案设计、云平台 OpenStack 构建、网络设备的配置、SDN 的接口调用与应用开发、编写工程文档等多个步骤。详细说明见表 9-2。

表 9-2 完成 SDN 任务的步骤

序号	步骤	分步骤	说明
1	网络框架方案设计	网络框架方案设计	云平台的搭建与基于 SDN 网络的设计和应用,动态服务应用的迁移
		分析项目需求,进行架构设计,编写架构设计书	云平台 OpenStack 构建
		编写架构方案设计与技术实现说明书	网络设备的配置
		拓扑设计与连接	SDN 的接口调用与应用开发
2	云平台 OpenStack 构建	云平台部署	云平台 OpenStack 平台安装、配置与部署
		云平台资源管理	云平台 OpenStack 计算资源与用户网络存储部署与管理
		云平台网络管理	云平台 OpenStack 内置 OVS 交换机配置
		与控制器对接	云平台 OpenStack 与 SDN 控制器对接
3	网络设备的配置	网络设备的配置	支持 OpenFlow 的 SDN 交换机配置
		开源设备的配置	云平台 OVS/Mininet 网络的配置
		无线设备的配置	无线设备的配置
		开发编程接口调用	基于 Python 或者 Java 自定义网络拓扑与网元设备开发
		配置出口网关设备	配置出口网关设备,对流量工程以及流表策略进行干预和改变
4	SDN 的接口调用与应用开发	SDN 的接口调用与应用开发	使用控制器平台所提供的开发接口 APIs,可选择 Java、Python 等开发技术与框架
		流量工程定义	使用分布式文件系统的服务接口,选择自己熟悉的开发环境,实现改变原有网络流向的拓扑与流量工程
		开发 APP 程序使能网络设备	使用开发的 APP,对网络设备上行流量、下载流量、转发的接口、源 MAC 地址、源 IP 地址、目标 MAC 地址、目标 IP 地址、TCP/UDP 端口进行控制与管理等操作,实现后台网络资源的管理和监控、智能控制网络数据流向
5	工程文档编写	工程文档编写	根据项目需求和实施成果,规范软件开发的代码工程,以及规范网络设备配置的转运维文档,移交客户相关使用手册、技术白皮书及转运维前的相关技术培训,需求与功能实现的验收文档等

2. 完成 SDN 任务的设备清单

组建 SDN 网络需要的设备清单见表 9-3。

表 9-3 完成 SDN 任务的设备清单

序号	设备名称	设备型号	数量	说明
1	控制器主机	RG-SE04	1台	SDN 控制器机箱,支持 4 个智能板卡插卡
2	智能板卡	RG-SE-SC-02XS	1块	SDN 控制器插卡,含两个万兆位以太网光接口
3	控制器软件	RG-ONC	1套	SDN 控制器软件,基于 ODL 框架,支持 OF1.0/1.3/1.4/1.5 版本。采用 Java OSGI 模块化技术架构,支持业务流可定制安全设备路径转发,业务流支持 L1~L4 方式定义
4	网元授权	RG-ONC-DEVICE-10H1K	1个	SDN 控制器 10 个网络节点授权(最多支持 1000 个交换网口)
5	三层交换机	RG-S5750-24GT4XS-L	1台	24 口 10/100/1000M 自适应电口,支持 OpenFlow 1.0、1.3 版本,支持虚拟交换机
6	二层交换机	RG-S2910-24GT4XS-E	1台	24 口 10/100/1000M 自适应电口,支持 OpenFlow 1.0、1.3 版本
7	互联交换机	RG-S2952G-E	1台	48 口 10/100/1000M 自适应端口
8	无线接入点	RG-AP520(W2)	1台	无线 AP,可工作在"瘦模式"下,支持标准的 IEEE 802.11ac 协议,双路双频,支持以太网口供电
9	无线适配器	RG-E-120(GE)	1个	向无线 AP 供电
10	安全网关	RG-EG2000K	1台	安全网关,含业务加速通道、精准流控、上网行为管理、智能选路、NAT、Web 认证等功能
11	服务器	UDS1022-G	1台	用于构建 OpenStack 控制节点与计算节点
12	计算机	推荐配置:① CPU 主频不小于 3.6GHz,支持虚拟化技术,64 位处理器;②内存不小于 8GB;③硬盘不小于 500GB;④显示器分辨率≥1024×768;⑤网卡≥1	3台	其中至少有一台配备无线网卡

3. 完成 SDN 任务的软件清单

组建 SDN 网络需要的软件清单见表 9-4。

表 9-4 完成 SDN 任务的软件清单

序号	软件类别	软件名称
1	客户端操作系统	Windows XP 专业版(中文版)
2	客户端操作系统	Windows 7 专业版(中文版)
3	解压缩软件	RAR 4.0(中文版)
4	文档处理软件	Microsoft Office 2010(中文版)
5	绘图软件	Microsoft Visio 2010(中文版)
6	服务器操作系统	Windows Server 2003 R2(中文版)
7	服务器操作系统	Windows Server 2008 R2(中文版)
8	服务器操作系统	CentOS 6.5
9	服务器操作系统	Ubuntu-14.04
10	虚拟终端程序	Putty 0.63.0.0
11	FTP 客户端	FlashFXP 5.4.0.3939
12	软件开发工具	Eclipse 4.3.2 SR2
13	文本编辑	Notepad++ 6.0 或以上
14	代码运行环境	Microsoft Visual C++ 2008SP1 Redistributable Package(x86)
15	邮件客户端	Foxmail 7
16	SDN 轻量级平台	mininet-2.2.1-150420-ubuntu-14.04-server-i386
17	云计算管理平台	Openstack (H 版本)
18	X 窗口远程访问工具	Xmanager4

六、检查评议

具体评价方式、评价内容及评价标准见附录。

七、拓展提高

完成 SDN 任务遵循的规范如下所述。

SDN 在设计、应用、管理过程中有多项相关标准,在实施项目中要求遵循以下规范,见表 9-5。

表 9-5 SDN 任务遵循的规范

序号	标准号	中文标准名称
1	GB/T 8567—2006	计算机软件文档编制规范
2	GB/T 11457—2006	软件工程术语规范
3	GB/T 20158—2006	软件生存周期过程 配置管理规范
4	GB/T 20157—2006	软件维护规范
5	GB/T 16260—2006	软件产品质量规范
6	GB 50174—2008	电子信息系统机房设计规范
7	GB 21671—2008	基于以太网技术的局域网系统验收测评规范
8	GB/T 22239—2008	信息系统安全等级保护基本要求
9	802.11	IEEE 制定的无线局域网标准

任务 9.2.2 构建 SDN 网络

一、任务描述

在完成任务 9.2.1 的基础上,尝试 SDN 实践。本任务中,视频服务存储在云平台上,用户访问相同的 URL,网络服务提供商通过感知用户是有线还是无线,自适应提供高清或标清的视频数据。

二、任务分析

本任务控制器根据有线或无线用户进行重定向。若是无线接入,通过控制器重定向到标清的视频服务;若是有线接入,通过控制器重定向到高清的视频服务。本任务重点完成基于 SDN 的开发平台搭建、基于北向接口 API 的调用与开发、基于南向接口协议的网络资源的分配调度与管理、网络与云平台资源调用管理等。

本任务计划如下。

(1) 设计 SDN 网络框架方案。
(2) 构建云平台 OpenStack。
(3) 配置网络设备。
(4) 调用 SDN 的接口与开发应用。
(5) 编写工程文档。

三、知识准备

(一) 基于 OpenFlow 的 SDN 工作原理

OpenFlow 协议作为 SDN 事实上的协议标准,基本实现了 SDN 的原型设计思想,是 SDN 领域的典型实例,占有重要地位。因此,对 OpenFlow 协议工作流程分析是理解 SDN 的重要基础。

数据平面主要由充当 SDN 数据通路的交换机等网元组成,控制平面主要由逻辑中心的控制器构成。当数据平面接收到数据分组后,对其分组头进行解析,匹配交换机流表,如果没有对应的表项,则由控制器根据全网视图、逻辑策略等生成流规则,完成转发。

发送者要与接收者通信时,基本工作过程如图 9-11 所示,包括以下步骤。

图 9-11 基于 OpenFlow 协议的 SDN 工作过程

(1) 发送者连接到网络,向 SDN 交换机传输相应数据分组。

(2) SDN 交换机接收数据分组并解析分组头后,在自身流表中查询该数据分组有无对应流规则。如果匹配成功,则直接转发至相应端口;如果匹配失败,则进行下一步骤。

(3) SDN 交换机根据相应数据分组产生 Packet-in 事件,以 TCP 协议或 TLS 协议(安全传输层协议)将 Packet-in 数据分组发送至控制器。

(4) SDN 控制器接收 Packet-in 数据分组后,根据相关应用产生相应转发策略,并下发至相应 SDN 交换机。

(5) SDN 交换机将流规则加入流表,并将相应数据分组转发至指定接口,从而完成数据转发。

(二) OpenFlow 网络架构

现代大规模的网络环境十分复杂,管理难度大。特别对于企业网络来说,管控需求繁多,应用、资源多样化,安全性、可扩展性要求特别高。对于传统网络来说,交换机等设备提供的可观测性和控制性有限,管理员难以实时获取足够的网络统计信息,控制手段也单一,仅依赖于静态策略部署。而基于 SDN,这两方面的问题几乎迎刃而解。

OpenFlow 是 SDN 的核心技术,将原本完全由交换机、路由器控制的数据包转发过程,转化为由 OpenFlow 交换机(OpenFlow Switch)和控制服务器(Controller)分别完成的独立过程。OpenFlow 网络架构如图 9-12 所示。

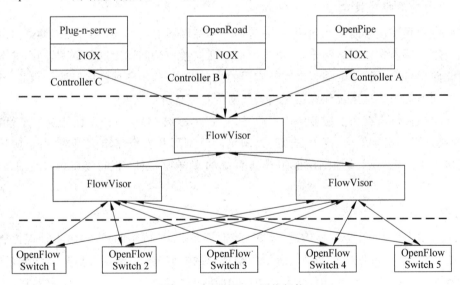

图 9-12 OpenFlow 网络架构

在图 9-12 中,Controller 对网络进行集中控制,实现控制层的功能;NOX 是控制器的实现,其本身并不完成对网络的管理任务,而是提供通用接口来满足各种不同的管理需求。管理者和开发者可以利用高级语言来开发应用,而无须考虑底层细节。

FlowVisor 对网络进行虚拟化。FlowVisor 是建立在 OpenFlow 之上的网络虚拟化工具,它可以将物理网络划分成多个逻辑网络,从而实现虚网划分。它为管理员提供了通过定义流规则,而不是调整路由器和交换机配置的方式来管理网络。

OpenFlow 交换机由流表、安全通道和 OpenFlow 协议三部分组成,主要进行数据层的转发。

(三) SDN "三层两接口"

SDN 不同于传统网络,它以流规则驱动整个网络运行。传统网络设备紧耦合的网络架构被分拆成应用、控制、数据三层分离的架构。控制功能被转移到服务器,上层应用、底层转发设施被抽象成多个逻辑实体。"三层两接口"详述如下。

1. 应用层

应用层主要包括基于 SDN 的各类网络应用,网络管理人员通过可编程接口,利用 SDN 控制器提供的网络全局信息,编写应用程序,或利用第三方应用程序制定网络运行策略,实现网络监控管理功能,包括路由管理、接入控制、带宽分配、流量工程、QoS 保障、网络安全、计算和存储等。因此,应用层在 SDN 架构中具有重要地位,作为 SDN 的"大脑"直接决定网络能否正常运行。

应用层还有网络安全应用,利用云计算 SaaS 模式,构建虚拟防火墙、虚拟入侵检测、虚拟入侵防御等网络安全服务,末端用户通过订阅的方式获取网络安全服务,简化安全设备配置、安全策略分析和安全参数设置等末端网络安全管理业务。

SDN 通过各类应用程序对网络管理,体现了 SDN 编程的灵活性。

2. 北向应用程序接口

北向应用程序接口简称北向接口,是应用层和控制器之间的"桥梁",控制器通过北向接口调用上层应用以实现策略制定,上层应用通过北向接口访问调度网络资源,网络业务开发者通过北向接口进行简单的编程来实现应用的快速部署,调用各种网络资源。因此,北向接口是顶层网络资源管理系统和底层网络资源池的重要媒介。

由于北向接口直接为上层业务应用服务,且直接影响 SDN 的转发性能及安全性能,因此,北向接口设计必须安全、高效、合理,以满足广泛调用及安全需求。当然,由于应用程序种类繁多且不断更新以及控制层网络操作系统的多样化特征,北向接口标准化研究进展缓慢。

3. 控制层

控制层由多个 SDN 控制器组成。SDN 控制器是 SDN 体系的核心,集中管理控制底层基础网络设备,承担着处理数据平面资源的编排、维护网络拓扑及状态信息等功能,同时为上层业务实现网络资源调度,因此,SDN 大部分功能都需要控制器参与,控制器在 SDN 架构中发挥着不可替代的作用。

SDN 控制器的设计和开发,主要关注网络资源的调度和控制问题,如链路发现、拓扑管理、策略制定和表项下发等方面。SDN 控制器部署网络操作系统,集中设置网络所有的控制功能。SDN 控制器通过标准化的南向接口协议 OpenFlow 管理底层的物理网络和设置的虚拟网络,通过北向接口 API 向上层提供服务,并向上层服务提供抽象的网络设备,屏蔽物理设备细节。实现与应用层应用的交互,把网络运行策略解析为流规则,下发到相关 SDN 交换机等基本网络设备,执行相应动作,确保网络整体运行。

SDN 控制器分为集中式和分布式两种。集中式控制器主要包括 FloodLight、NOX、POX、Beacon、Maestro、Meridian、MuL、NOX-MT、PANE、ProgrammableFlow、Rosemary、Ryu NOS、OpenIRIS、Trema 等;分布式控制器主要包括 Onix、OpenDayLight、ONOS、DISCO、Fleet、HP VAN SDN、HyperFlow、Kandoo、NVP Controller、SMaRtLight、yanc 等。

控制层还具有网络安全系统模块,主要包括网络安全控制器和安全策略服务器。网络安全控制器是一个安全服务执行单元,监控下层网络的安全状态,并根据网络和用户需要执行相应的安全策略等。安全策略服务器主要负责根据用户申请的业务情况向上层的安全应用订阅相关服务,并存储上层应用提供的安全策略,以供网络安全控制器查询使用。

4. 南向应用程序接口

OpenFlow 协议是 ONF 唯一确定的 SDN 南向接口通信规范,目前协议版本已更新至 OpenFlow 1.5.1。现有的 OpenFlow 协议仅给出了控制器和交换机间的通信规范。目前,作为事实标准的南向通信协议 OpenFlow 仍在不断地修改完善。

5. 数据层

数据层由交换机等一些基础设备组成,主要负责数据的处理、转发和状态收集。传统网络通过大量异构封闭的网络设备完成数据转发,而 SDN 网络交换设备不具备网络控制功能,只能通过 SDN 控制器的南向接口连接控制层,由控制层实现统一控制功能。数据层对应用层及控制器制定的策略或流规则无条件执行。

总之,SDN 是一种新兴的控制与转发分离并直接可编程的网络架构,控制器拥有全局状态视图,基于流处理转发平面,能够根据控制策略编程运行网络设备,使转发平面数据处理具有开放性、可编程性。转控分离最基本的动机就是简化转发设备,易于统一管理,同时利用编程接口控制设备,如南向通信协议 OpenFlow 使控制器能够控制多种设备等。SDN 允许将第三方应用整合到 SDN 体系架构中,在北向接口的支持下以模块方式运行,促进了 SDN 整体技术的发展。另外,SDN 可灵活整合虚拟化技术及相关集中控制组件,增加了 SDN 整个工作流程的分析、反馈能力。SDN 提高了网络的可扩展性和可靠性。

四、工具材料

- 在真实岗位中:任务 9.2.1 实施中所列相关软硬件。
- 在虚拟实验中:VMware、Windows Server 2008、Windows 7 等。

五、任务实施

本任务涉及基于 SDN 的开发平台搭建、基于北向接口 API 的调用与开发、基于南向接口协议网络资源的分配调度与管理,以及网络与云平台资源调用管理等。实施步骤如下。

(一)设计网络框架方案

(1)网络架构如图 9-13 所示。

(2)IP 地址规划表如表 9-6 和表 9-7 所示。

(3)分析项目需求,编写架构设计书(包括云平台的架构搭建和网络拓扑等)。

(4)根据用户需求与项目方案,编写技术实现说明书(包括软件开发环境与语言选取,平台提供的接口列表和调用方法学习)。方案如下。

图 9-13 网络架构

表 9-6 IP 地址规划表(1)

设备名称/管理	接口	IP 地址	备注
出口网关	LAN0	10.10.1.1/30	
	WAN0	200.200.200.1/30	
	Loopback	1.1.1.1/32	
SDN 核心交换机	LAN10	172.16.0.254/24	云平台 Public
	LAN20	172.16.1.254/24	无线用户网关
	LAN30	172.16.2.254/24	有线用户网关
	LAN100	10.10.1.2/30	互联出口网关
无线 AP	GI0/0	172.16.1.253/24	

表 9-7 IP 地址规划表(2)

功能	设备	接口	地址
SDN 管理网	SDN 核心交换机	GI0/1	192.168.1.1/24
	SDN 接入交换机	GI0/1	192.168.1.3/24
	SDN 控制器	ETH1	192.168.1.2/24

① 需求概述,详细描述需要解决的需求。

② 架构设计,描述云平台架构搭建。

③ 网络架构,描述网络拓扑及搭建,参考图 9-11。
④ 软件开发方案,软件开发环境及语言。
⑤ 软件平台接口及调用,平台提供的接口列表和调用方法。
⑥ 软件系统实现,系统实现方案及测试。

(二)配置网络

1. Mininet 环境搭建并实现和 RG-ONC 控制器对接

(1) 用提供的 mininet-2.2.1-150420-ubuntu-14.04-server 镜像搭建图 9-14 所示的网络。

(2) 利用 RG-ONC 下发的流表,使 PC1 与 PC2 不能 Ping 通。

(3) 删除上一步下发的流表,使 PC1 与 PC2 相互 Ping 通。

图 9-14 SDN 网络拓扑图

注意:Mininet 是轻量级 SDN 研发和测试平台,可以在笔记本电脑上测试一个 SDN,开发验证基于 OpenFlow、Open vSwitch 的各种协议,或者验证自己的想法,特别是,所有的代码几乎可以无缝迁移到真实的硬件环境中。

2. 配置基于 SDN 技术的网络设备互联

(1) 无线设备可以通过 AP520 访问 IP 地址 1.1.1.1。

(2) 下发流表使每台 PC 都能正常访问 IP 地址 1.1.1.1。

3. 配置基于 SDN 技术的业务访问限制策略

(1) 下发流表让 PC1 可以 Ping 通 PC2,但是 PC1 不能访问 IP 地址 1.1.1.1。

(2) 使用 SDN 控制器查看 SDN 交换机 S5750C 和 S2910 上的流表。

(3) 使用 SDN 控制器查看 SDN 交换机 S5750C 和 S2910 的上行流量和下行流量。

4. 配置无线网络环境

(1) 配置 AP 为 FAT 工作模式,创建 SSID 为 ruijie-X(X 为工位号)并进行广播,针对关联 SSID 为 ruijie-X 的用户接入无线网络时采用基于 WPA2 加密方式,其口令为 1234567890。

(2) 配置 AP 启用 DHCP 功能,为无线用户分配 172.16.1.1~172.16.1.100 范围内的地址。

(3) 为了防御无线局域网 ARP 欺骗影响用户上网体验,配置无线环境 ARP 欺骗防御功能。

5. 配置出口网关设备

(1) 在出口网关 EG 上配置,使内网所有用户网段都可以通过 EG 外网接口访问互联网。

(2) 在 EG 上开启防 ARP 及流量攻击功能,用于过滤 ARP 攻击流量,内网 ARP 泛洪时,设备限制每个 IP 地址的 ARP 报文不超过 10 个每秒,避免 ARP 报文影响设备的其他处理。管理 IP：1.1.1.1 不做流量限制。

（3）针对访问外网 FTP 流量限速每用户 5000Kb/s，内网 FTP 总流量不超过 100Mb。

（三）架构云环境

1. 云平台的安装、配置与部署

说明：使用给定的 Mirantis OpenStack-6.0.iso 镜像，部署 OpenStack 云平台。

（1）环境配置如下。

① 网络拓扑规划：Fuel 主节点，OpenStack 的控制节点，OpenStack 的计算节点。

② 使用提供的 VirtualBox-5.1.12 安装包，安装 VirtualBox 并配置好图 9-15 所示的网络拓扑。

图 9-15 云平台拓扑图

（2）创建并安装 Fuel Master 虚拟机，将虚拟机命名为 Master。

（3）部署 OpenStack。

① 进入 Fuel UI，创建命名为 Demo 的 OpenStack 的环境。

② 新建 OpenStack 控制节点，命名为 controller，并配置好网络。

③ 新建 OpenStack 计算节点，命名为 compute，并配置好网络。

④ Fuel UI 发现创建的两个 OpenStack 节点。

⑤ 在 Fuel UI 中对发现的两个节点进行配置；根据图 9-15 中的网络拓扑，修改 OpenStack 节点的网络。

⑥ 在 Fuel UI 中单击"部署"按钮，实现 OpenStack 自动部署。

2. 云平台计算资源与用户网络存储部署与管理

OpenStack GUI 界面创建网络拓扑。登录到 OpenStack GUI 界面后，创建出网络拓扑，绑定浮动 IP。

3. 云平台创建企业需求的应用镜像模板

OpenStack GUI 上传镜像，并利用 OpenStack GUI 上传的镜像创建云主机。

4. 配置云平台开源的 OVS 实现网络互联

PC 能 Ping 通云平台中的虚拟机。

5. 配置基于 SDN 网络的代理访问

（1）依照图 9-11 所示，在 VM1 上建立 Web 服务器，VM2 作为 VM1 的 Web 代理服务器,Web 服务器所有用户都可以访问,Web 代理服务器只有代理用户才可以访问。设置 PC1 变为普通用户、PC2 变为代理用户。

(2) 设置 PC3 为代理用户,并且在 PC3 的 IP 地址改变之后仍为代理用户。

(四)开发 SDN 应用

要求使用控制器平台所提供的开发接口 APIs,运用程序语言进行应用开发。调用 SDN 控制器的北向接口 API 查看流表及部署 SDN 流表应用控制策略。

(1) 查看 RG-ONC 手册,调用与 RG-ONC 相关 API,用 Java 在 PC 上编写 Web 实现以下功能。

① 通过匹配源/目的 IP 地址下发流表。

② 查看流表。

③ 删除前一步下发的流表。

(2) 根据网络方案中所提到的场景,实现场景中的要求。

请求流媒体服务,根据访问的来源类别(有线接入或者无线接入)进行重定向。若是无线接入,则重定向到标清的视频服务;若是有线接入,则重定向到高清的视频服务。

(五)编写工程文档

根据项目需求和实施成果,规范软件开发的代码工程,规范网络设备配置的转运维文档、移交客户的相关使用手册、技术白皮书、转运维前的相关技术培训文档,以及需求与功能实现的验收文档,以降低工程返工率。

编写"流媒体云平台服务网络架构"解决方案的软硬件工程文档,包括网络架构的运维文档、软件的开发代码、软件使用手册以及云平台运维文档。

六、检查评议

具体评价方式、评价内容及评价标准见附录。

七、拓展提高

SDN 有待改进之处如下。

SDN 作为一种新型网络创新架构,通过将网络设备控制面与数据面分离,实现网络流量的灵活控制,为系统及应用的创新提供了良好的平台。这也是迈向云计算不可或缺的演进步骤。

SDN 已经在许多企业和数据中心得到体现,如谷歌的 B4。但是,Nick 认为,现在还不是 SDN 时代,再过约 10 年才是真正的 SDN 时代。目前仍需要解决很多问题,主要体现在以下几个方面。

(1) SDN 技术目前还处于初级发展阶段,以资源调度及策略下发等功能为主要研究点,控制器已经能够获取网络状态的全局信息,通过南向接口下发部署策略,但安全性问题有待解决。

(2) 南向接口发展尚不完善,北向接口尚未统一,其架构自身的可扩展性等有待进一步发展和验证。

(3) SDN 控制器性能问题。绝大多数 SDN 控制器工作在 2~3 层,与 4~7 层的服务需求不匹配,无法解决应用层(4~7 层)的问题,包括可用性、优化和应用安全等。尽管 SDN 正推动开放标准接口给业务为主导的控制器,但是,目前它还不具备在大规模网络中迅速切换流量的能力。

（4）SDN 设备性能堪忧。SDN 设备有基于 ASIC、基于 NP 和基于 CPU 三种。ASIC 和 NP 基于传统的 Pipeline 模式，对网络报文的转发和处理可以达到很高的性能，但是，尽管有比 TCAM 便宜的 DRAM＋FPGA 低成本实现方案，但 OpenFlow 的 n 元组查找和处理仍然是大问题。

项目回顾

本项目涉及 IPv6、SDN 的基本理论知识，安装了 IPv6 协议，并进行了连通性测试。在 SDN 方面进行了初步尝试。

职业资格度量

一、选择题

1. You have a Windows Server 2008 computer that has an IP address of 172.16.45.9/21. The server is configured to use IPv6 addressing. You need to test IPv6 communication to a server that has an IP address of 172.16.40.18/21. What should you do from a command prompt? （　　）（MCSE 2008）

    A. Type ping 172.16.45.9::::::
    B. Type ping ::9.45.16.172
    C. Type ping followed by the Link-local address of the server
    D. Type ping followed by the Site-local address of the server

2. 下面（　　）用户可能存在 VPN 应用需求。（多选，2012 HSE-Security 试题）

    A. 大型制造企业，内部建设覆盖整个厂区的局域网，有统一的 Internet 出口，企业内部已经启动 ERP 系统，应用完善，每天有大量的销售人员出差
    B. 大型连锁机构，某品牌汽车 4S 店，总部设在上海，在全国省会级以上城市都有连锁店面，每天销售数据和财务信息需要向总部汇总
    C. 某省级政府机构，在全省县级以及县级以上分布有专属分支机构，已经通过专线相互连接，正在考虑一种经济有效的方式实现专线线路备份
    D. 某大型网吧，提供高达千兆的 Internet 接入以及多达 500 台的主机，需要对上网用户进行有效的计费，对用户上网行为进行有效的管理

3. 将内部专用 IP 地址转换为外部公用 IP 地址的技术是（　　）。（2008 年 4 月全国计算机等级考试四级笔试试卷）

    A. RAPR　　　　B. NAT　　　　C. DHCP　　　　D. ARP

4. 接入层部署 NAT（网络地址转换）的缺点是（　　）。（多选，华为试题）

    A. 私网用户内部互访需要做两次 NAT，效率低
    B. NAT 设备升级维护较困难
    C. 接入设备直接做 NAT，城域网内部无私网 IP 路由，路由管理简单
    D. 无须购置昂贵的专用高性能 NAT 设备，投资低；不会出现单点故障

5. 如果IPv6头部包含多个扩展头部,第一个扩展头部为(   )。(2018年网络工程师上半年卷)
  A. 逐跳头部　　　　　　　　　　B. 路由选择头部
  C. 分段头部　　　　　　　　　　D. 认证头部
6. IPv6链路本地单播地址的前缀为(   )。(2018年网络工程师下半年卷)
  A. 001　　　B. 1111 1110 10　　　C. 1111 1110 11　　　D. 1111 1111
7. IPv6可聚集全球单播地址的前缀为(   )。(2017年网络工程师上半年卷)
  A. 001　　　B. 1111 1110 10　　　C. 1111 1110 11　　　D. 1111 1111
8. 以下关于在IPv6中任意播地址的叙述中,错误的是(   )。(2017年网络工程师下半年卷)
  A. 只能指定给IPv6路由器　　　　B. 可以用作目标地址
  C. 可以用作源地址　　　　　　　D. 代表一组接口的标识符
9. SDN构架中的核心组件是(   )。(中国联通考试题库)
  A. 控制器　　　B. 服务器　　　C. 存储器　　　D. 运算器
10. 从SDN的应用领域角度来看,(   )是SDN第一阶段商用的重点。(中国联通考试题库)
  A. 电信运营商网络　　　　　　　B. OpenFlow
  C. 政企网络　　　　　　　　　　D. 数据中心
11. 下列说法中,错误的是(   )。(中国联通考试题库)
  A. 在新的生态体系中,架构最底层的交换设备只需要提供最基本、最简单的功能
  B. SDN适合于云计算供应商以及面对大幅扩展工作负载的企业
  C. SDN转发与控制分离的架构,可使得网络设备通用化、简化
  D. SDN技术不能实现灵活的集中控制和云化的应用感知
12. 在SDN网络中,网络设备只单纯负责(   )。(中国联通考试题库)
  A. 流量控制　　　B. 数据处理　　　C. 数据转发　　　D. 维护网络拓扑

二、填空题

1. SDN的典型架构分为＿＿＿＿、＿＿＿＿和＿＿＿＿三层。
2. SDN技术的关键点是＿＿＿＿与＿＿＿＿分离。(中国联通考试题库)
3. SDN本质上具有＿＿＿＿、＿＿＿＿、＿＿＿＿和＿＿＿＿特性。
4. 网络虚拟化的本质是要能够抽象底层网络的＿＿＿＿,能够在逻辑上对＿＿＿＿进行分片或者整合,从而满足各种应用对于网络的不同需求。

三、分析题

1. 图9-16是网络地址NAT转换表。(2012年3月全国计算机等级考试四级网络工程师试卷)

NAT转换表中,主机专用IP地址为172.16.1.3,2012;转换后的IP地址为211.81.2.1,6023。

  ① 框中 $S=172.16.1.3,2012,D=202.113.65.2,80$
  ④ 框中 $S=202.113.65.2,80,D=172.16.1.3,2012$

图 9-16 NAT 转换表

根据图中信息,请分析②框中应填写(　　)。(从下面选择)

  A. S=172.16.1.3,2012 D=211.81.2.1,6023
  B. S=211.81.2.1,6023 D=202.113.65.2,80
  C. S=202.113.65.2,80 D=211.81.2.1,6023
  D. S=211.81.2.1,6023 D=172.16.1.3,2012

从上面的结论中,继续分析③框中应填写什么内容?

2. 公司有两个办事处,用服务器通过 Internet 连接。(2017 年网络工程师下半年卷)

  服务器利用装有 Windows Server 2008 的双宿主机实现路由功能,此功能由 Windows 中的路由和远程访问服务来完成。Windows 支持 RIP 动态路由协议。在 RIP 接口属性页中,如果希望路由器每隔一段时间向自己的邻居广播路由表以进行路由信息的交换和更新,则需要在"操作模式"中选择(　1　)。在"传出数据包协议"中选择(　2　),使网络中其他运行不同版本的邻居路由器都可接受此路由器的路由表;在"传入数据包协议"中选择(　3　),使网络中其他运行不同版本的邻居路由器都可向此广播路由表。

  为了保护路由器之间的安全通信,可以为路由器配置身份验证。选中"激活身份验证"复选框,并在"密码"框中输入一个密码。所有路由器都要做此配置,所配置的密码(　4　)。

  (1) A. 周期性是更新模式   B. 自动-静态更新模式
  (2) A. RIPv1 广播   B. RIPv2 多播
    C. RIPv2 广播
  (3) A. 只是 RIPv1   B. 只是 RIPv2
    C. RIPv1 和 RIPv2   D. 忽略传入数据包
  (4) A. 可以不同   B. 必须相同

项目 10

综合实训项目

通过本项目,复习本课程相关知识点,能够正确运用、分析问题和解决问题。

通过本项目,复习本课程相关技能,从会操作过渡到熟练掌握。

江苏健康药业公司,需要组建企业网。经理室下设五个部门,即行政部、财务部、生产部、质检部、供销部。企业内部需要设置服务器,内部员工可以访问外网。

任务 10.1 项目概述

一、项目描述

具体需求如下。

(1) 网络要安全和便于管理。经理室与行政部、财务部实现互访,生产部、质检部、供销部实现互访。

(2) 会议室与经理室既可以通过有线上网,也可以通过无线上网。

(3) 企业设置内部服务器,以方便员工了解公司的即时信息。

(4) 企业有一条专线接到运营商用以连接互联网。

*(5) 由于公司经常有外地业务,方便公司员工访问企业内网的服务器资源。

说明:本项目中加*的条目选做。

二、项目分析

(1) 部门内部采用二层交换机网络相连,部门之间采用三层交换机方式实现有条件互访。

(2) 为了网络安全和便于管理,每个部门在不同的 VLAN 中。每个部门需要单独的 VLAN,分别设置为经理室(VLAN 10)、行政部(VLAN 20)、财务部(VLAN 30)、生产部(VLAN 40)、质检部(VLAN 50)、供销部(VLAN 60)、会议室(VLAN 70)。

(3) 经理室与行政部、财务部实现互访,生产部、质检部、供销部实现互访,需要设置 VLAN 间通信。

(4) 企业有内部 Web、DNS、FTP 服务器,承载着内部网站、域名解析、动态地址分配、FTP 等服务。

(5) 局域网路由器启用路由协议(静态路由协议、动态路由协议)。

*(6) 企业有一条专线接到运营商用以连接互联网,由于从运营商只获取到一个公网 IP 地址和公司成本的限制,所以企业员工上网需要做 NAT 网络地址转换。

*(7) 为了方便公司员工在外地访问企业内网的服务器资源,在内网架设 VPN 服务。

(8) 根据企业布局与需求,拓扑图如图 10-1 所示。

图 10-1 项目拓扑图

三、项目计划

本项目分为多个任务,分步实施。任务如下。

(1) 双绞线的制作与网络连接。

(2) IP 地址规划。

(3) IP 地址配置。

(4) 同网段主机资源共享。

(5) VLAN 规划。

(6) VLAN 配置。

(7) VLAN 间通信。

(8) 路由配置。

(9) 配置 WLAN。

(10) 配置服务器。

*(11) 配置 SNMP 网络管理。

*(12) 配置 NAT。

四、工具材料

- 在真实岗位中：二层交换机、三层交换机、路由器、PC＋网卡、双绞线、操作系统及相应工具软件。
- 在虚拟实验中：PC＋VMware、操作系统及相应工具软件，或者 Cisco Packet Tracer 软件。

任务 10.2 任务实施

任务 10.2.1 双绞线的制作与网络连接

综合布线的五个子系统包括工作区子系统、水平区子系统、垂直干线子系统、管理子系统和设备间子系统。这部分内容将在后续课程中学习。

本任务的目的是双绞线的制作与网络连接。计算耗材时，由终端设备到信息插座连接，以及从信息插座到配线架连接。网络设备等与配线架连接。

一、计算耗材

根据实际情况，计算双绞线的长度以及所需其他耗材。此处楼宇之间的光缆暂不考虑，在后续课程中完成。填写完成表 10-1。

表 10-1 材料预算一览表

序号	材料名称	厂家	规格	数量	单价	总价
1	双绞线					
2	水晶头					
3	护套					
4	标签					

二、制作双绞线

1. 取线

答：

2. 理线

一端口线序：

答：

3. 插线

答：_____

_____

4. 压线

答：_____

_____

5. 另一端口线序

答：_____

_____

6. 测试

答：_____

_____

三、网络连接

1. 设备连接

答：_____

_____

2. PC 连接

答：_____

_____

任务 10.2.2 IP 地址规划

网络实施前，需要进行 IP 地址规划，需要 IP 地址的主机、服务器、设备及端口要考虑周全，并预留 IP 地址供以后网络升级之用。

本任务需要填写完成表 10-2。

表 10-2 IP 地址规划表

序号	部门/设备端口	网段 IP 地址	子网掩码	默认网关	备注
1	经理室				
2	行政部				
3	财务部				
4	生产部				
5	质检部				
6	供销部				
7	会议室				
8	无线网				
9	服务器群				

续表

序号	部门/设备端口	网段 IP 地址	子网掩码	默认网关	备注
10	核心层交换机Fa0/4 G0/1				
11	边界路由器G6/0 S2/0				
12	外网路由器Fa0/0 S2/0				
13	外网 PC				

任务 10.2.3　IP 地址配置(PC 和服务器)

一、配置 PC 的 IP 地址

1. 按照 IP 地址规划表配置

IP、掩码、网关。

答: _____

2. 测试连通性

在生产部 PC 上测试与质检部 PC 的连通性。

>ping _____　　　　　　　　　! _____

二、配置服务器的 IP 地址

1. 按照 IP 地址规划表配置

IP、掩码、网关。

答: _____

2. 测试连通性

在 PC 上测试与服务器的连通性。

>ping _____　　　　　　　　　! _____

任务 10.2.4　同网段主机资源共享

在生产部两台 PC 间进行文件夹 C:\files 中的资源共享。

一、不需要账号共享

答: _____

二、需要账号共享

答: _____

任务 10.2.5　VLAN 规划

为了网络的安全性和便于管理，需要进行 VLAN 划分，请填写完成表 10-3。

表 10-3　VLAN 划分表

序号	部门	VLAN 号	SVI 的 IP 地址	备注
1	经理室			
2	行政部			
3	财务部			
4	生产部			
5	质检部			
6	供销部			
7	会议室			
8	无线网			
9	服务器群			

任务 10.2.6　VLAN 配置

在接入层有两台二层交换机，需要分别进行 VLAN 配置。

一、配置 SAccess20-60 交换机（左边第一台）

1. 基本配置

```
Switch>enable
Switch#configure terminal
Switch(config)#_____                       !改名为 SAccess20-60
SAccess20-60(config)#no ip domain-lookup     !配置工作环境,关闭路由器的域名查找,
                                              当输错命令时不进行 DNS 解析
SAccess20-60(config)#line console 0
SAccess20-60(config-line)#exec-timeout 0 0
SAccess20-60(config-line)#logging synchronous
SAccess20-60(config-line)#exit
```

2. 创建 VLAN 40

```
SAccess20-60(config)#_____
SAccess20-60(config-vlan)#exit
```

其他 VLAN 相同。

3. 把端口 Fa0/4 划分到 VLAN 40

```
SAccess20-60(config)#_____
SAccess20-60(config-if)#_____
SAccess20-60(config-if)#exit
```

其他端口相同。

4. 配置 Trunk

```
SAccess20-60(config)#_____                    !上联到交换机的接口需要配置 Trunk
SAccess20-60 (config-if)# _____
SAccess20-60 (config-if)#exit
```

5. 测试连通性

在生产部 PC 上测试，与质检部 PC 的连通性。

```
>ping _____                             !_____
```

二、配置另一台交换机

另一台两层交换机 S-Access107080，按照上面的步骤配置。

任务 10.2.7　VLAN 间通信

VLAN 间通信需要通过三层交换机或单臂路由进行。本任务中，采用核心层的三层交换机实现 VLAN 间通信。

一、配置三层交换机 SScore

1. 基本配置

```
Switch>enable
Switch#configure terminal
Switch(config)#_____                          !改名为 SScore
SScore (config)#no ip domain-lookup              !配置工作环境,关闭路由器的域名查找,当输错
                                                   命令时不进行 DNS 解析

SScore (config)#line console 0
SScore(config-line)#exec-timeout 0 0
SScore(config-line)#logging synchronous
SScore(config-line)#exit
```

2. 配置 Trunk

```
SScore(config)#_____
SScore(config-if)#_____
SScore(config-if)#exit
```

端口 Fa0/5 相同。

3. 配置 VLAN40

```
SScore(config)#_____
SScore(config-vlan)#exit
```

其他 VLAN 相同。

4. 配置 SVI

```
SScore(config)#_____                          !交换机虚拟接口
SScore(config-if)#_____                       !配置 IP 地址,作为生产部的网关
```

其他 VLAN 相同。

5. 启用路由

SScore(config)#_____   !启用路由协议

二、测试 VLAN 通信

在生产部 PC 上 ping 其他部分 PC。

>ping _____   !_____

任务 10.2.8　路由配置

一、基本配置

1. 边界路由器 R-Edge 基本配置

172.16.1.1 配置 G6/0
210.29.233.1 配置 S2/0
Router>enable
Router#configure terminal
Router(config)#_____
R-Edge(config)#no ip domain-lookup
R-Edge(config)#_____
R-Edge(config-if)#_____
R-Edge(config-if)#_____
R-Edge(config-if)#exit
R-Edge(config)#_____
R-Edge(config-if)#_____
R-Edge(config-if)#_____
R-Edge(config-if)#exit
R-Edge(config)#exit
R-Edge#show running-config

2. 外网路由器 R-Internet 基本配置（模拟 Internet，属于 ISP）

210.29.234.1 配置 F0/0
210.29.233.2 配置 S2/0
Router>enable
Router#configure terminal
Router(config)#_____
R-Internet(config)#no ip domain-lookup
R-Internet(config)#_____
R-Internet(config-if)#_____
R-Internet(config-if)#_____
R-Internet(config-if)#exit
R-Internet(config)#_____
R-Internet(config-if)#_____
R-Internet(config-if)#_____
R-Internet(config-if)#_____   !配置时钟频率
R-Internet(config-if)#exit
R-Internet(config)#exit
R-Internet#show running-config

二、路由配置

1. 边界路由器 R-Edge 配置

```
R-Edge#_____                          !在配置之前,查看路由表中的路由信息
R-Edge#_____                          !测试连通性,与外网 PC 的网关不通
R-Edge#configure terminal
R-Edge(config)#_____                  !激活 RIP 协议
R-Edge(config-router)#_____           !指定 RIP 版本 2
R-Edge(config-router)#_____           !发布直连网段
R-Edge(config-router)#_____
R-Edge(config-router)#exit
R-Edge(config)#_____                  !默认路由
R-Edge #show ip route                    !查看路由表
R-Edge#_____                          !测试连通性,与外网 PC 的网关通
```

2. 外网路由器 R-Internet 配置

```
R-Internet#                              !在配置之前,查看路由表中的路由信息
R-Internet#configure terminal
R-Internet(config)#_____              !默认路由
R-Internet (config-router)#exit
R-Internet#_____                      !查看路由表
```

三、核心交换机 IP 配置

```
SScore(config)#_____
SScore(config-if)#_____               !启用三层端口
SScore(config-if)#_____               !配置 IP 地址
SScore(config-if)#_____
SScore(config-if)#exit
```

四、核心交换机路由配置

```
SScore (config)#_____                 !激活 RIP 协议
SScore (config-router)#_____          !指定 RIP 版本 2
SScore (config-router)#_____          !发布直连网段
SScore (config-router)#_____
SScore (config-router)#_____
SScore (config-router)#exit
SScore(config)#                          !默认路由
SScore #show ip route                    !查看路由表
```

任务 10.2.9 配置 WLAN

一、无线路由器配置

1. Internet 配置

IP 地址、子网掩码、默认网关等。

答: _____

2. LAN 配置

IP 地址、子网掩码等。

答：_____

_____

3. Authentication 配置

答：_____

_____

4. DHCP 配置

答：_____

_____

二、无线笔记本 DHCP 配置

1. DHCP、Authentication 配置

答：_____

_____

2. 无线 PC 配置

答：_____

_____

三、测试

（1）在笔记本电脑上，用 ipconfig 命令查看所获得的 IP 地址。

> _____

（2）在无线 PC 上，用 ipconfig 命令查看所获得的 IP 地址。

> _____

（3）在笔记本电脑上，ping 无线 PC。

>ping _____   ! _____

（4）在笔记本电脑上，ping 无线网关。

>ping _____   ! _____

（5）在笔记本电脑上，ping 无线路由器向外的端口。

>ping _____   ! _____

进一步测试与服务器的连通性。

任务 10.2.10　配置服务器

一、配置 Web 服务器

答：_____

_____

二、配置 DNS 服务器

答：_____

_____

三、配置 FTP 服务器

答：_____

_____

*任务 10.2.11　配置 SNMP 网络管理

答：_____

_____

*任务 10.2.12　配置 NAT

答：_____

_____

附 录

过程考核标准

课程采用学习过程评价的方式,以学习态度、操作能力、方法运用、职业素养为考核要素,以学习项目或典型工作任务为单元组织考核。也可采用学习过程评价与学习结果考核相结合的方式,学习过程评价比例占课程总评成绩的60%,学习结果考核比例占课程总评成绩的40%。

项目教学过程评价表

序号	工作任务	评价方式	评价内容	评价标准	分值
1	网络认识	(1) 项目组成果展示 (2) 个人自评 (3) 项目组(企业班组)评价 (4) 教师(企业教师)评价	(1) 学习态度:出勤情况、认真实验、积极思考、课堂表现 (2) 操作能力:项目完成情况、作业和报告情况 (3) 方法运用:理论知识的运用、方法的选择运用 (4) 职业素养:协作精神、卫生习惯、现场设备材料整理	(1) 能按时到场;严格按进度要求完成项目;保持实验设备完好无损;认真完成作业和报告等 (2) 能清楚描述项目的主要内容、目的和实施计划;操作过程步骤、结果正确 (3) 答辩时思路、概念清晰,回答正确,语言表达准确	10
2	网络应用				8
3	服务器架构				18
4	企业网组建				20
5	局域网组建				18
6	无线局域网组建				8
7	Internet 的接入				8
8	网络管理与安全				10
*9	网络新技术(选讲)				*20
10	综合实训项目(1周)				100
合 计					100+20+100

学生成绩记载表

(20　—20　学年第　学期)

系(学院)＿＿＿＿　班级＿＿＿＿　课程名称　计算机网络基础项目教程　　任课教师＿＿＿＿

序号	学号	姓　名	学习过程评价(60％)									学习结果考核(40％)	总评成绩
			1	2	3	4	5	6	7	8	9		
1													
2													
3													
4													
5													
6													
7													
8													
9													
10													
11													
12													
13													
14													
15													
16													
17													
18													
19													
20													
21													
22													
23													
24													
25													
26													
27													
28													
29													
30													

课程所属系(学院)(审核)＿＿＿＿　教研室主任(签名)＿＿＿＿　任课教师(签名)＿＿＿＿

参 考 文 献

[1] 谢希仁.计算机网络[M].7版.北京:电子工业出版社,2017.

[2] Jamwes F. Kurose,Keith W. Ros.计算机网络:自顶向下方法(原书第6版)[M].陈鸣,译.北京:机械工业出版社,2014.

[3] 吴功宜,吴英.计算机网络高级教程[M].2版.北京:清华大学出版社,2015.

[4] 吴功宜.计算机网络高级软件编程技术[M].2版.北京:清华大学出版社,2011.

[5] 边倩,陈晓范.计算机网络技术(基础篇)[M].6版.大连:大连理工大学出版社,2017.

[6] 王路群.计算机网络基础及应用[M].4版.北京:电子工业出版社,2016.

[7] 李畅,吴洪贵,裴勇.计算机网络技术实用教程[M].4版.北京:高等教育出版社,2017.

[8] 王永红,王诗瑶.论高职专业课程改革的核心理念[J].职教论坛,2018(5):47-51.

[9] 王永红,王诗瑶,等.基于供给侧改革理念的高职专业课程思考[J].教育与职业,2017(22):95-99.

[10] 王永红,王诗瑶.基于高职教育属性的课程多元化考核理论和实践[J].职业技术教育,2015,36(8):61-64.

[11] 肖文,吴刚山,吴敏,等.网络工程师考试同步辅导——考点串讲、真题详解与强化训练[M].3版.北京:清华大学出版社,2018.